Military Detail Illustration

STURMGESCHÜTZ Ausf.A-E

ミリタリー ディテール イラストレーション

Ⅲ号突撃砲A～E型

JN202426

イラスト製作・図解／遠藤 慧

Ⅲ号突撃砲短砲身型
A〜E型 開発・生産・塗装

第二次大戦初期、I号〜Ⅳ号戦車とともにドイツ軍部隊快進撃の立役者となったのが、Ⅲ号突撃砲である。Ⅲ号突撃砲の実戦デビューは、フランス戦からとなり、以降、バルカン戦役、独ソ戦と活躍の場を広げていく。Ⅲ号突撃砲は、歩兵の直協支援車両として開発された車両だったが、大口径 7.5cm 砲の高い火力と敵に発見されにくく、被弾しにくい低シルエットにより敵戦車に対する待ち伏せ攻撃にも威力を発揮。特にソ連侵攻以降は、支援戦闘のみならず、対戦車戦闘車両としても多用されるようになっていく。“ティーガー・エース”として知られるミヒャエル・ヴィットマンも独ソ戦緒戦時、突撃砲兵としてⅢ号突撃砲 A 型を駆り、多数のソ連戦車を撃破した猛者の1人だった。後にⅢ号突撃砲は対戦車戦闘に特化した長砲身搭載の F 型 /G 型へと発展するが、長砲身型の登場後も歩兵直協支援車両としての能力が高いことから、依然Ⅲ号突撃砲短砲身型を使用していた部隊は少なくなかった。

◉Ⅲ号突撃砲の開発

再軍備宣言によりヴァイマル共和国軍からドイツ国防軍へと生まれ変わった1935年、ドイツ陸軍参謀本部作戦部長だったエーリッヒ・フォン・マンシュタインは、突撃砲兵用装甲自走砲の必要性を提案する。翌1936年に制式に突撃砲の開発が決定し、兵器局はダイムラーベンツ社に車体の開発を、クルップ社に対し搭載砲の開発を命じた。ダイムラーベンツ社は同年夏から突撃砲の開発に着手。当時、同社において製造が進められていたⅢ号戦車の車台を用い、クルップ社製24口径7.5cm砲を搭載するデザインが採用された。

1938年初頭にⅢ号戦車B型（2/ZW）の車台を改装してⅢ号突撃砲の試作車Vシリーズ（0シリーズとも呼ばれる）が5両造られた。当初、それら試作車両はオープントップ式で、なおかつその内4両は戦闘室内の砲操作とデザイン検討用のために木製戦闘室を載せた原寸大のモックアップに近いものだったが、1939年半ばには全車が軟鉄製の密閉式戦闘室に改められた。

低シルエットの戦闘室に24口径7.5cm砲を装備した試作車は、機関室と足回りなどⅢ号戦車B型に見られる特徴を除けば、後の量産型の基本的なスタイルをほぼ確立していた。

◉Ⅲ号突撃砲A型

5両の試作車を製作した後、ダイムラーベンツ社において1940年1月から最初の量産型A型の生産が始まった。Ⅲ号突撃砲A型は、Ⅲ号戦車F型の車台に戦闘室を新設しており、全長5.38m、全幅2.92m、全高1.95m、重量19.5 tで、装甲厚は、車体前面50mm、戦闘室前面50mm、側面30mm、後面30mm、上面10mmだった。

Ⅲ号突撃砲には4名の乗員が搭乗し、戦闘室内の左側最前部に操縦手席、その後方に砲手席、さらにその後ろに車長席を配置。装填手席は戦闘室内右側、弾薬収納部の後方に配置されていた。主砲の24口径7.5cm突撃カノン砲StuK.37は戦闘室前部中央に搭載されており、射角は左右角24°、俯仰角−10〜＋20°だった。使用弾種は当初、風帽付き被帽徹甲弾、榴弾、発煙弾の3種類だったが、1940年春以降に成形炸薬弾も加わった。車体後部には機関室が置かれ、マイバッハ社製HL120TR(300hp)エンジンを搭載。最高速度40km/h、航続距離は整地で155km、不整地で95kmである。

A型は、第1次/第2次に分け、生産が実施されており、1940年5月までの第1次生産では30両造られたが、第1次生産の最中、新型転輪の導入、ノテックライト(左フェンダー前部)や車間表示ライト(左フェンダー後部)の追加が行われている。

同年9月までに行われた第2次生産では6両（20両の説もある）が造られた。第2次生産車は、Ⅲ号戦車G型の戦車車台を転用したため、車体前面上部のブレーキ冷却用吸気口カバーと車体側面のエスケープハッチがそのまま残されており、またB型と並行生産されたため、戦闘室はB型と同じ仕様となっていた。さらにヘッドライトにカバーを装着していたこと、車体前面に20mm厚の増加装甲板をボルト留め（前面上部は未装着）していたことが第一次生産車と異なっている。

新進気鋭のⅢ号突撃砲A型は、第640、第659、第660、第665各突撃砲兵中隊に配備され、1940年5〜6月のフランス戦に早速投入された。

◉Ⅲ号突撃砲B型

1940年6月からはA型の改良型としてB型の生産が始まった。B型は、基本的な外見はA型とほとんど変わらないが、動力及び駆動系はⅢ号戦車H型に準じたものとなり、エンジンは改良型のHL120TRMを搭載、変速機も変更された。履帯は400mm幅のKgs611/400/120(A型は360mm幅のKgs6109/360/120及び380mm幅のKgs611/380/120）を採用。それに伴い起動輪はスプロケット内側にスペーサーを挟み、幅を修整。転輪、誘導輪、上部支持転輪の設置位置も修整し、転輪と上部支持転輪は幅を広げた新しいものに、また、サスペンションアーム、ショックアブソーバーも新型に変更されている。さらに履帯の幅が広くなったためフェンダーも幅（外側に15mm）を拡大し、左フェンダー前部のノテックライトと同後部の車間表示ライトは標準装備となった。戦闘室上面左側前部の砲隊鏡用ハッチと砲手用ハッチはA型（第1次生産車）と異なり、前者ハッチの前後長を広げ、逆に後者ハッチの前後長が狭くなっている。

生産開始間もなく、新型の起動輪や誘導輪の導入が始まり、さらに消火器、ジャッキも新しいものに変更、S字形クレビスが追加されるようになった。1940年夏頃からは車体後面の発煙装置に装甲カバーを追加、同年秋以降には左右のフェンダー後部に設置されていた雑具箱が廃止された。

B型からIII号突撃砲の生産は、アルケット社が担当することとなり、1941年5月までに250両が造られた。III号突撃砲B型の実戦投入は、1941年4月のバルカン半島への侵攻からとなり、同作戦では第184、第190、第191突撃砲大隊とグロスドイチュラント突撃砲中隊の各所属車両が戦闘に参加している。

◉Ⅲ号突撃砲C型

B型に続き、量産されたのがC型である。C型におけるもっとも大きな変更点は、新型のペリスコープ式Sfl.ZF.1照準器の採用とそれに伴う戦闘室の変更である。戦闘室前部の形状を変更し、同左側に設置されていた照準口を廃止。戦闘室上面左前部に大小2枚あった砲隊鏡用ハッチと砲手用ハッチは、照準器用開口部と跳弾ブロック付きの1枚開き式砲手用ハッチに改められた。戦闘室前面の大きな照準口がなくなったことで、防御性と量産性も向上している。

また、戦闘室後方の車長用/装填手用ハッチのロック機構を変更、車体後面下部左右に設置されていた牽引ホールド/履帯張度調整装置の形状も改められた。その他の基本的な構造、デザインはB型とほとんど変わらない。C型においても生産中に改良が実施されており、車体前部上面点検ハッチのロック機構と鍵穴の改良、アンテナ収納ケースの設置（B型の一部にもレトロフィットされている）、ハンマーの追加が行われている。

C型は、1941年3～5月までに100両生産された。なお、C型の変わったバリエーションとして長砲身型が存在する。1945年4月、ケーニヒスベルクの戦闘で使用された車両は、元の短砲身24口径7.5cm StuK.37を取り外し、F型後期生産車から採用された長砲身の48口径7.5cm StuK.40に換装していた。このC型ベース長砲身型の製造数は不明だが、旧型車体の主砲を長砲身化し、火力強化を行う手法は、第二次大戦のドイツ軍ではよく見られた例で、この車両もおそらく現地部隊による改造車両と思われる。

◉Ⅲ号突撃砲D型

C型に続きD型が生産されるが、車体前面装甲板の硬化処理や戦闘室内の伝声管を電気式ベルとし、ハンマーの設置位置を変更（左フェンダー前部のエンジン始動クランク外側から右フェンダー前部のホーン内側に）したくらいで外見上の相違はほとんど見られない。

1941年5月から生産が始まったD型は、同年9月までに150両が造られ、東部戦線を始め、バルカン半島や北アフリカ戦線に投入された。生産車の内、南部ロシアやバルカン半島、北アフリカ戦線向けの車両は、工場の組み立てラインにおいて特別に“熱帯地仕様”の改修が施されており、機関室のエンジン点検ハッチに通気口を設け、その上に通気口装甲カバーを設置し、さらに機関室側面の吸気口外側にエアクリーナーが増設されている。

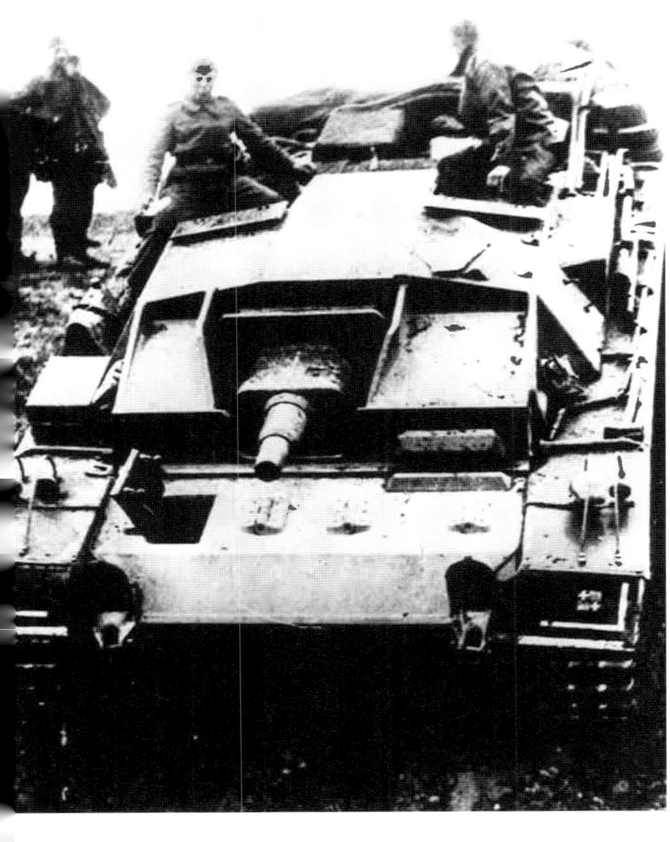

◉Ⅲ号突撃砲E型

当初、突撃砲部隊では中隊長がSd.Kfz.253に搭乗し、指揮を執っていたが、1941年3月に指揮車両も突撃砲とすることが決定したことにより、急遽、D型にFu16送受信機を追加装備した指揮車仕様が少数造られた。しかし、大きな改造を行わずに無線機を増設したために戦闘室内の乗員スペースが狭くなってしまった。そこで指揮車としても運用できるように戦闘室を改設計した新しい量産型のE型が造られた。

D型までは戦闘室左側に張り出しを設け、そこにFu15受信機のみを搭載していたが、E型では戦闘室右側にも大きな張り出しを増設し、その内側にFu16送受信機を追加装備した。それに伴い、アンテナ基部は戦闘室後部左右の2カ所に増設。戦闘室左側の張り出しも右側と同じ長さに拡大し、内部に弾薬収納スペースを新たに設けた。

戦闘室側面の形状変更に伴い、D型までの特徴だった戦闘室側面の傾斜装甲板（9mm厚のスペースドアーマー）は廃止され、張り出し部分前後のフェンダーステーの設置位置も若干変更された。さらにE型では、車体前部上面の点検ハッチのヒンジ及び開閉機構も改良されている。また生産中には、車体前面に増加装甲を兼ねた予備履帯を取り付けるためのラック、左右フェンダー最後部には予備転輪ホルダーが増設された他、車体後面下部には排気整流板も追加された。

E型は1941年9月からD型と並行して生産が始まり、翌1942年2月までに284両が造られた。また、E型においてもD型と同様に熱帯地仕様が造られている。

◉Ⅲ号突撃砲A～E型の塗装

初陣となったフランス戦以降、バルカン半島への侵攻作戦、ソ連侵攻“バルバロッサ作戦”におけるIII号突撃砲の塗装は、主に大戦前期の標準塗装であるRAL7021ドゥンケルグラウを基本色とした単色塗装だった。冬季の東部戦線では、基本色塗装の上に白色塗料を塗り、冬季迷彩を施した車両も数多く見られ、また、北アフリカ戦線に投入された第288特別部隊のD型は、1941年3月17日に同戦線向けの塗装として制定された基本色RAL8000ゲルプブラウンの単色塗装、あるいは同色と迷彩色RAL7008グラウグリュンの2色迷彩が施されていた。

1943年2月に基本色をRAL7028ドゥンケルゲルプとし、RAL6003オリーフグリュンとRAL8017ロートブラウンを迷彩色として使用する新しい塗装が規定されるが、その頃には既にIII号突撃砲は、長砲身型が主流となっていた。しかしながら、大戦後期になっても短砲身型を使用していた突撃砲部隊（例えば、大戦末期の1945年5月にプラハやベルリンで活動していた部隊は、B型やC型/D型を使用）は少なくなく、大戦後期まで残存していたIII号突撃砲短砲身型では、ドゥンケルゲルプの単色塗装や同色とオリーフグリュン、ロートブラウンを用いた迷彩塗装が施された車両が見られる。

Ⅲ号突撃砲 A~E型 塗装&マーキング

【カラー図はすべて 1/30 スケール】

Sturmgeschütz III Ausf.A
Sturmartillerie Kompanie 640, No.13
May 1940 Battle of France

〔図1〕

Ⅲ号突撃砲A型
第640突撃砲兵中隊13号車

1940 年 5 月　フランス戦

車体は、大戦前期の標準塗装である基本色 RAL7021 ドゥンケルグラウの単色である。マーキングはシンプルで戦闘室側面に描かれた白縁の国籍標識バルケンクロイツと同じく白で記された砲番号“13”のみ。なお、突撃砲兵中隊（及び同大隊）は、1941 年 2 月 7 日の軍通達により突撃砲中隊（大隊も同様）に改称（ドイツ語表記＝Sturmartillerie から Sturmgeschütz に）されている。

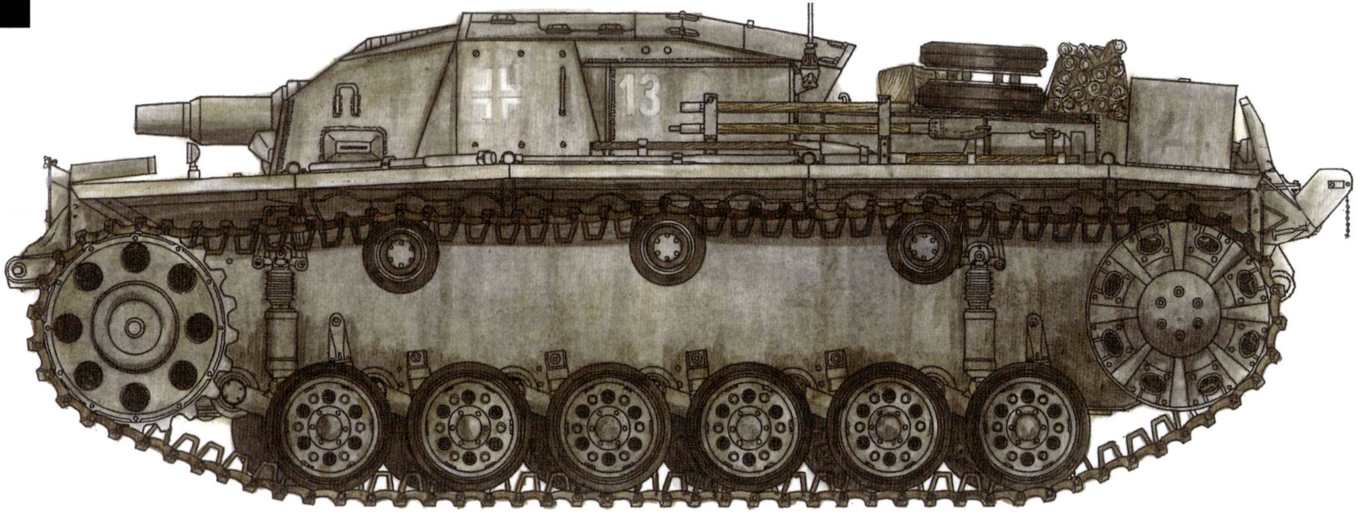

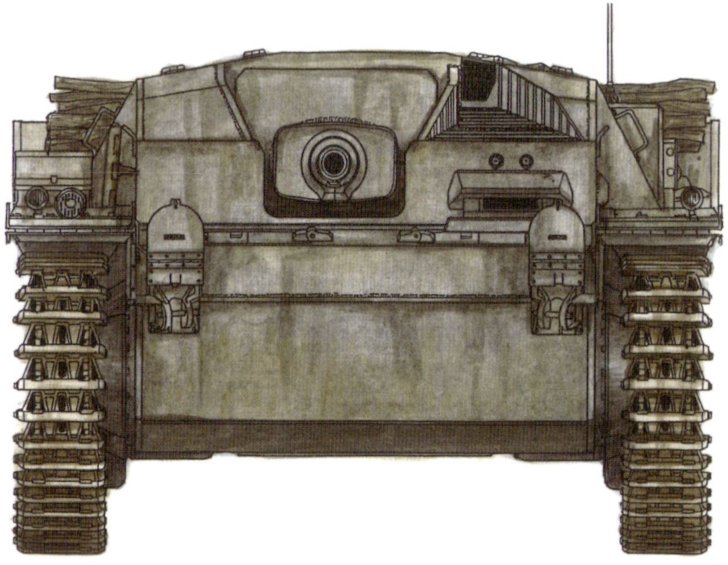

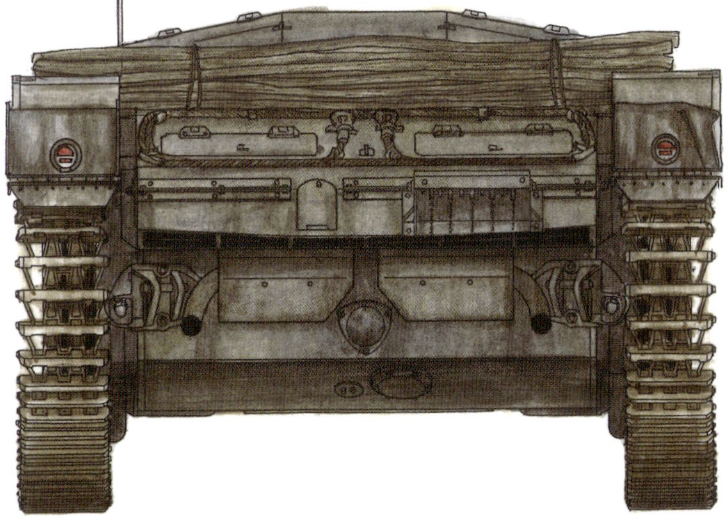

Sturmgeschütz III Ausf.A
SS Sturmgeschütz Kompanie 1, No.5
Summer of 1941 Eastern Front

〔図2〕

Ⅲ号突撃砲A型
第1SS突撃砲中隊5号車

1941年夏　東部戦線

車体は、標準的な基本色 RAL7021 ドゥンケルグラウの単色塗装が施されている。白縁のみの国籍標識バルケンクロイツを戦闘室側面に描いているが、左側は手榴弾コンテナをぶら下げているために同標識が隠れてしまっている。車体後面上部の中央に白い砲番号“5”を記入。その左側には中隊マークと思われる白い“狼の頭部”が描かれている。

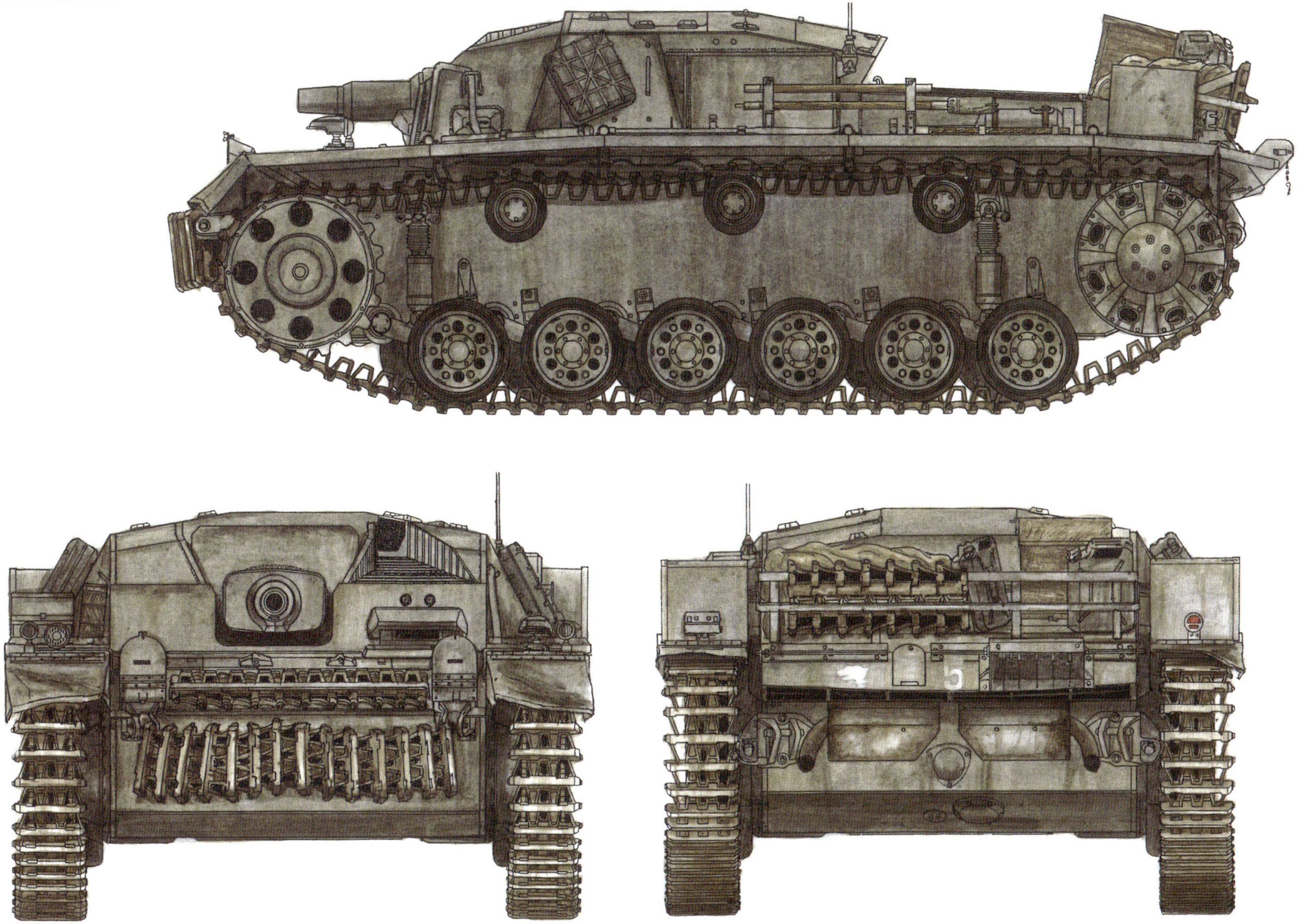

〔図1〕

Ⅲ号突撃砲A型　第640突撃砲兵中隊13号車

StuG.III Ausf.A StuA.Kp.640, No.13

車体各部の特徴

左フェンダー前部のノテックライトと後部の車間表示ライトはまだ未装備のA型初期生産車。履帯は360mm幅タイプ、起動輪と誘導輪は初期タイプを装着。転輪は初期の75mm幅と後期の95mm幅のものを混用している。

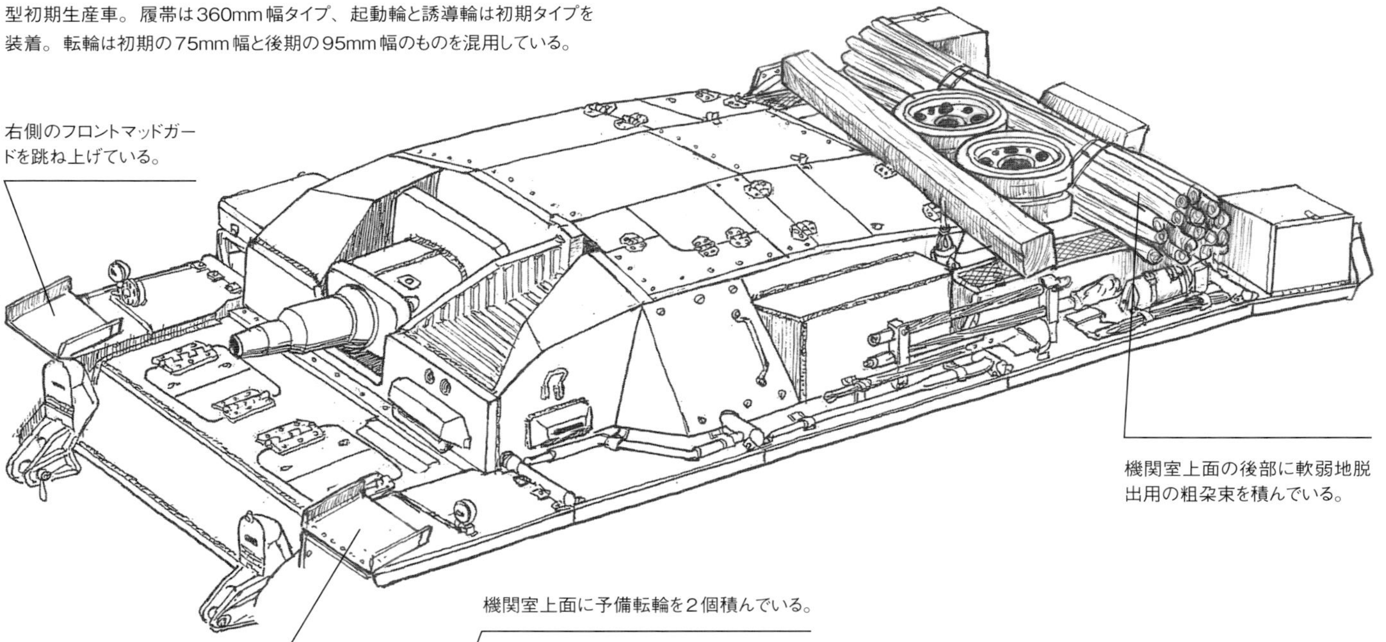
右側のフロントマッドガードを跳ね上げている。
機関室上面の後部に軟弱地脱出用の粗朶束を積んでいる。
左側フロントマッドガードも上げた状態に。

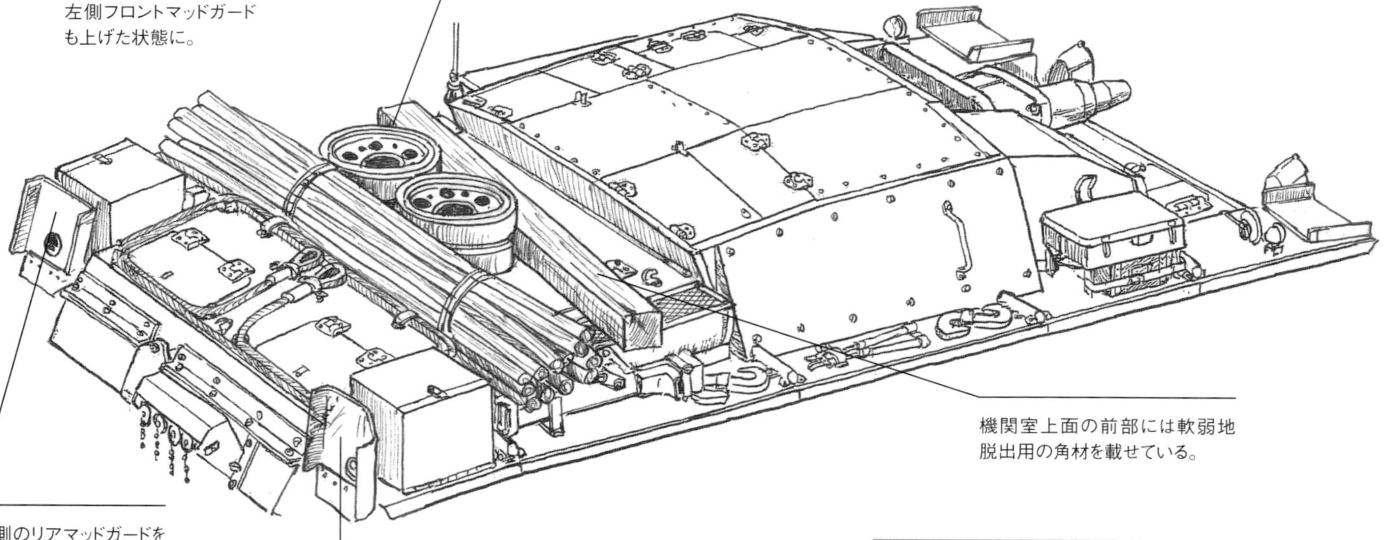
機関室上面に予備転輪を2個積んでいる。
機関室上面の前部には軟弱地脱出用の角材を載せている。
左側のリアマッドガードを上げた状態に。
右側のリアマッドガードも上げている。ダメージ跡がある。

フェンダー後部の雑具箱

A型とB型初期生産車（1940年秋頃までの生産車）の左右フェンダー後部に設置された金属製の収納箱。外側下縁にヒンジがあり、外側パネルが下方に開くようになっている。

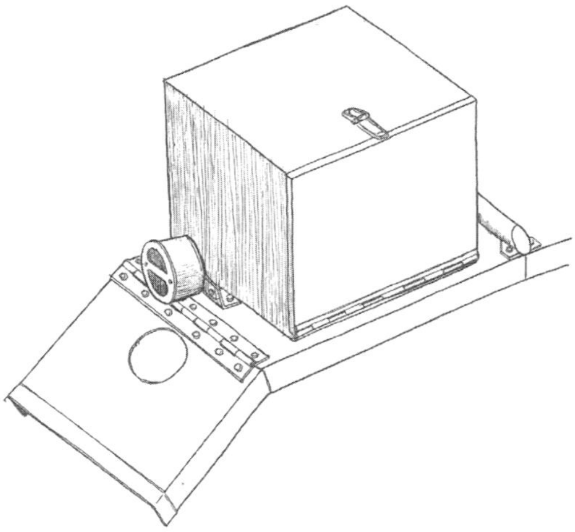

A型の車体後面

車体後面上部左寄りにエンジン始動用クランク差込み口のカバー、右側に発煙装置（発煙筒5基装備）を設置。後面下には排気マフラー、その左右には履帯張度調整装置と一体化された牽引ホールドがある。フェンダー最後部には左右とも円形のテールライトが取り付けられている。

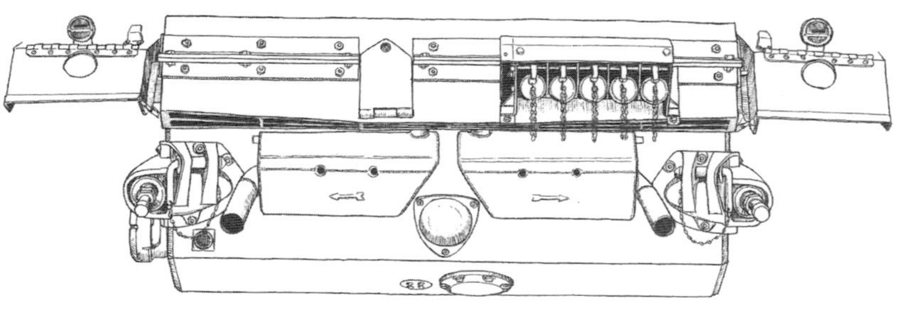

〔図2〕

Ⅲ号突撃砲A型　第1SS突撃砲中隊5号車

StuG.III Ausf.A　SS StuA.Kp.1, No.5

車体各部の特徴

左フェンダーの前部にノテックライト、後部に車間表示ライトを設置したA型（第1次生産車）の後期生産車。履帯は360mm幅タイプで、起動輪と誘導輪は初期タイプを装着。転輪は初期の75mm幅と後期の95mm幅のものを混用。車体前面の牽引ホールドには予備履帯を取り付けている。

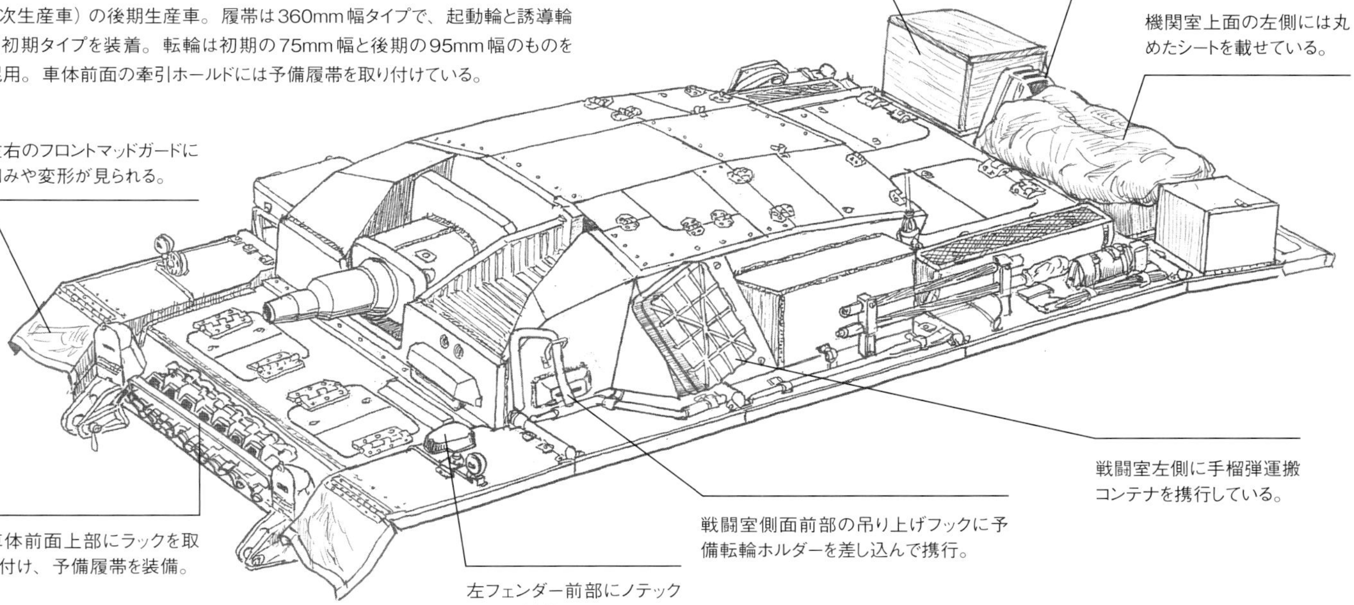

機関室上面の右側後部に
木箱を積んでいる。
ここにはジェリカンを載せている。
機関室上面の左側には丸
めたシートを載せている。
左右のフロントマッドガードに
凹みや変形が見られる。
戦闘室左側に手榴弾運搬
コンテナを携行している。
戦闘室側面前部の吊り上げフックに予
備転輪ホルダーを差し込んで携行。
車体前面上部にラックを取
り付け、予備履帯を装備。
左フェンダー前部にノテック
ライトを装備。

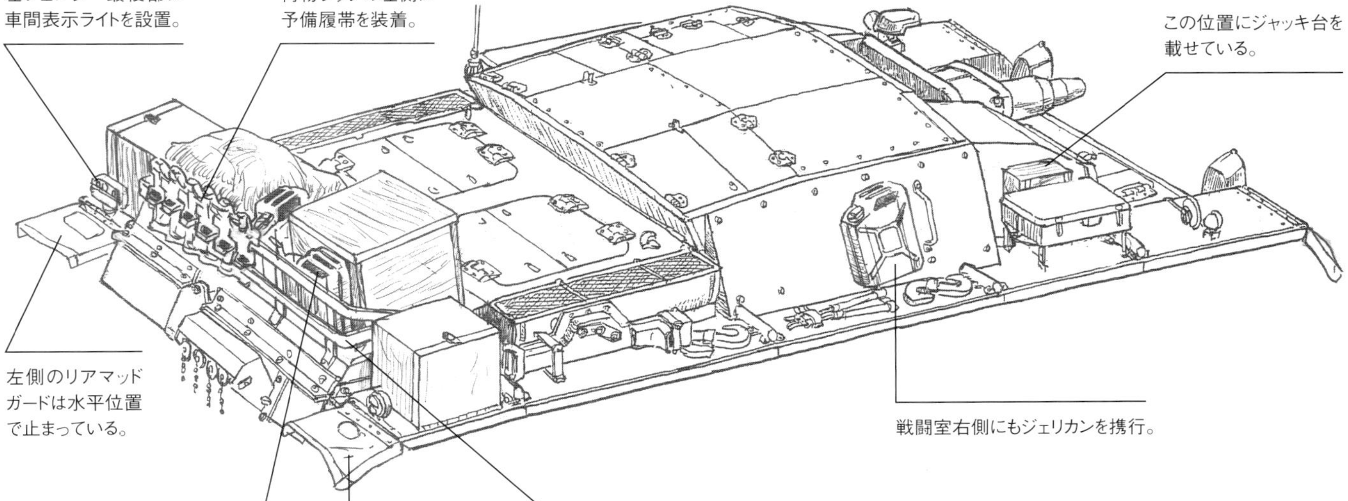

左フェンダー最後部に
車間表示ライトを設置。
荷物ラックの左側に
予備履帯を装着。
この位置にジャッキ台を
載せている。
左側のリアマッド
ガードは水平位置
で止まっている。
戦闘室右側にもジェリカンを携行。
機関室上面の後部に荷物ラックを増設。
木箱の後ろにもジェリカンを携行。
右側のリアマッドガードにはダメージ、変形が見られる。

5号車の車体前部

III号突撃砲はIII号戦車と異なり、車体前部上面の点検ハッチは左右開き式となった。5号車は、車体前面上部に板金を加工した予備履帯ラックを溶接留めしている。

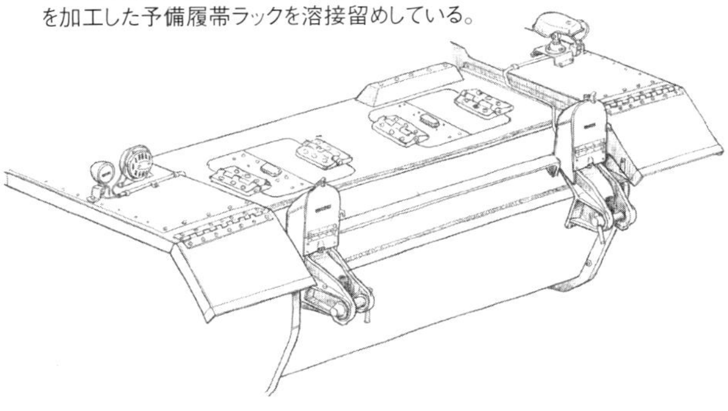

5号車の機関室上面

機関室上面の後部に増設された荷物ラックは、このような構造。板金で造られた後部フレームは内側のフレームと隙間が設けられており、5号車はこの間に予備履帯を差し込んで携行している。

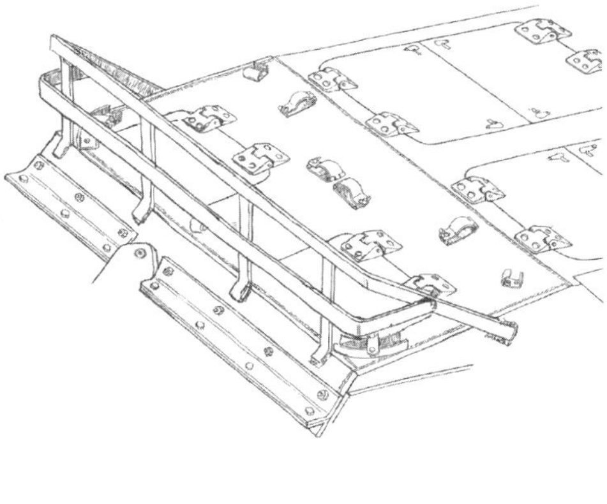

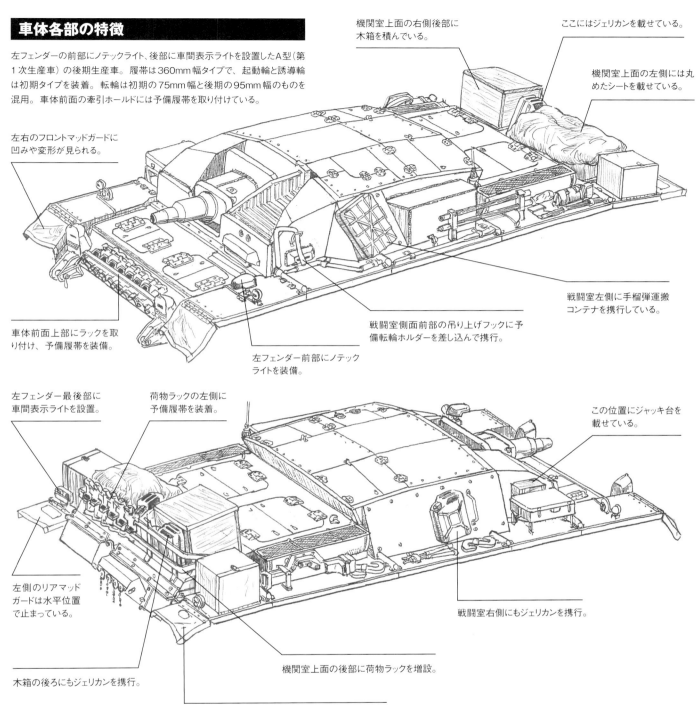

Sturmgeschütz III Ausf.A
Unit Unknown
Summer of 1941 Eastern Front

〔図3〕

Ⅲ号突撃砲A型
所属部隊不明

1941 年夏　東部戦線

塗装は、大戦前期の標準塗装である基本色RAL7021 ドゥンケルグラウの単色塗装。マーキングはシンプルで、戦闘室側面に描かれた白縁の国籍標識バルケンクロイツのみである。

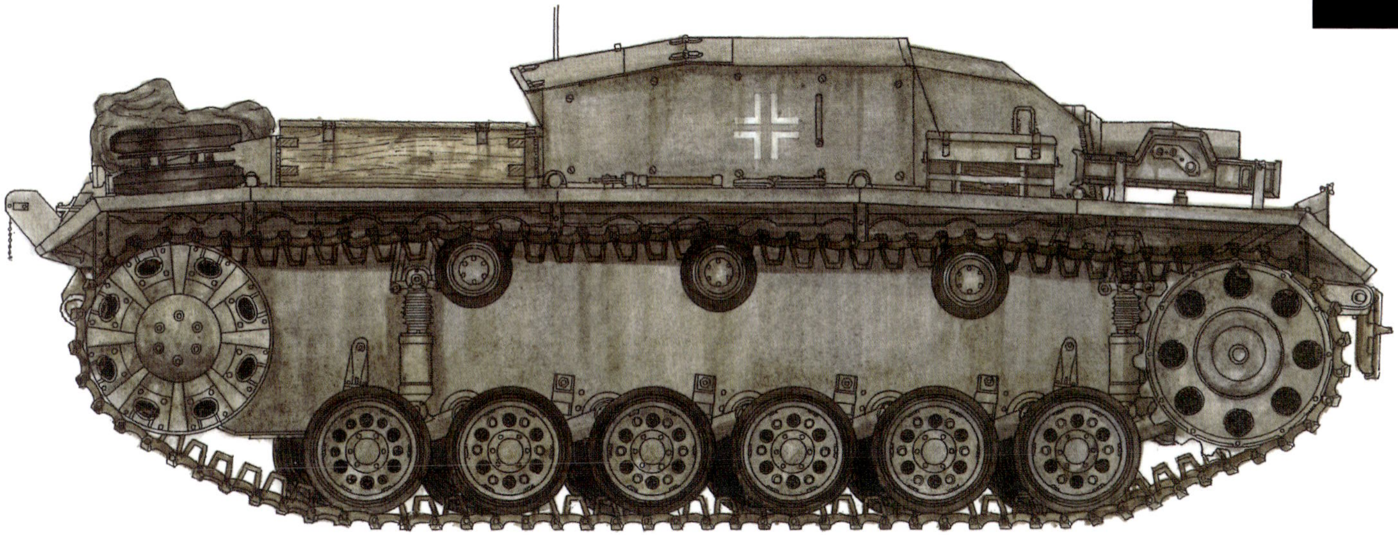

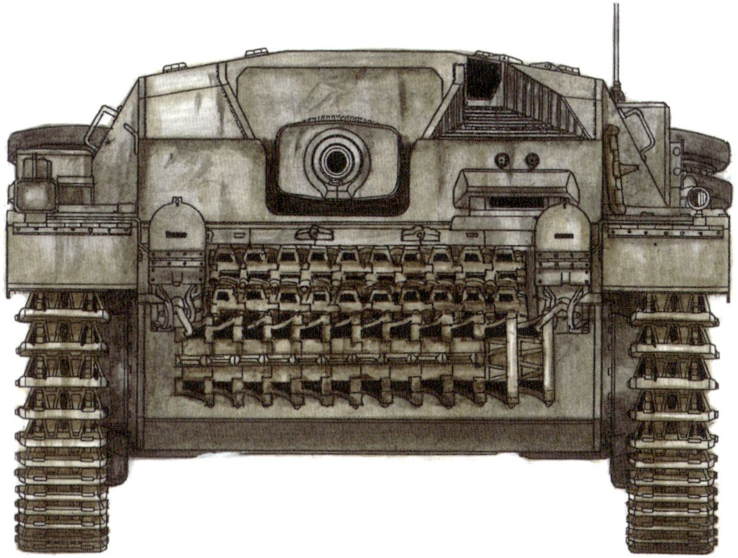

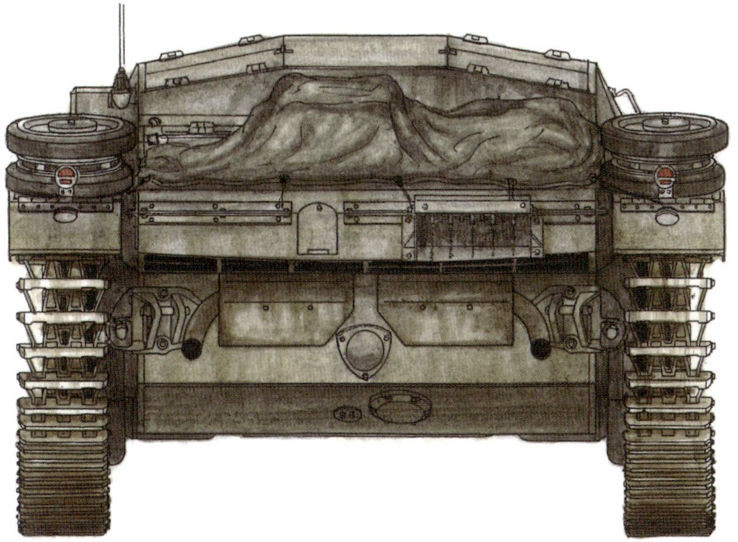

〔図4〕

Ⅲ号突撃砲A型（第2次生産車）第1SS突撃砲大隊31号車

1942年夏　フランス／パリ

この車両もA型だが、第2次生産車である。塗装は、珍しいサンド（ゲルブ）系カラーの単色塗装。おそらくRAL8000ゲルプブラウンやRAL8020ブラウンなどで塗られているものと思われる。戦闘室側面に描かれた国籍標識バルケンクロイツは白縁が付いた黒十字。その後方には同じく白縁付きの黒で砲番号の“31”を記入。右フェンダー前部のフロントマッドガードに師団マーク、左フェンダー前部のフロントマッドガードには突撃砲中隊を示す戦術マークがいずれも白で描かれている。

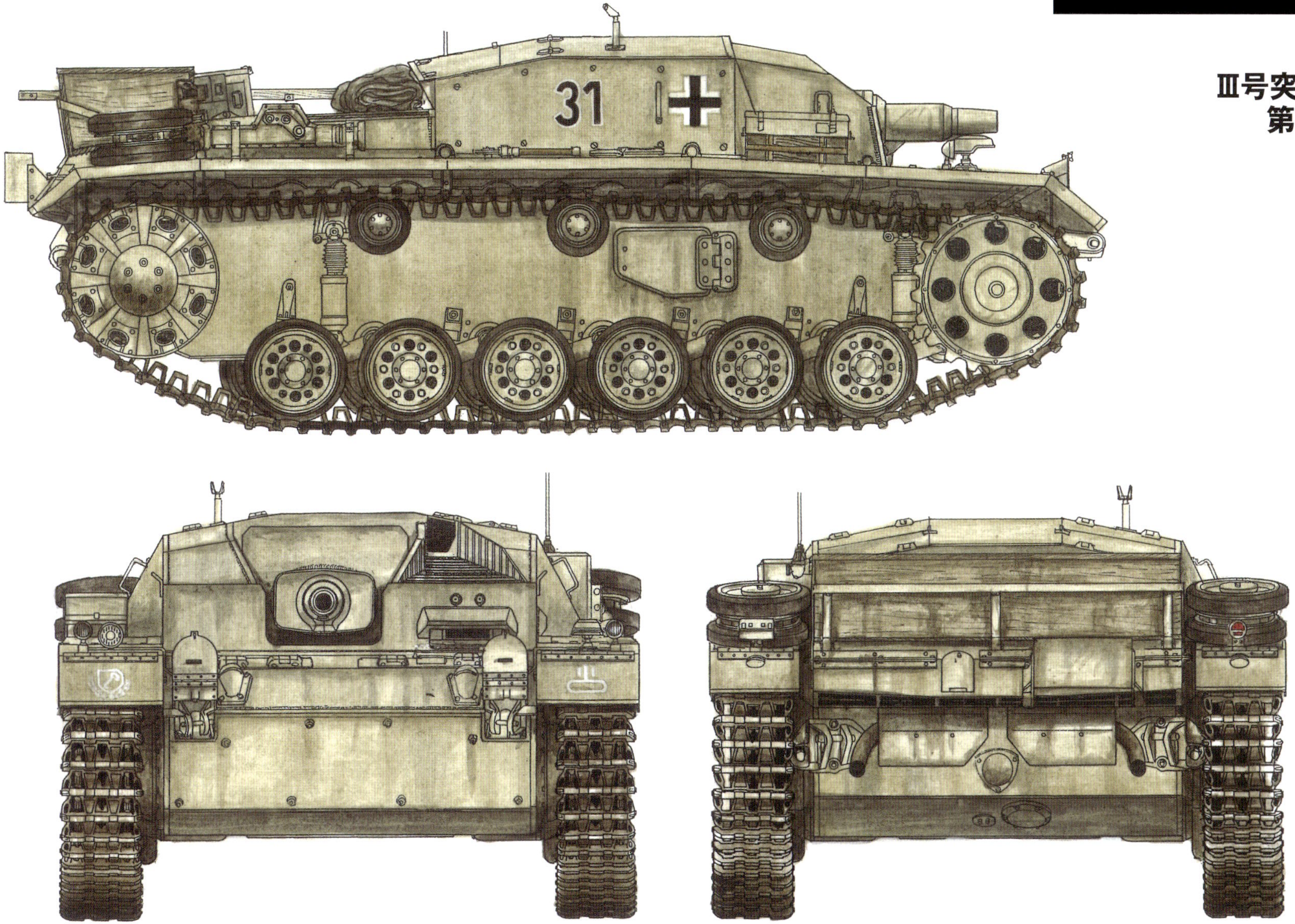

〔図3〕

Ⅲ号突撃砲A型　所属部隊不明

StuG.III Ausf.A Unit Unknown

車体各部の特徴

A型の初期生産車で、履帯は360mm幅タイプ、起動輪と誘導輪は初期タイプを使用。左フェンダーのノテックライト（前部）と車間表示ライト（後部）は未装備。部隊配備後に左右フェンダー後部の金属製雑具箱を取り外し、予備転輪を装備している。また、車体前面の牽引ホールドに予備履帯を取り付けている。

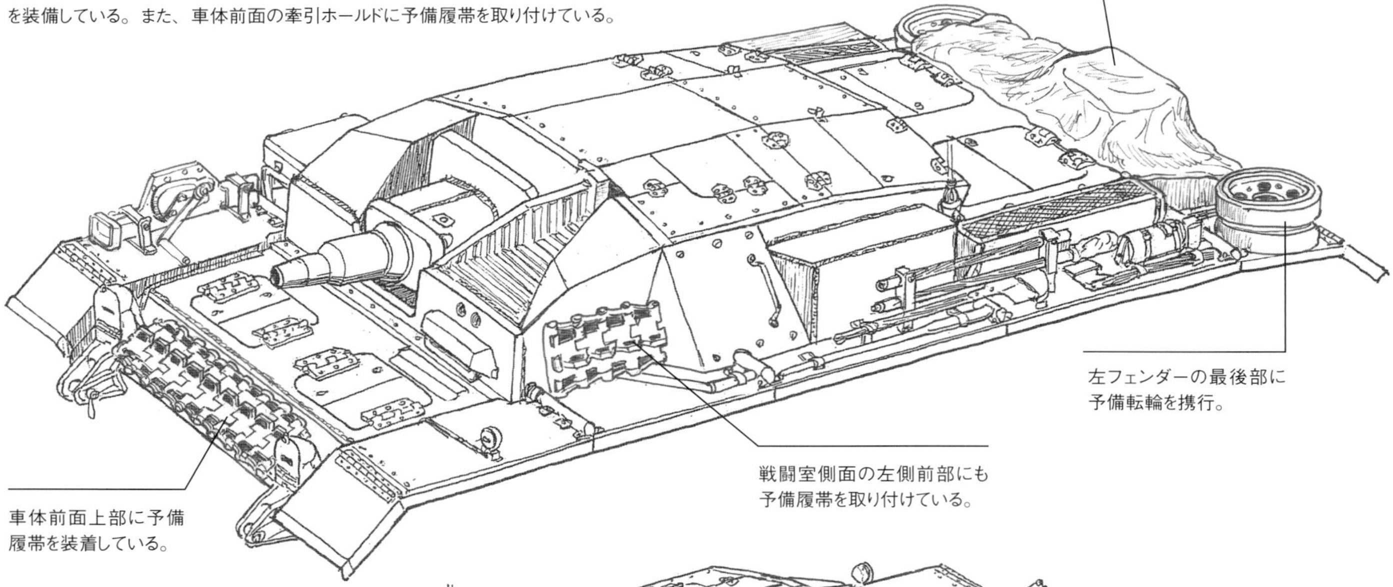

機関室上面の最後部に荷物を載せ、シートで覆っている。

左フェンダーの最後部に予備転輪を携行。

戦闘室側面の左側前部にも予備履帯を取り付けている。

車体前面上部に予備履帯を装着している。

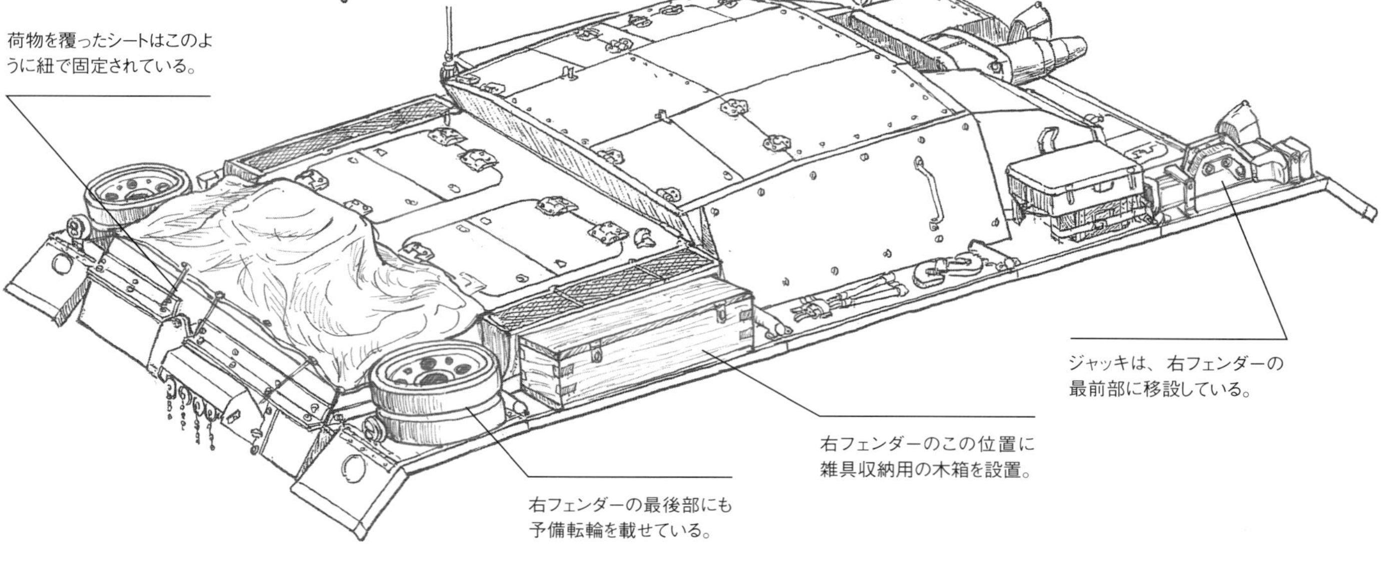

荷物を覆ったシートはこのように紐で固定されている。

ジャッキは、右フェンダーの最前部に移設している。

右フェンダーのこの位置に雑具収納用の木箱を設置。

右フェンダーの最後部にも予備転輪を載せている。

A型の起動輪

360mm及び380mm幅の履帯に対応した初期タイプの起動輪。

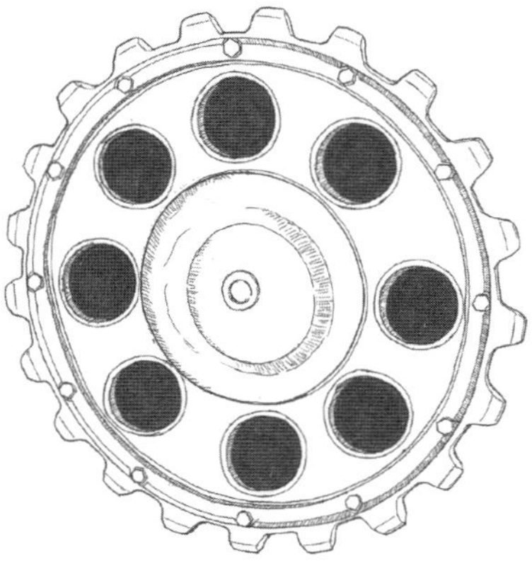

A型で使用された転輪

リム幅75mmの初期転輪

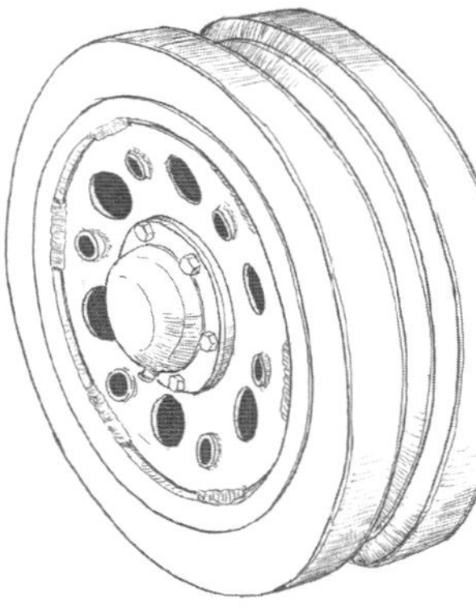

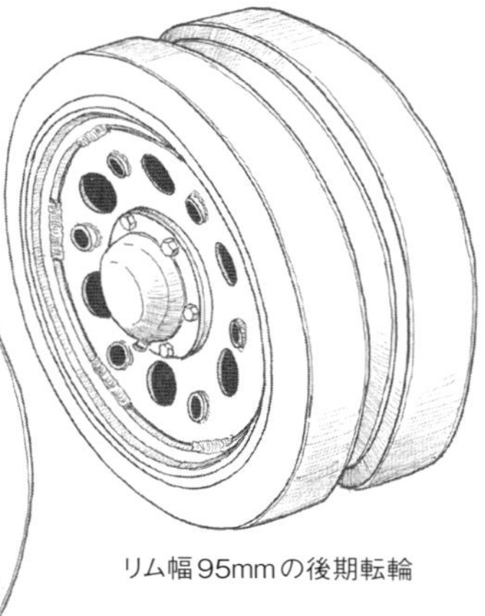

リム幅95mmの後期転輪

初期タイプの誘導輪

A型とB型の初期生産車で使用された。

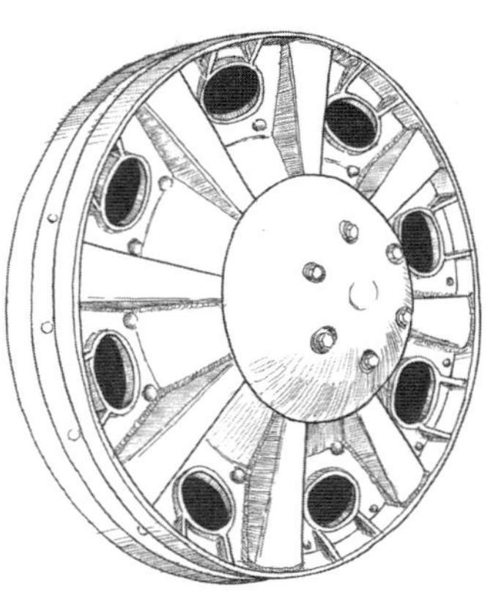

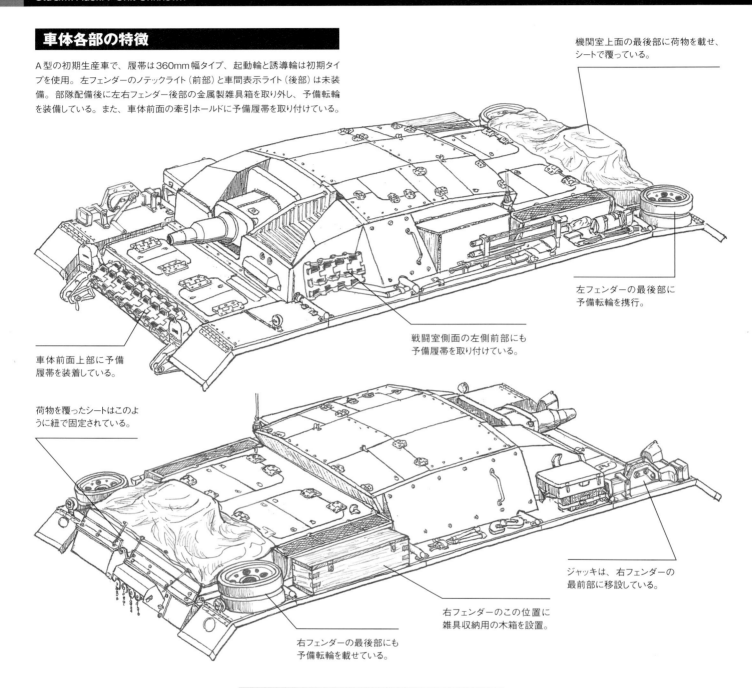

〔図4〕

Ⅲ号突撃砲A型（第2次生産車）第1SS突撃砲大隊31号車

StuG.III Ausf.A (2nd Series) SS StuG.Apt.1, No.31

車体各部の特徴

A型の第２次生産車。Ⅲ号戦車Ｇ型の戦車車台をそのまま用いて造られており、車体前部上面の点検ハッチは前後開き式で、車体前面上部のブレーキ冷却用吸気口カバーと車体側面のエスケープハッチもそのまま設置されている。Ｂ型と並行生産されたため、戦闘室はＢ型と同じ仕様。履帯は360mm幅タイプを使用し、発煙装置には装甲カバーを装着。また、車体前面に20mm厚の増加装甲板をボルト留め（前面上部は未装着）している。

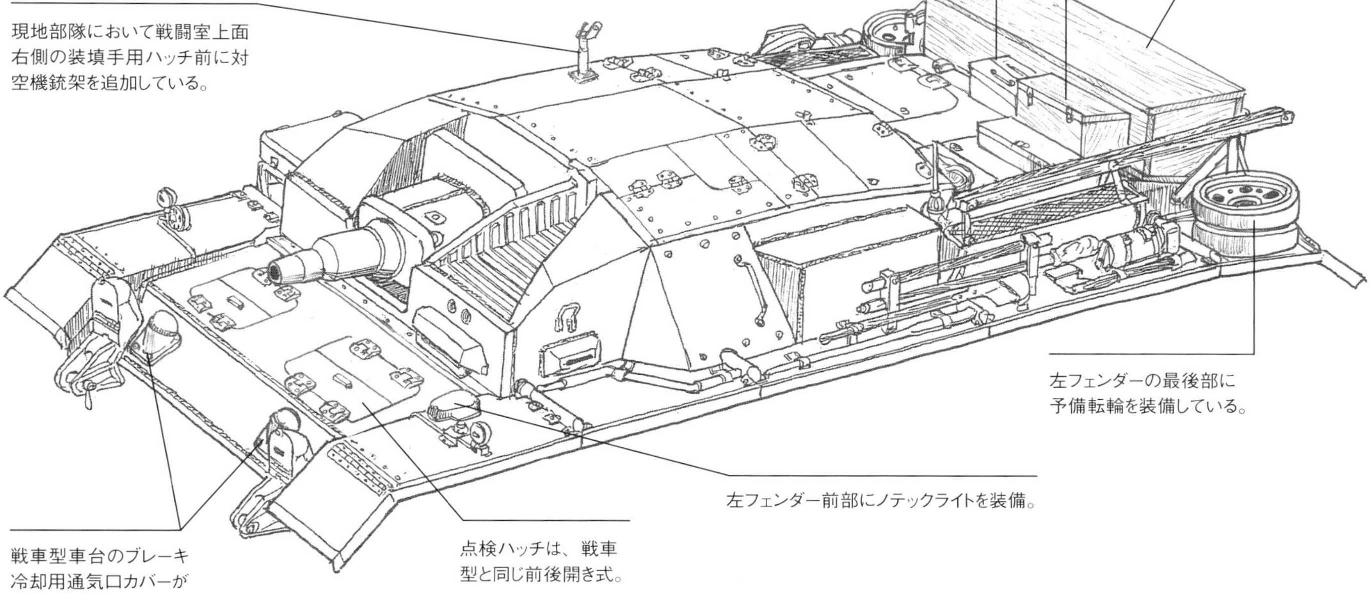

この位置には機関銃用の弾薬箱を載せている。

小型の木箱も携行。

機関室上面の最後部に大型の木箱を積載。

現地部隊において戦闘室上面右側の装填手用ハッチ前に対空機銃架を追加している。

左フェンダーの最後部に予備転輪を装備している。

左フェンダー前部にノテックライトを装備。

戦車型車台のブレーキ冷却用通気口カバーがそのまま残っている。

点検ハッチは、戦車型と同じ前後開き式。

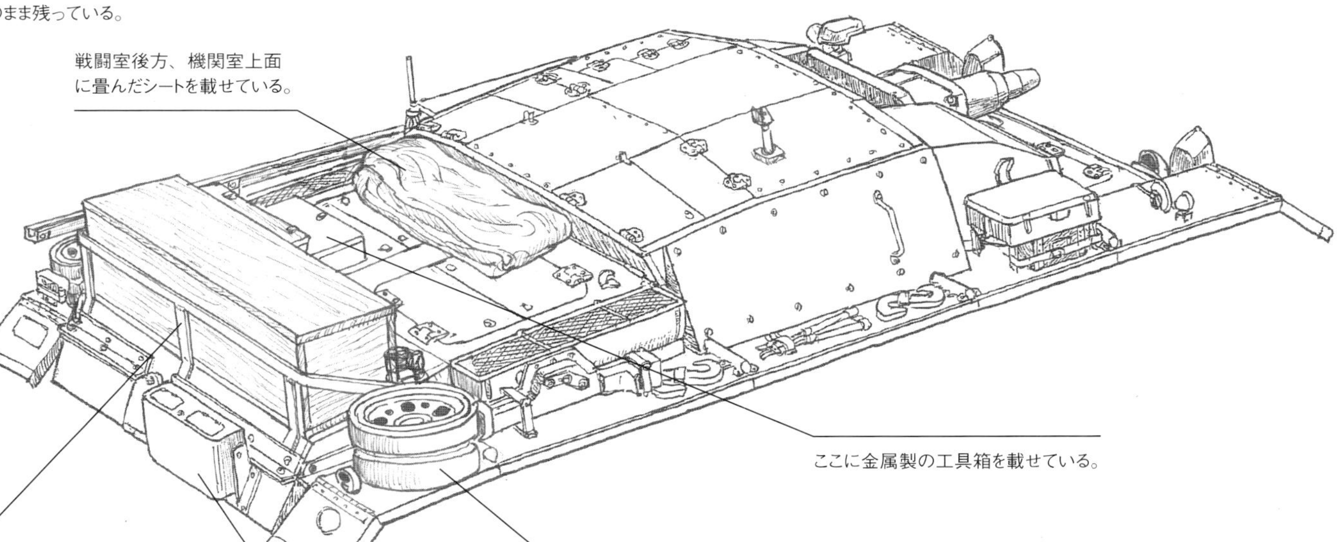

戦闘室後方、機関室上面に畳んだシートを載せている。

ここに金属製の工具箱を載せている。

機関室上面の最後部に荷物ラックを増設している。

右フェンダーの最後部にも予備転輪を装備。

発煙装置に装甲カバーを装着。

31号車の機関室上面

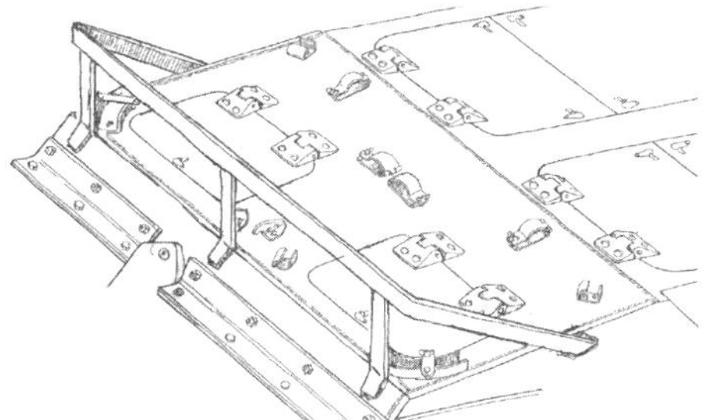

機関室上面の後部には板金を加工・溶接留めした荷物ラックが増設されている。

A型第2次生産車の車体前部

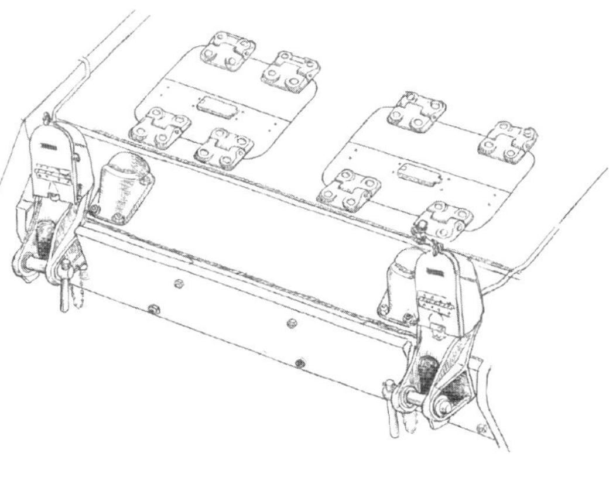

Ⅲ号戦車Ｇ型の戦車車台を使用しているので、点検ハッチやブレーキ冷却用通気口カバーなどはベースとなった戦車型と同じ。車体前面には20mm厚の増加装甲板を装着（前面上部は未装着）している。

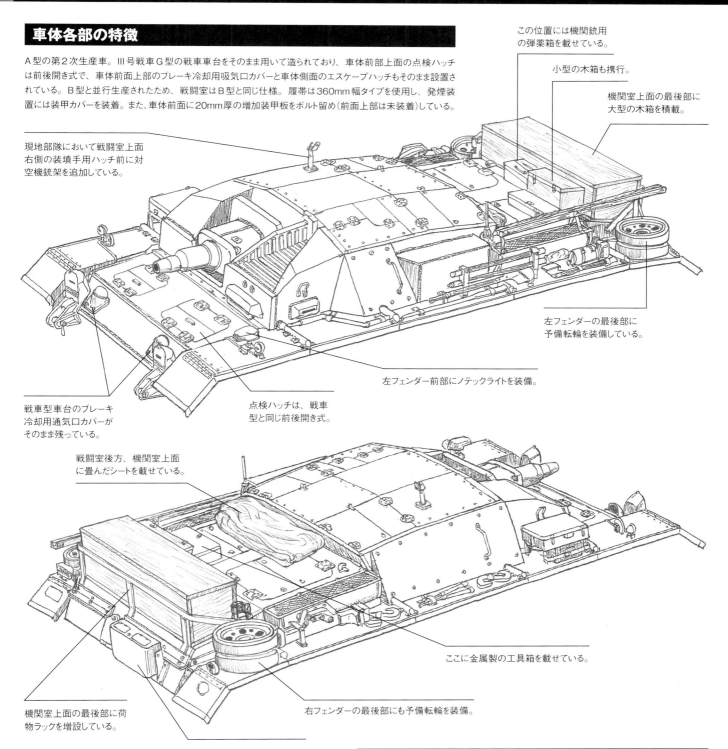

Sturmgeschütz III Ausf.B
Sturmgeschütz Abteilung 191
April 1941 Balkan Peninsula

〔図5〕

Ⅲ号突撃砲B型
第191突撃砲大隊所属車

1941年4月　バルカン半島

塗装は、標準的な基本色RAL7021ドゥンケルグラウの単色塗装。戦闘室側面に描かれた国籍標識バルケンクロイツは大サイズの白縁付きの黒十字タイプ。戦闘室側面と右フェンダー前部のフロントマッドガードには大隊マーク（赤で縁取りされた黒の四角形の中に赤い“バイソン”を描いている）、左フェンダー前部のフロントマッドガードには突撃砲部隊の戦術マークが赤で描かれている。

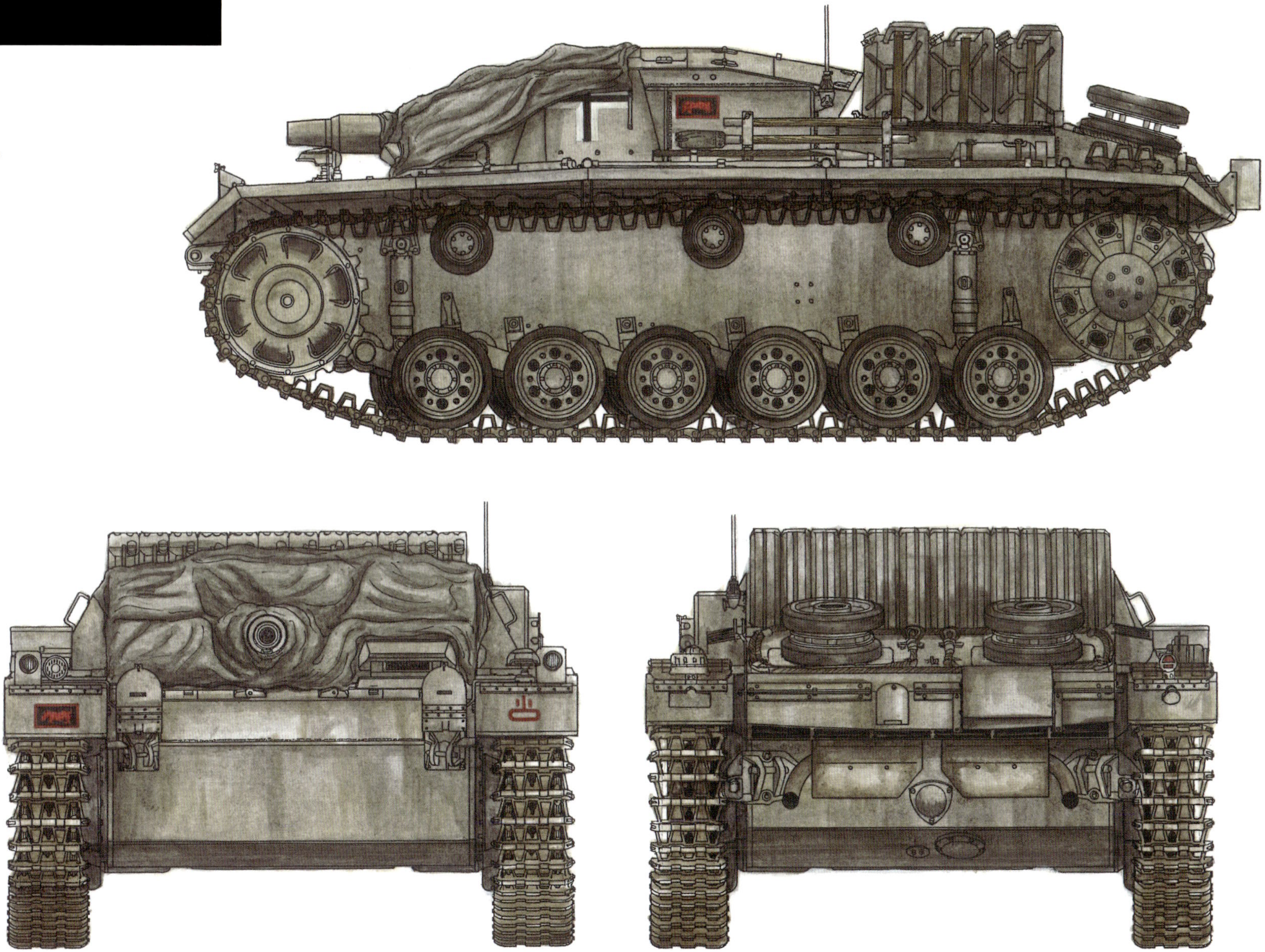

Sturmgeschütz III Ausf.B
Unit Unknown
April 1941 Balkan Peninsula

〔図6〕

Ⅲ号突撃砲B型
所属部隊不明

1941年4月　バルカン半島

大戦前期の標準塗装で、車体全面にわたり基本色のRAL7021ドゥンケルグラウを塗布。戦闘室側面の前部に白縁のみの国籍標識バルケンクロイツが描かれているだけで、他のマーキング類は見当たらない。

〔図5〕

Ⅲ号突撃砲B型　第191突撃砲大隊所属車

StuG.III Ausf.B　StuG.Apt.191

車体各部の特徴

車体後面上部の発煙装置に装甲カバーを装着（1940年夏頃から実施）し、左右フェンダー最後部の雑具箱を廃止（1940年秋頃から実施）。履帯は400mm幅の初期タイプで、起動輪は新型、誘導輪は旧型を装着した標準的なB型。

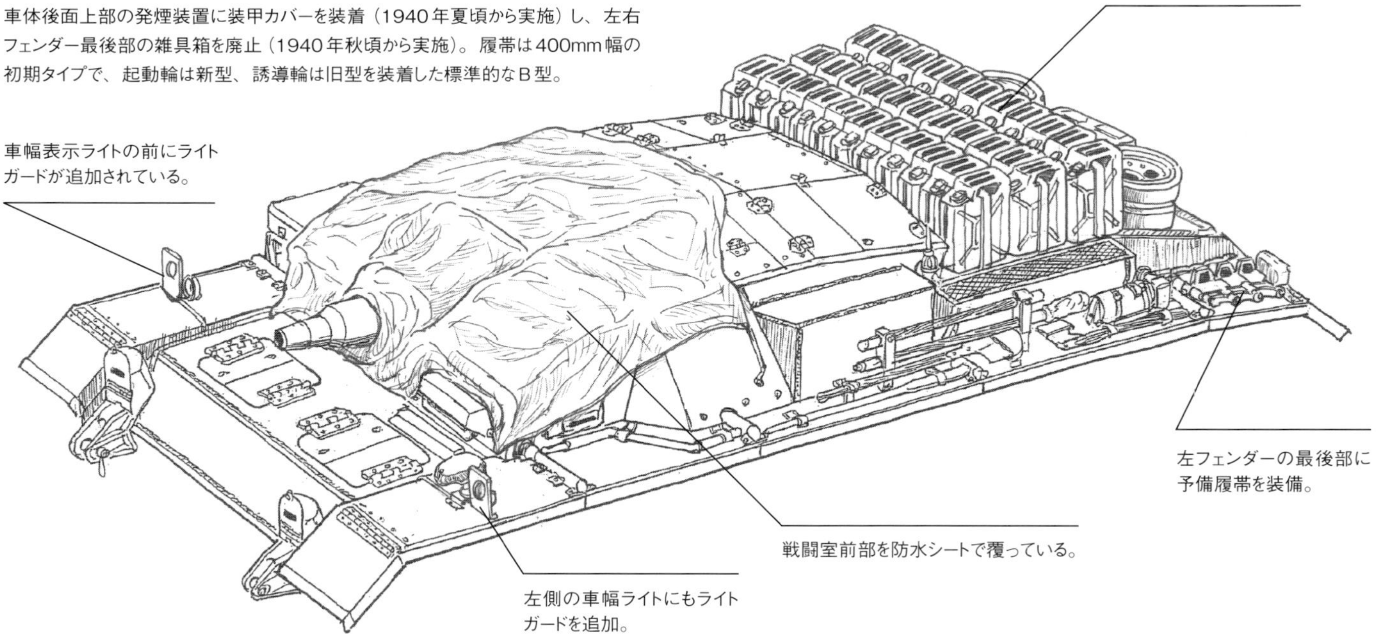

機関室上面に大量のジェリカンを積んでいる。
車幅表示ライトの前にライトガードが追加されている。
左フェンダーの最後部に予備履帯を装備。
戦闘室前部を防水シートで覆っている。
左側の車幅ライトにもライトガードを追加。

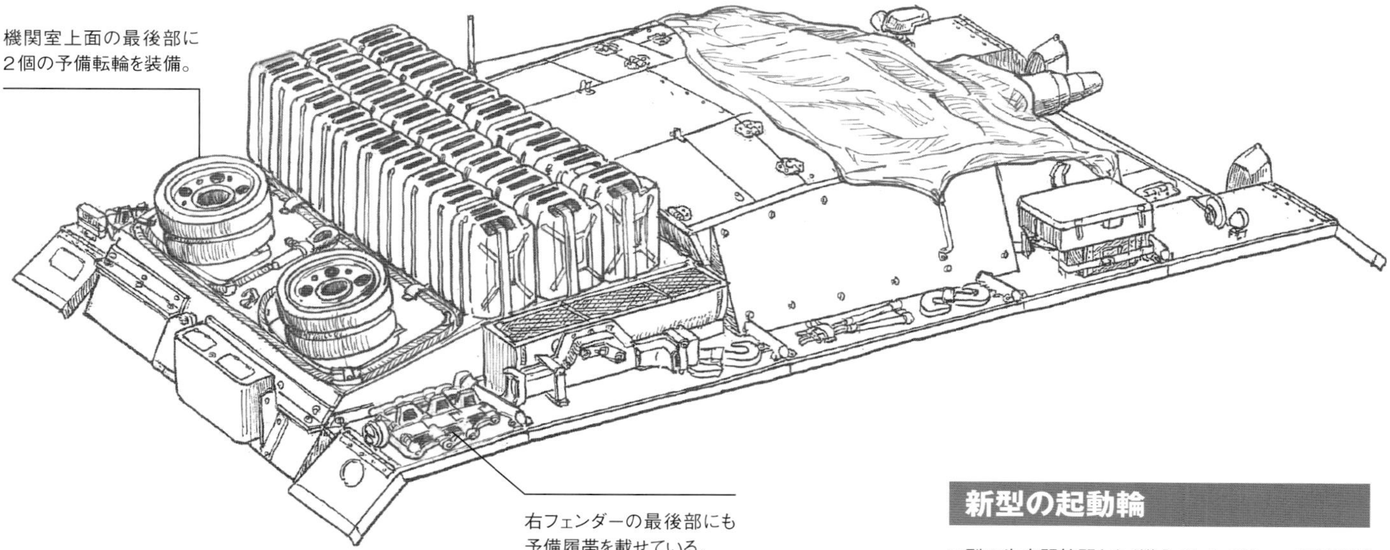

機関室上面の最後部に2個の予備転輪を装備。
右フェンダーの最後部にも予備履帯を載せている。

新型の起動輪

B型の生産開始間もなく導入された400mm幅履帯対応の起動輪。

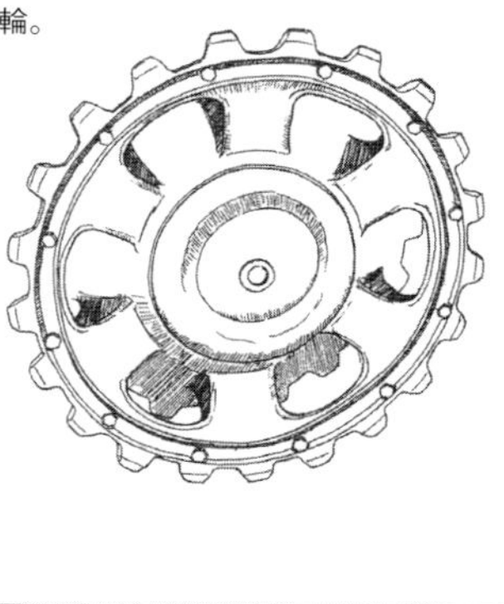

B型の車体後面

左フェンダー最後部のライトは車間表示ライトに変更。また、1940年夏頃から発煙装置に装甲カバーを装着するようになる。

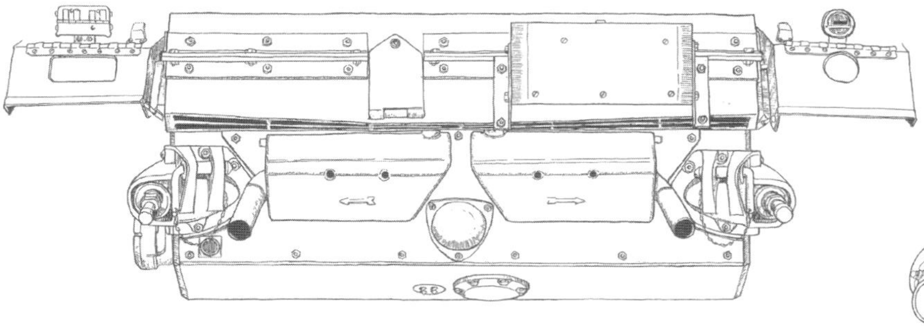

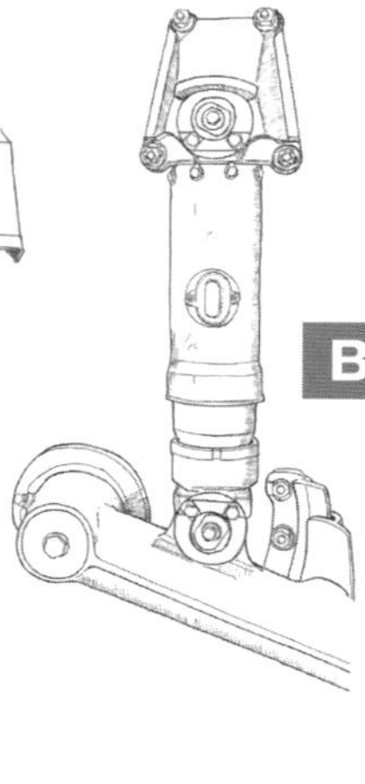

B型のショックアブソーバー

B型から採用された新型で、第1/第6転輪のサスペンションアームに連結。

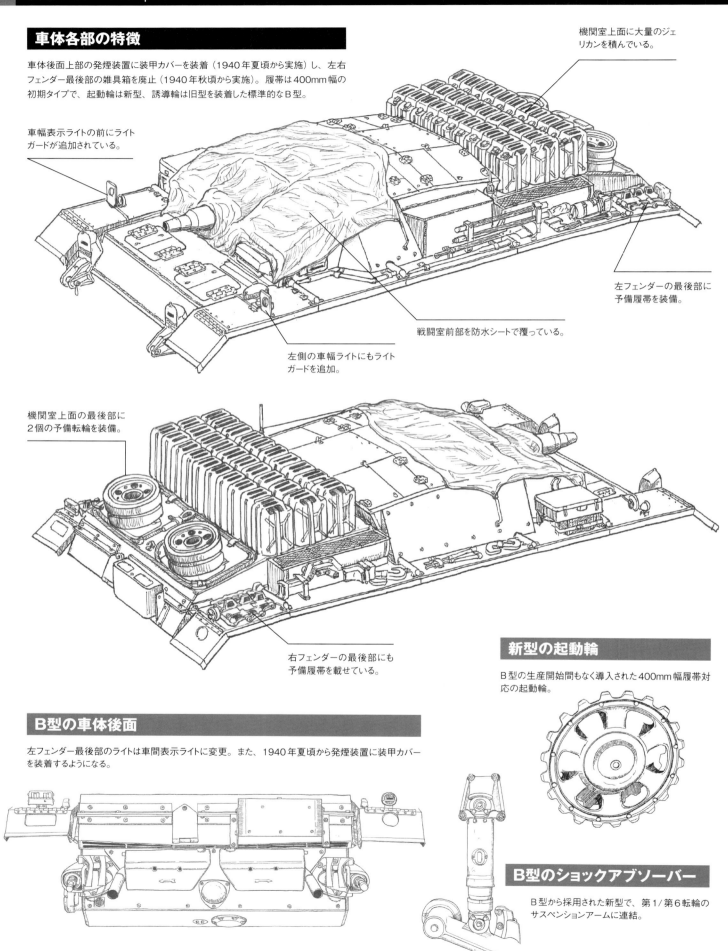

〔図6〕

Ⅲ号突撃砲B型　所属部隊不明

StuG.III Ausf.B　Unit Unknkown

車体各部の特徴

1940年秋頃以降に造られたB型で、車体後面上部の発煙装置に装甲カバーを装着し、左右フェンダー最後部の雑具箱を廃止している。履帯は400mm幅の初期タイプで、起動輪は新型、誘導輪は旧型を装着。

機関室上面の最前部に大きな丸めたシートを載せている。

シートの後方に多数のジェリカンを携行。

車幅表示ライトの前にライトガードが追加されている。

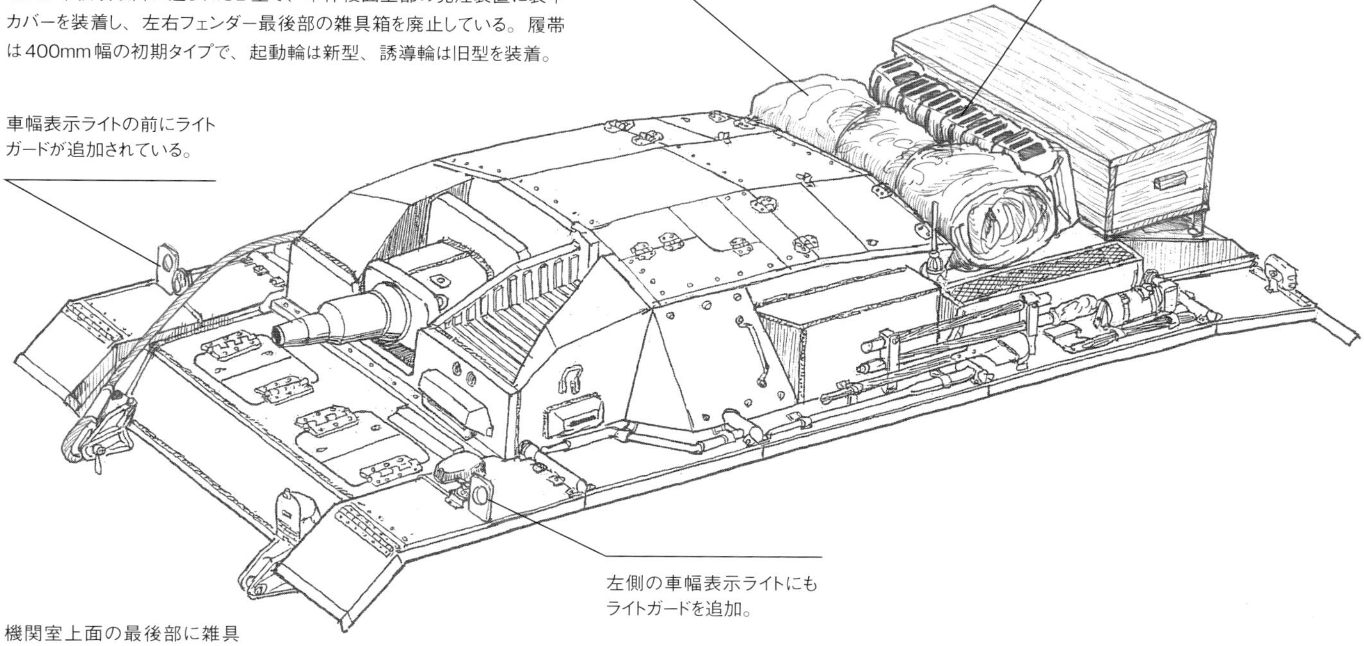

左側の車幅表示ライトにもライトガードを追加。

機関室上面の最後部に雑具収納用の大型木箱を増設。

牽引ケーブルはこのように携行している。

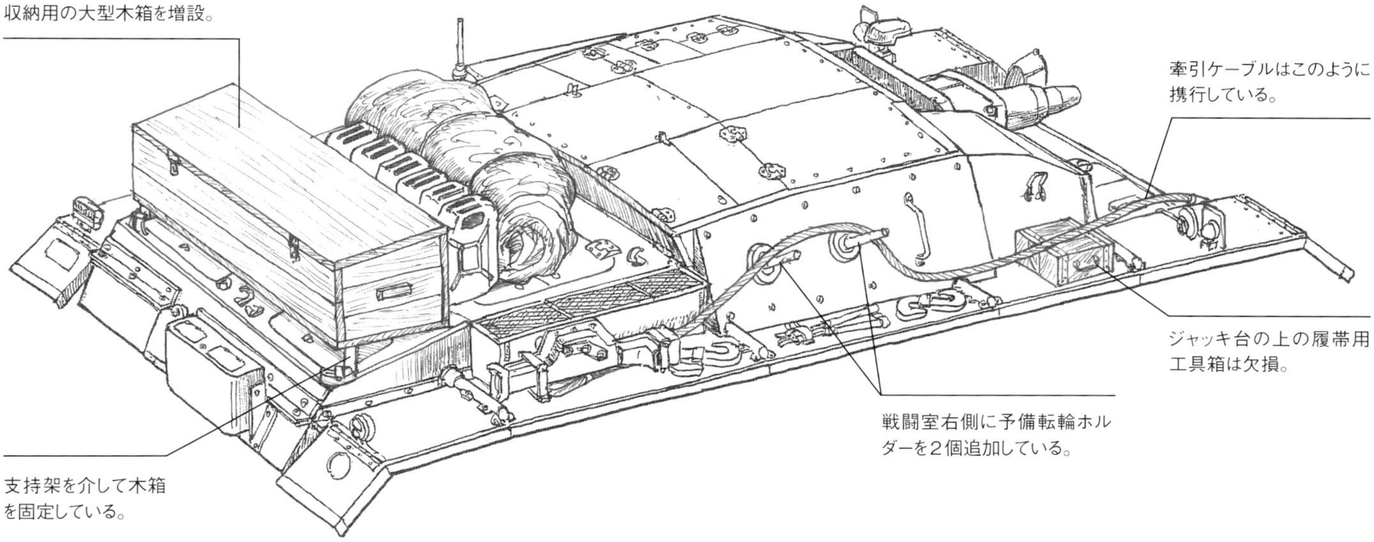

ジャッキ台の上の履帯用工具箱は欠損。

戦闘室右側に予備転輪ホルダーを2個追加している。

支持架を介して木箱を固定している。

A型/B型の車体前部上面点検ハッチ

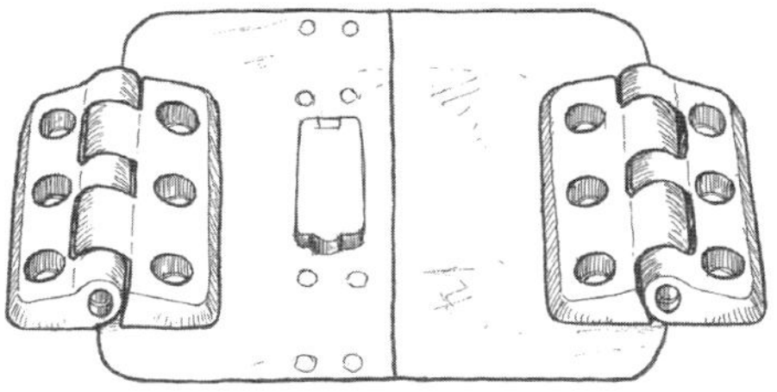

戦車型と異なり、突撃砲では左右開きに変更されている。右側のハッチにはロック機構の開閉カバーを設置している。

左右フェンダー前部

上図の車両は、車幅表示ライト（マーカーライト）の前面に板金を加工したライトガードが取り付けられている。

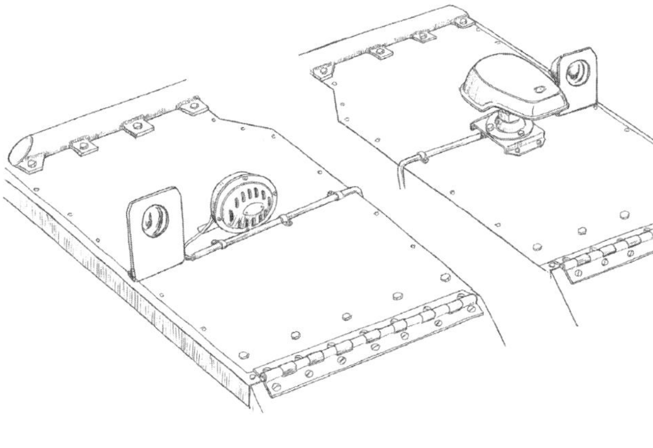

予備転輪ホルダー

上図の車両は、戦闘室右側にこのような予備転輪ホルダーを2基設置している。

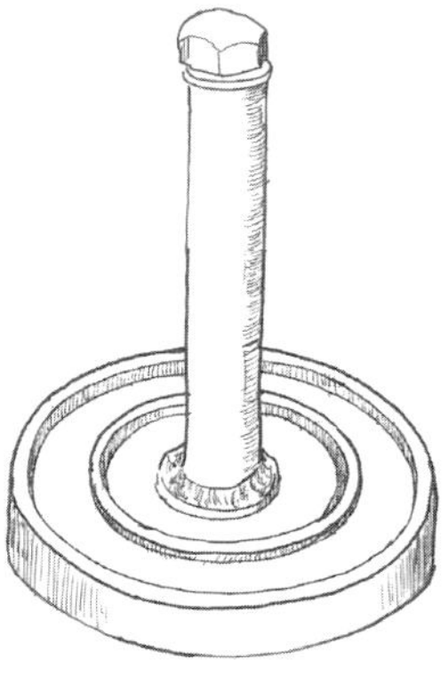

Sturmgeschütz III Ausf.B
Sturmgeschütz Abteilung 190, No.D
April 1941 Balkan Peninsula

〔図7〕

Ⅲ号突撃砲B型
第190突撃砲大隊D号車

1941 年 4 月　バルカン半島

車体は、基本色 RAL7021 ドゥンケルグラウの単色塗装が施されている。戦闘室側面の中央に白縁のみの国籍標識バルケンクロイツを記入。右フェンダー前部のフロントマッドガードに大隊マーク（白で縁取られた赤い盾の中に“白いライオン”のシルエット、その下には白い“190”の大隊番号も記入）、左フェンダー前部のフロントマッドガードには突撃砲部隊の戦術マークが赤で描かれている。さらに戦闘室前面右側には砲番号の“D”を白で小さく記入。

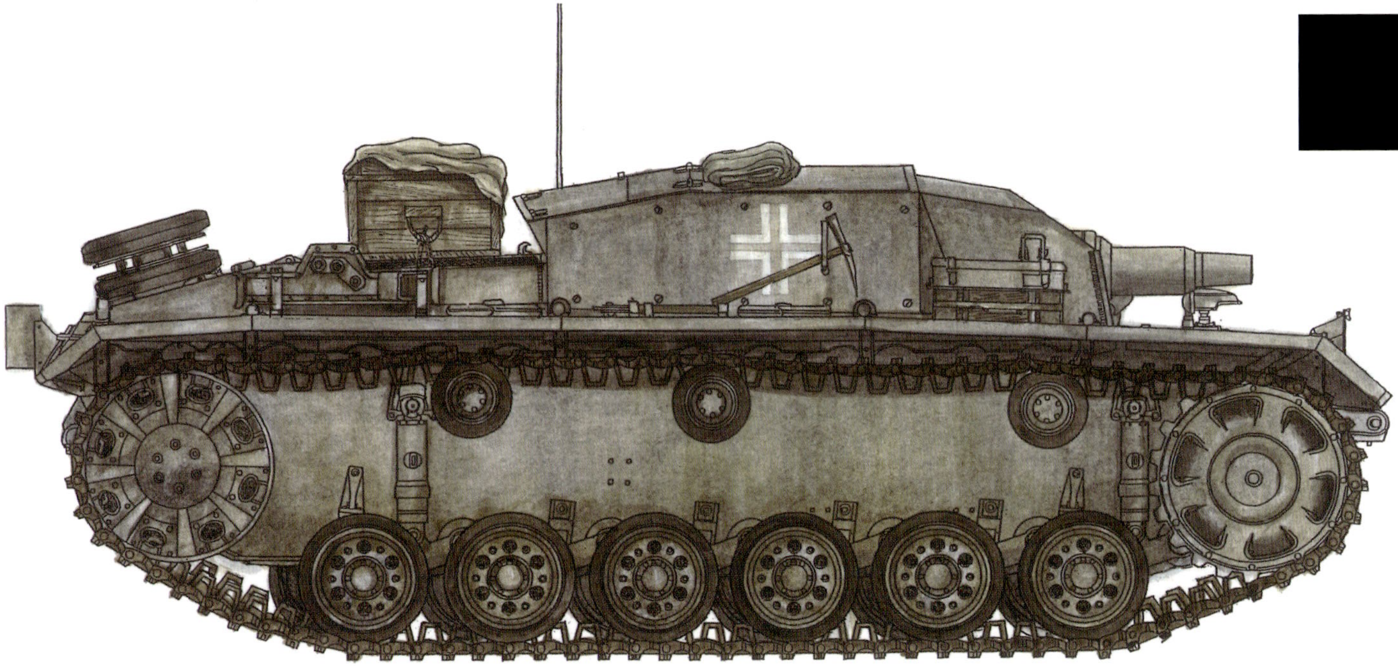

Sturmgeschütz III Ausf.B
Sturmgeschütz Abteilung 184, No.22
Summer of 1941 Eastern Front

〔図8〕

Ⅲ号突撃砲B型
第184突撃砲大隊22号車

1941 年夏　東部戦線

車体は、基本色 RAL7021 ドゥンケルグラウの単色塗装が施されている。戦闘室側面に描かれた国籍標識バルケンクロイツは白縁のみのタイプ。その後方には砲番号の“22”を白で記入。左右フェンダーのフロント / リアマッドガードには車幅を示す白い帯の塗装が施されている。

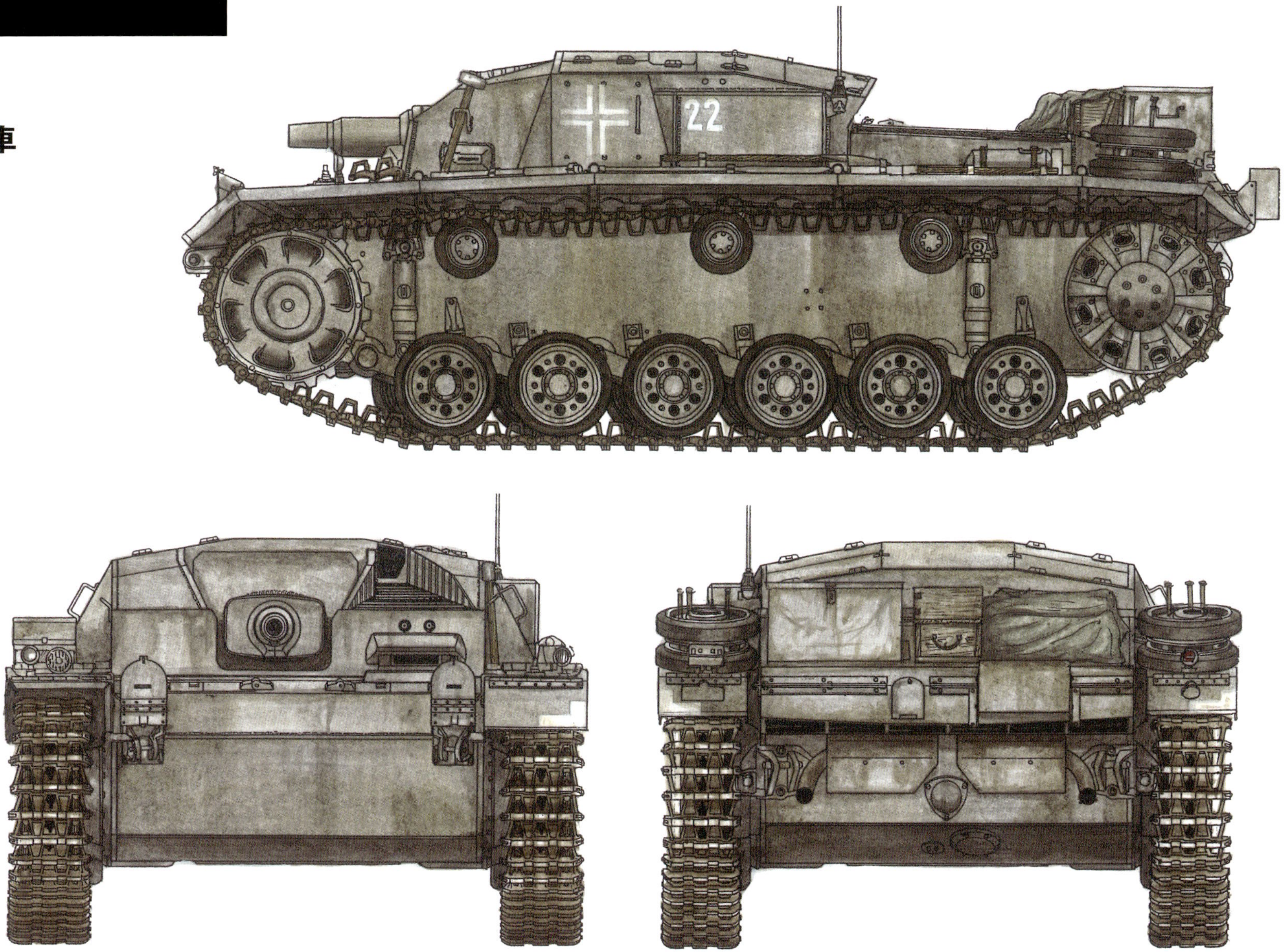

〔図7〕

Ⅲ号突撃砲B型　第190突撃砲大隊D号車

StuG.III Ausf.B　StuG.Apt.190, No.D

車体各部の特徴

車体後面上部の発煙装置に装甲カバーを装着、左右フェンダー最後部の雑具箱は未装備なので、1940年秋頃以降に造られたB型と思われる。履帯は400mm幅の初期タイプで、起動輪は新型、誘導輪は旧型を装着している。

機関室上面の前部にシートを被せた大型の木箱を積んでいる。

機関室上面の最後部左右には予備転輪を装備。

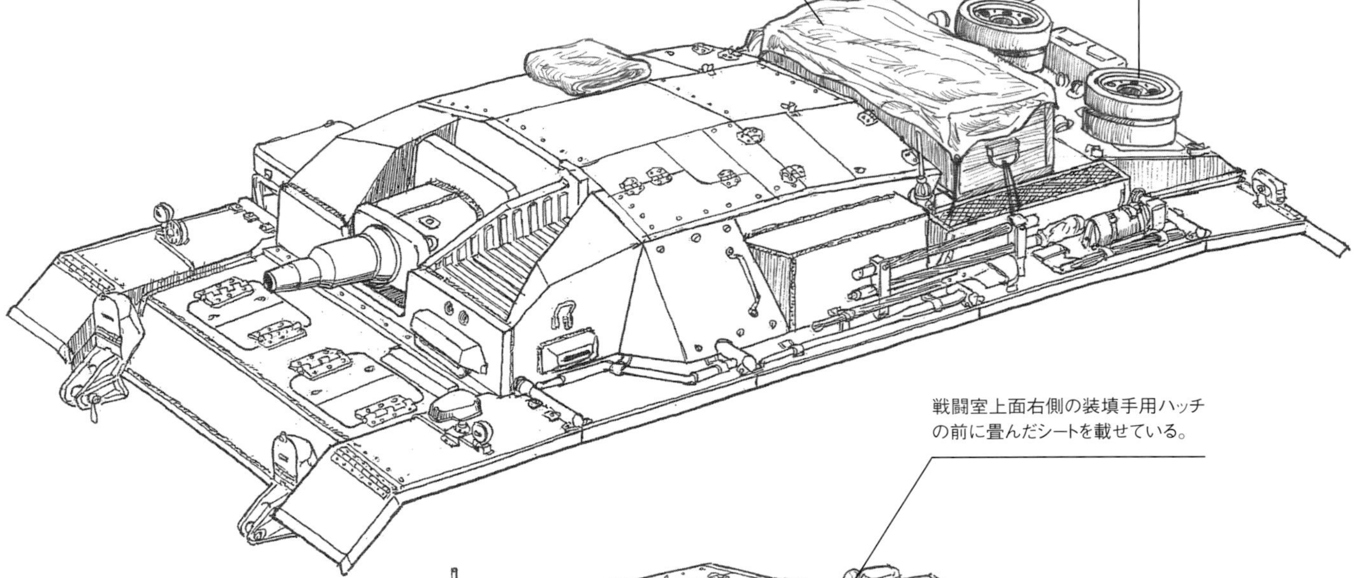

戦闘室上面右側の装填手用ハッチの前に畳んだシートを載せている。

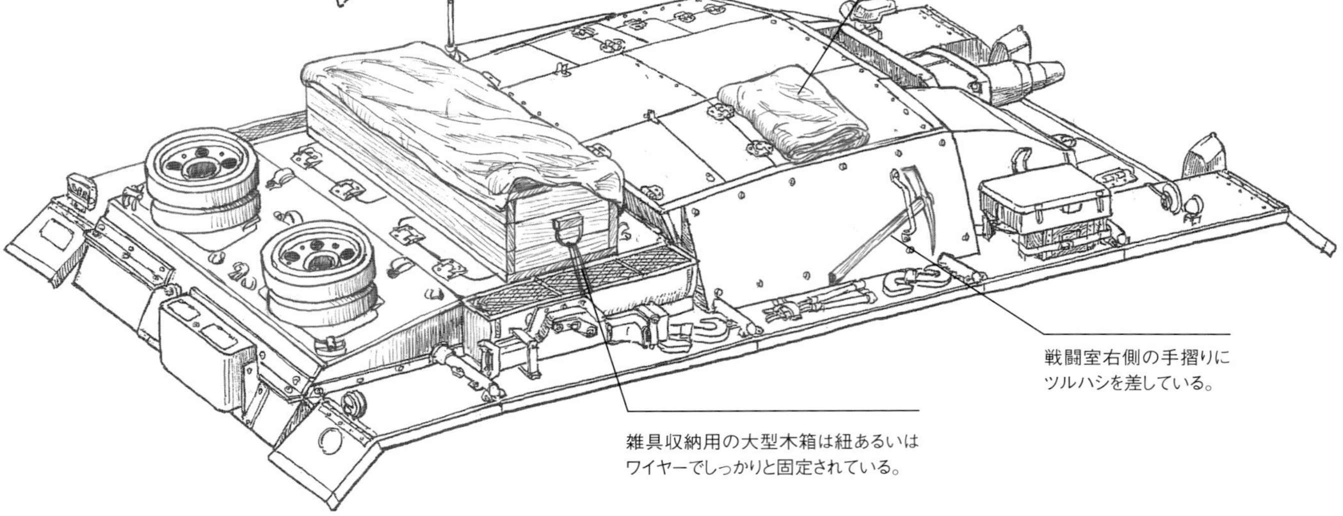

戦闘室右側の手摺りにツルハシを差している。

雑具収納用の大型木箱は紐あるいはワイヤーでしっかりと固定されている。

履帯用工具箱とジャッキ台

右フェンダーの前部に設置。履帯用工具箱の下にジャッキ台が置かれている。

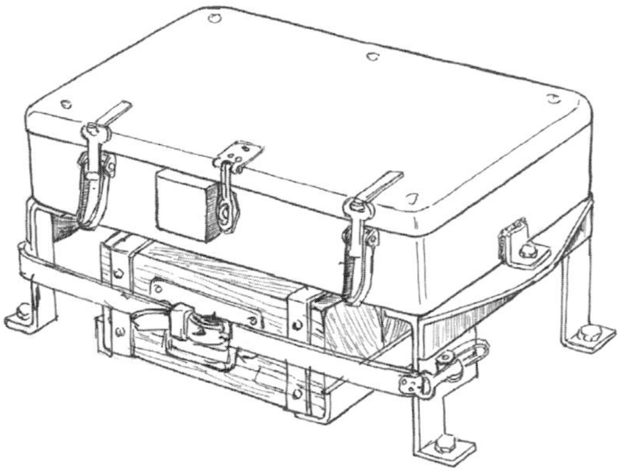

B型の戦闘室

戦闘室の前部左側には照準口が設けられている。照準口の周囲には跳弾板を設置。A型と基本的に同じ構造だが、上面左側前部に設置された砲隊鏡用ハッチと砲手用ハッチの形状が異なる。右上がA型の同ハッチ。

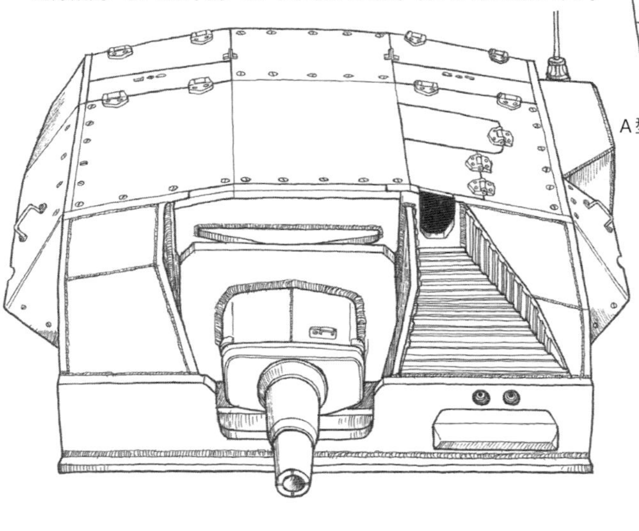

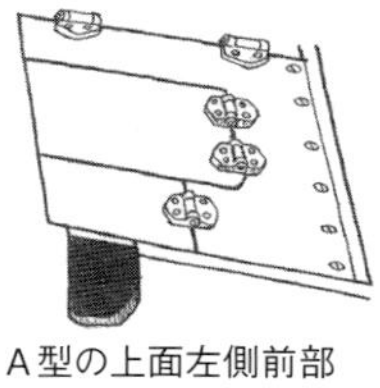

A型の上面左側前部

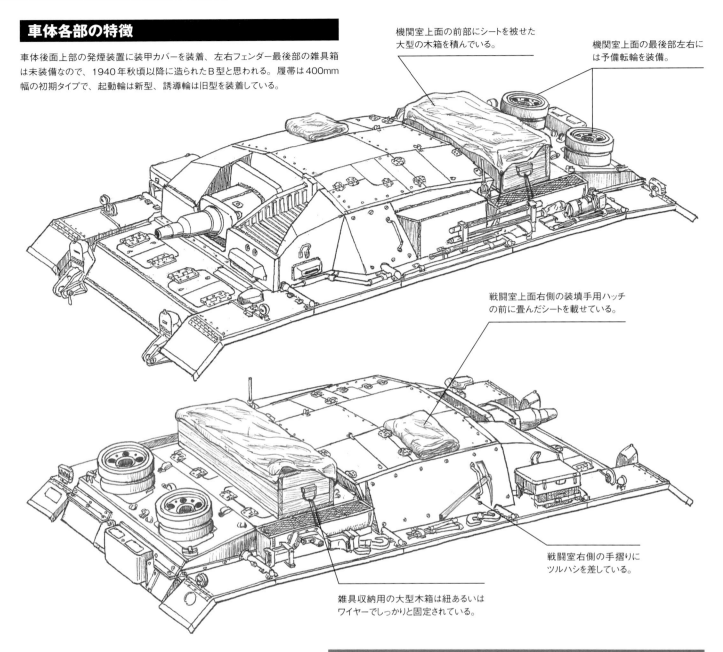

〔図8〕

Ⅲ号突撃砲B型　第184突撃砲大隊22号車

StuG.III Ausf.B　StuG.Apt.184, No.22

車体各部の特徴

車体後面上部の発煙装置に装甲カバーを装着し、左右フェンダー最後部の雑具箱を廃止した1940年秋頃以降に造られた標準的なB型。履帯は400mm幅の初期タイプで、起動輪は新型、誘導輪は旧型を装着している。

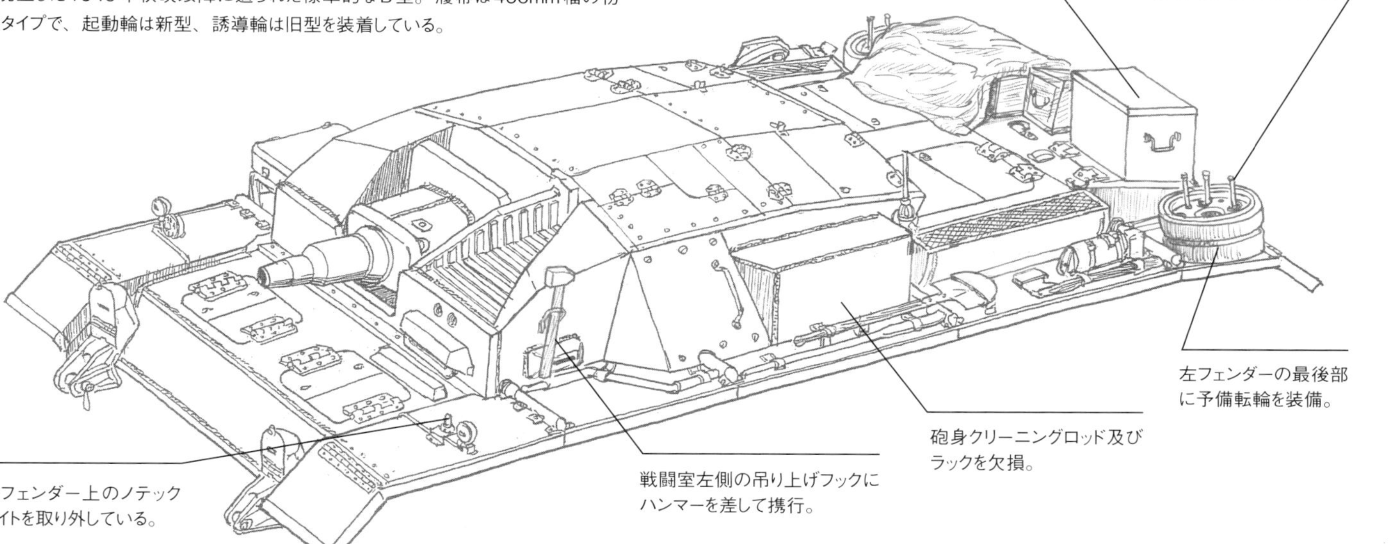

機関室最後部左側に金属製の雑具箱を積んでいる。
予備転輪の孔に履帯連結ピンを差し込んでいる。
左フェンダーの最後部に予備転輪を装備。
砲身クリーニングロッド及びラックを欠損。
戦闘室左側の吊り上げフックにハンマーを差して携行。
左フェンダー上のノテックライトを取り外している。

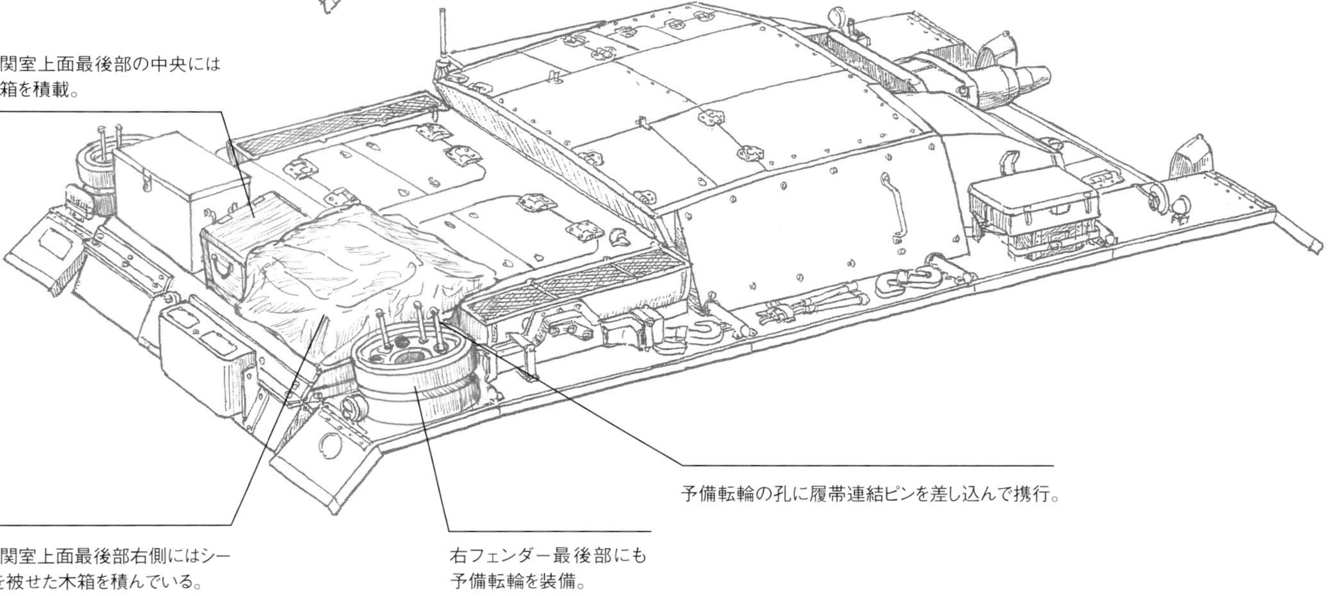

機関室上面最後部の中央には木箱を積載。
予備転輪の孔に履帯連結ピンを差し込んで携行。
機関室上面最後部右側にはシートを被せた木箱を積んでいる。
右フェンダー最後部にも予備転輪を装備。

A～E型の機関室上面

機関室上面の前部にエンジン点検用のハッチ、後部に冷却ファン点検用のハッチを配置。後部には牽引ケーブルの固定具が設置されている。

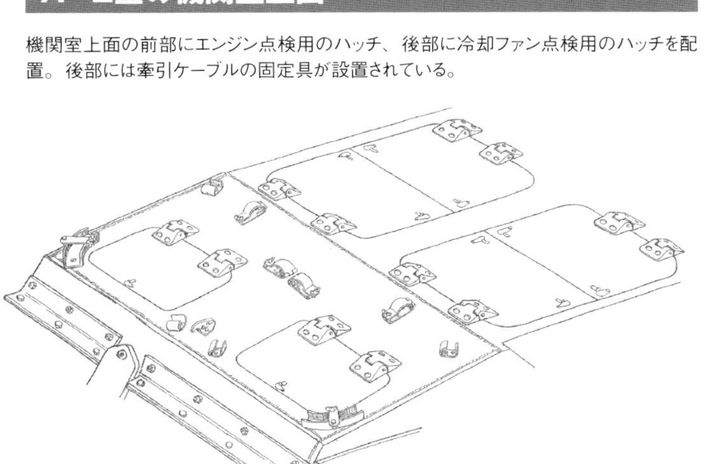

機関室内部

中央にエンジン、その右側に燃料タンク、左側にバッテリー２基、エンジン左右後部にラジエター、最後部の左右には冷却ファンを設置。

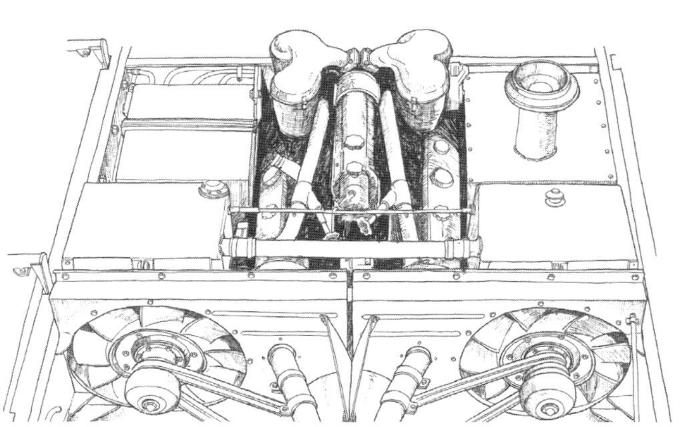

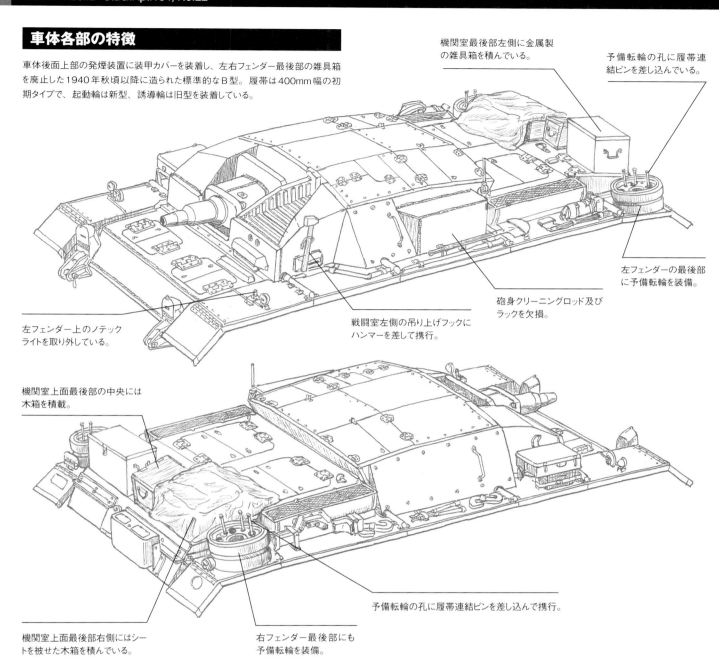

Sturmgeschütz III Ausf.B
SS Sturmgeschütz Kompanie 2
Summer of 1941 Eastern Front

〔図9〕

Ⅲ号突撃砲B型
第2SS突撃砲中隊所属車

1941 年夏　東部戦線

塗装は、大戦前期の標準塗装である基本色RAL7021 ドゥンケルグラウの単色。戦闘室側面と車体後面上部左側に白縁のみの国籍標識バルケンクロイツを描き、戦闘室側面の後部には砲（各車両）を区別するために英雄の名前（この車両は“ZIETHEN”）が記されている。さらに右フェンダー前部のフロントマッドガードにグデーリアン装甲集団を示す白い“G”のマーク、左フェンダー前部のフロントマッドガード外側には黄色の師団マークが描かれている。

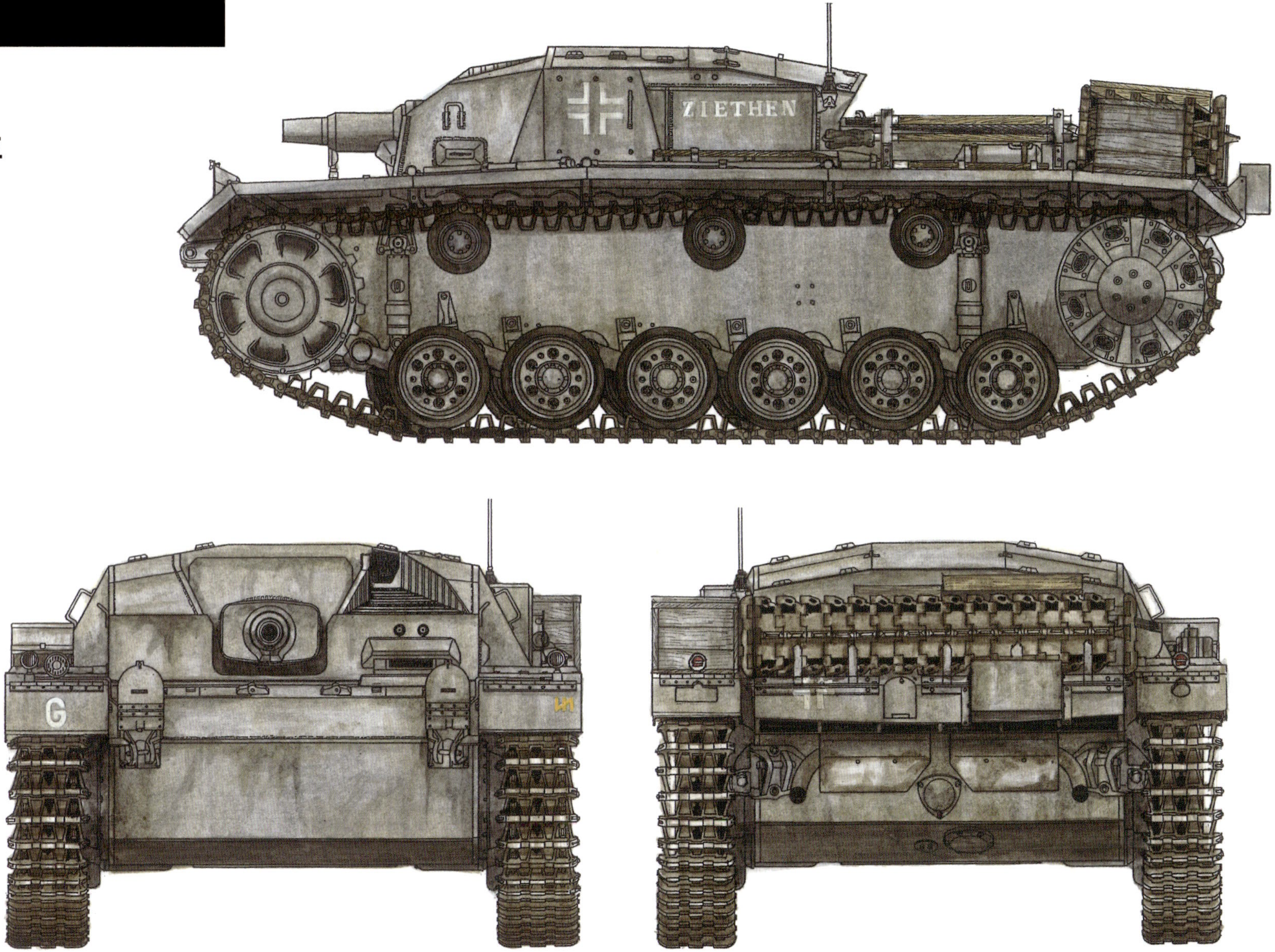

Sturmgeschütz III Ausf.B
SS Sturmgeschütz Kompanie 2
Summer of 1941 Eastern Front

〔図10〕

Ⅲ号突撃砲B型
第2SS突撃砲中隊所属車

1941 年夏　東部戦線

図 9 と同じ第 2SS 突撃砲中隊の車両。この車両も車体全面、RAL7021 ドゥンケルグラウの単色塗装で、戦闘室側面と車体後面上部左側に白縁のみの国籍標識バルケンクロイツを、右フェンダー前部のフロントマッドガードにグデーリアン装甲集団を示す“G”のマーク、左フェンダー前部のフロントマッドガードに黄色の師団マークを記入。また、戦闘室側面には砲（この車両）を区別するための個別の英雄の名前“DERFFLINGER”が白色で描かれている。

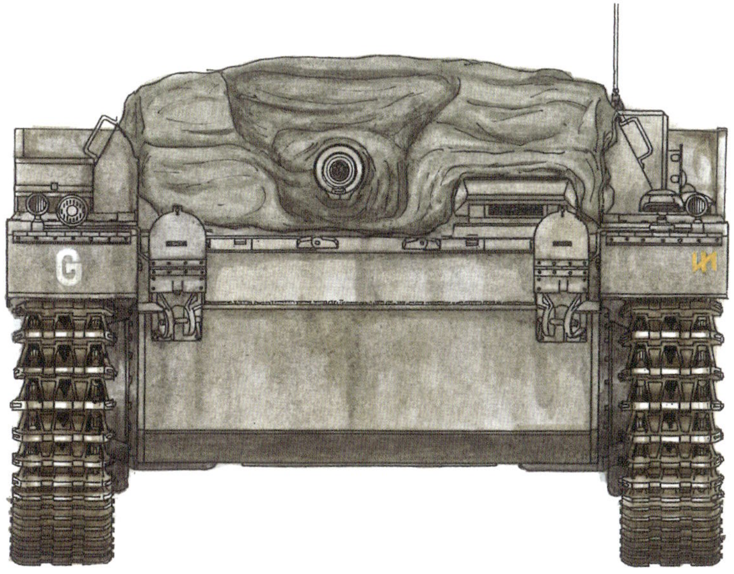

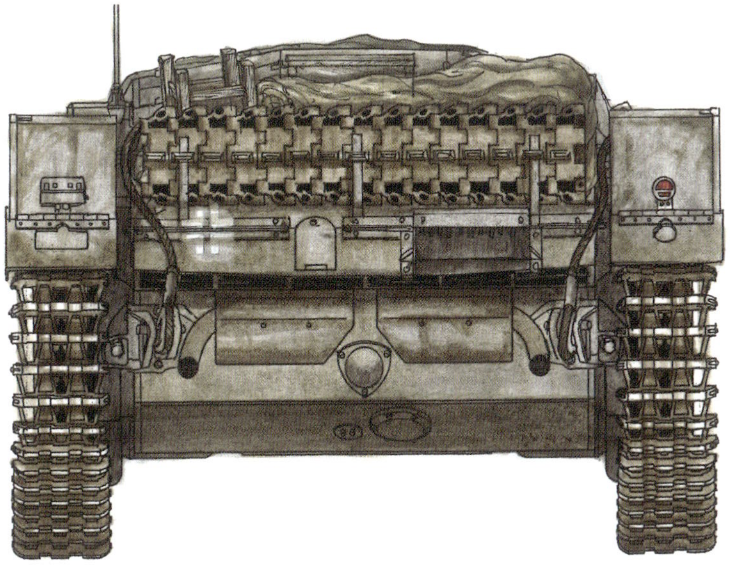

〔図9〕

Ⅲ号突撃砲B型　第2SS突撃砲中隊所属車

StuG.III Ausf.B SS StuG.Kp.2

車体各部の特徴

車体後面上部の発煙装置に装甲カバーを装着し、左右フェンダー最後部の雑具箱を廃止したB型だが、左フェンダー前部にノテックライトはなく、後部ライトも旧仕様の円形テールライトのままと思われる。履帯は400mm幅の初期タイプで、起動輪は新型、誘導輪は旧型を装着している。

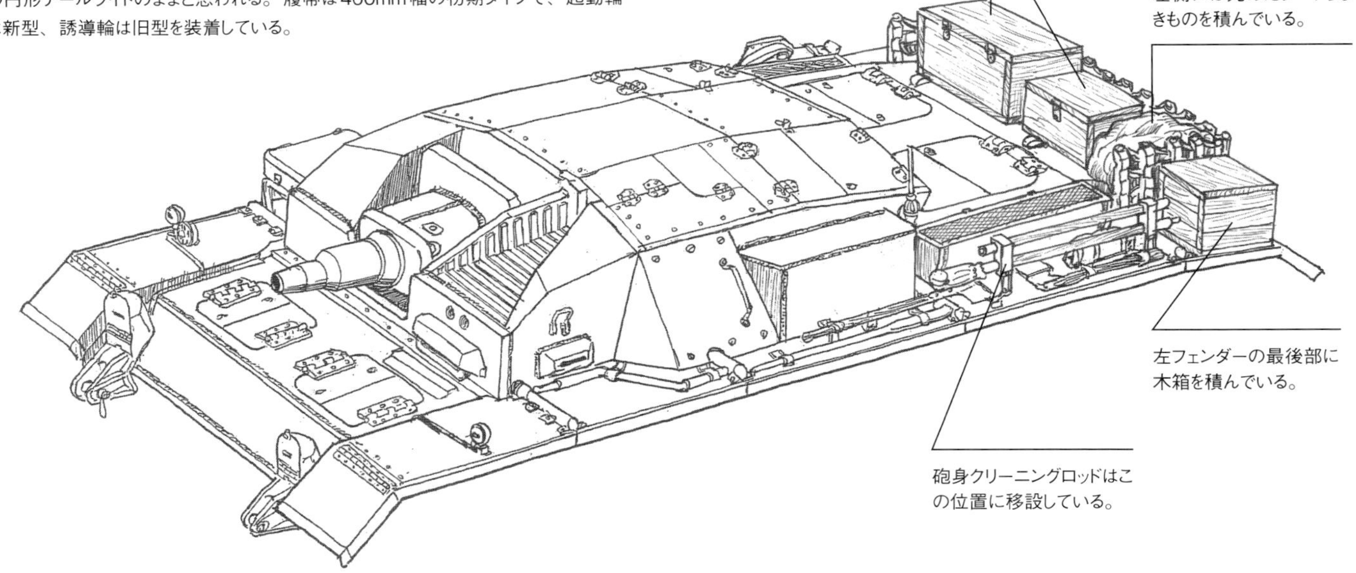
機関室上面の最後部に大小サイズが異なる木箱を2個載せている。
左側には丸めたシートらしきものを積んでいる。
左フェンダーの最後部に木箱を積んでいる。
砲身クリーニングロッドはこの位置に移設している。

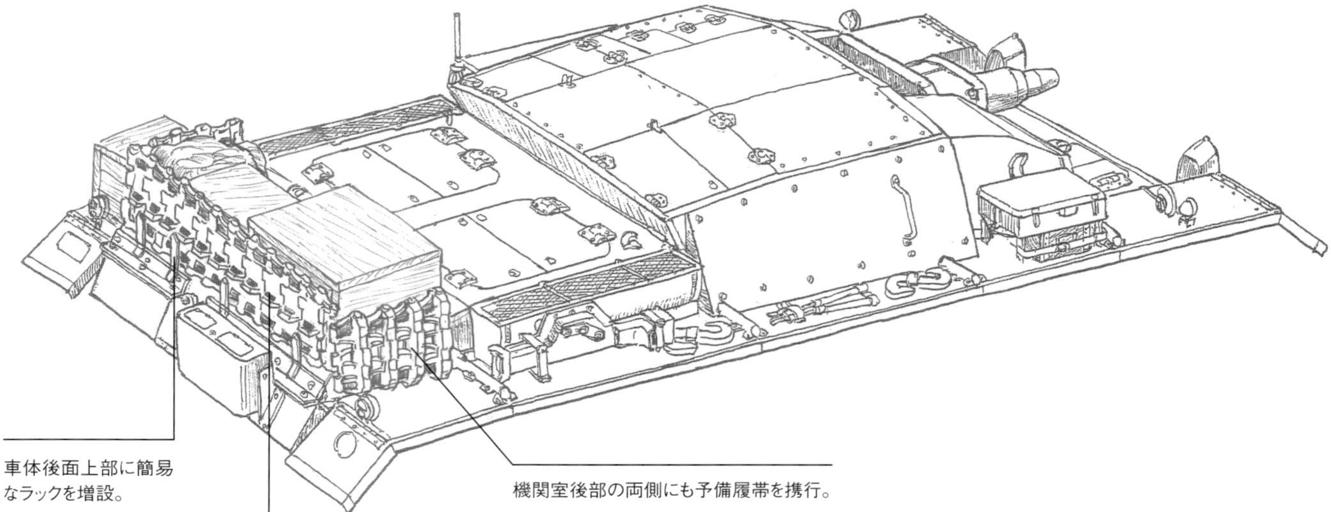
車体後面上部に簡易なラックを増設。
機関室後部の両側にも予備履帯を携行。
機関室上面の積み荷を支える形で予備履帯を積んでいる。

主砲基部の駐退復座機装甲カバー

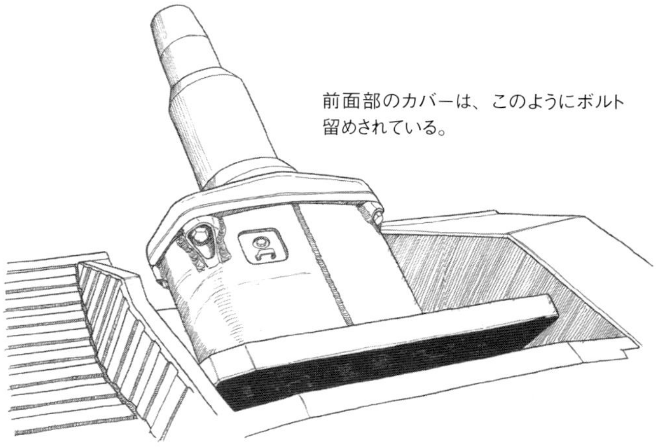
前面部のカバーは、このようにボルト留めされている。

A型/B型の戦闘室前部

前面左側に操縦手用の視察バイザーを設置。その上にはKFF双眼式ペリスコープ用の穴が設けられている。さらにその上方には砲手用のRblf32照準器の開口部がある。

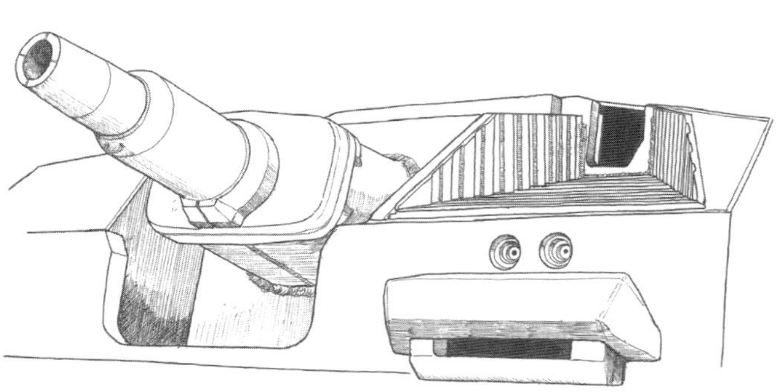

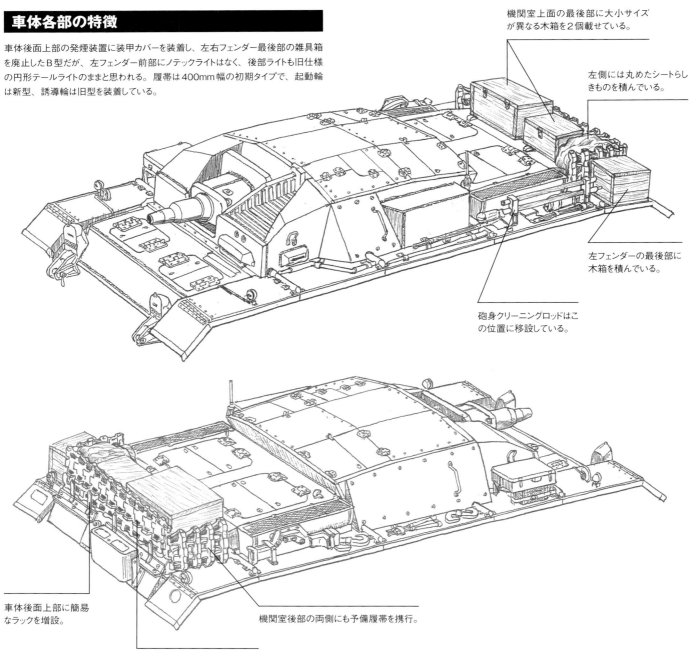

〔図10〕

Ⅲ号突撃砲B型　第2SS突撃砲中隊所属車

StuG.III Ausf.B　SS StuG.Kp.2

車体各部の特徴

1940年夏以前に造られたB型の初期生産車のようで、左右のフェンダー最後部にA型同様の雑具箱を設置しており、車体後面上部の発煙装置には装甲カバーをまだ装着していない。履帯は400mm幅の初期タイプで、起動輪は新型、誘導輪は旧型を装着している。

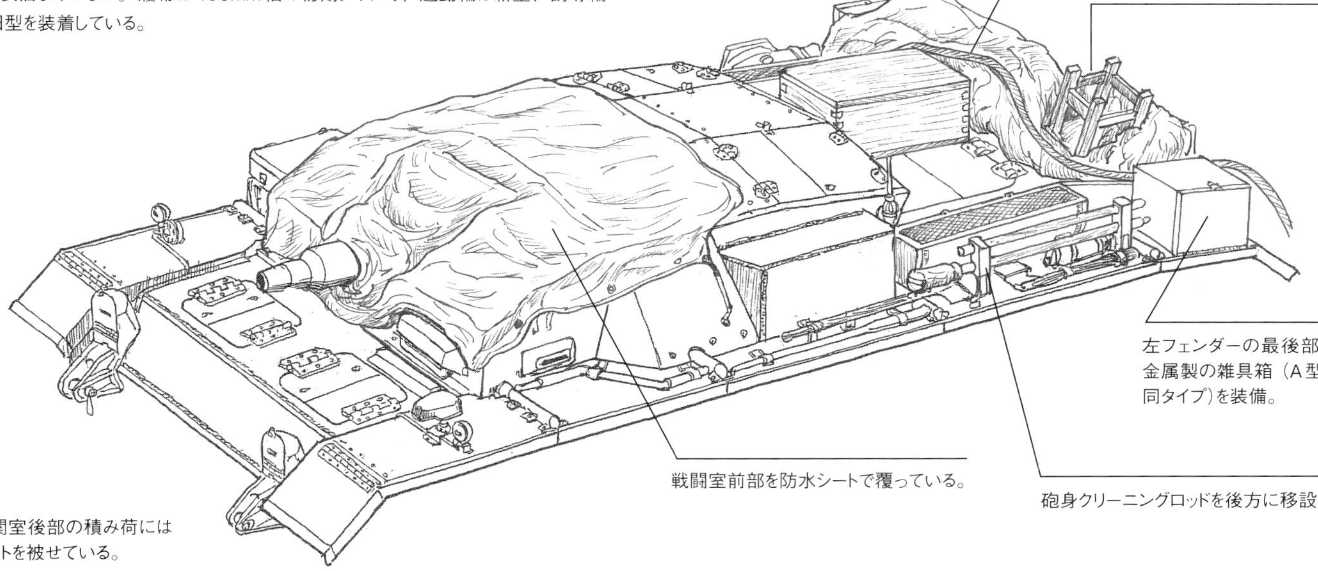
牽引ケーブルはこのように携行。
ここに木製の椅子を載せている。
左フェンダーの最後部に金属製の雑具箱（A型と同タイプ）を装備。
戦闘室前部を防水シートで覆っている。
砲身クリーニングロッドを後方に移設。

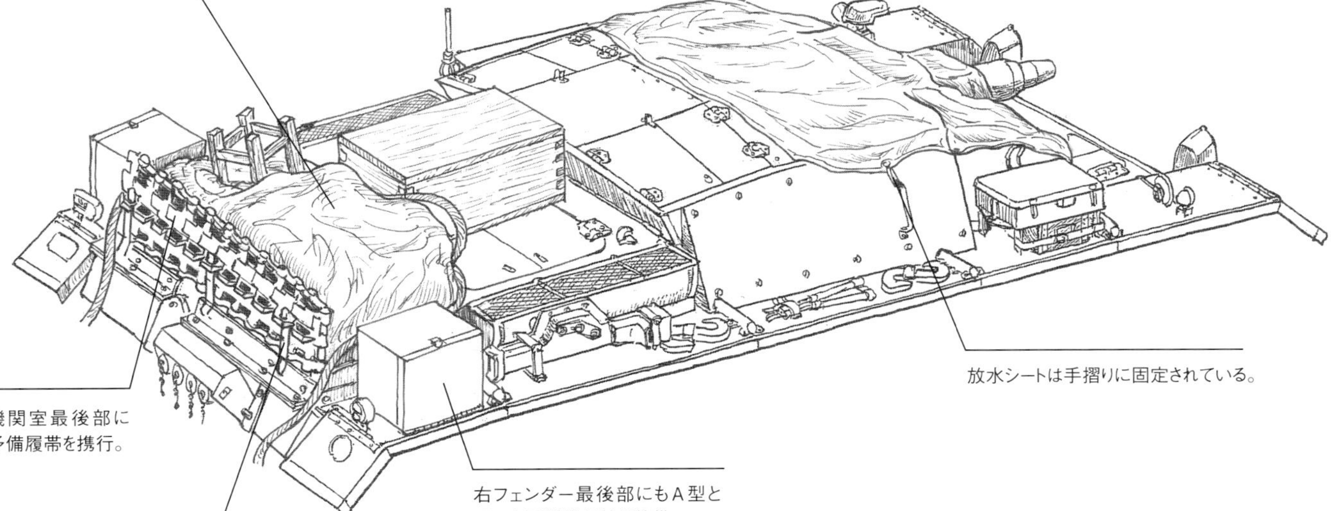
機関室後部の積み荷にはシートを被せている。
放水シートは手摺りに固定されている。
機関室最後部に予備履帯を携行。
右フェンダー最後部にもA型と同じ金属製雑具箱を装備。
車体後面上部に簡易な造りの予備履帯ラック（荷物ラックも兼用）を増設。

7.5cm StuK.37及びその砲架

主砲の7.5cm StuK.37は、整備や修理の際にこのように旋回基部ごと取り外すことができた。

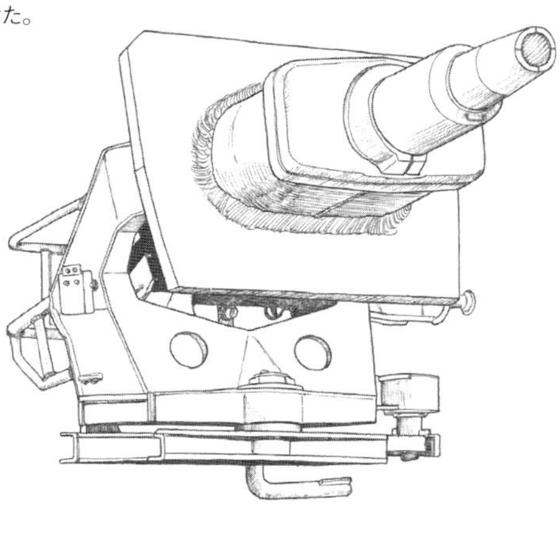

7.5cm StuK.37の砲架左側

縦位置に取り付けられている円盤状のハンドルが俯仰用、水平位置に取り付けられているハンドルが旋回用。旋回用ハンドルには主砲発射用のトリガーが取り付けられている。

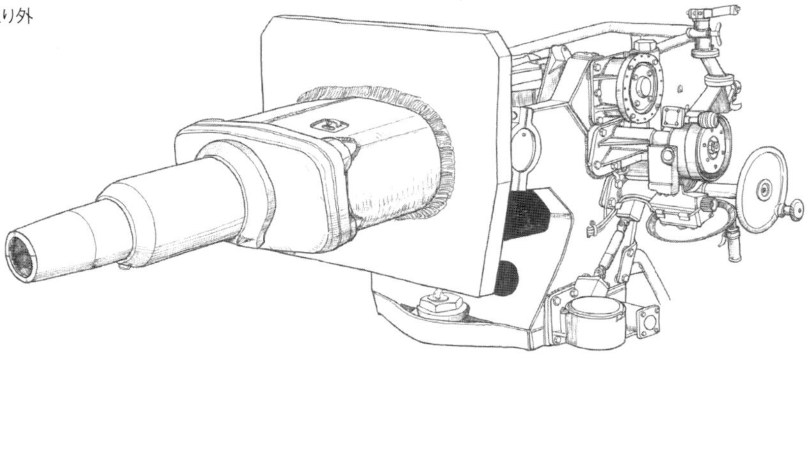

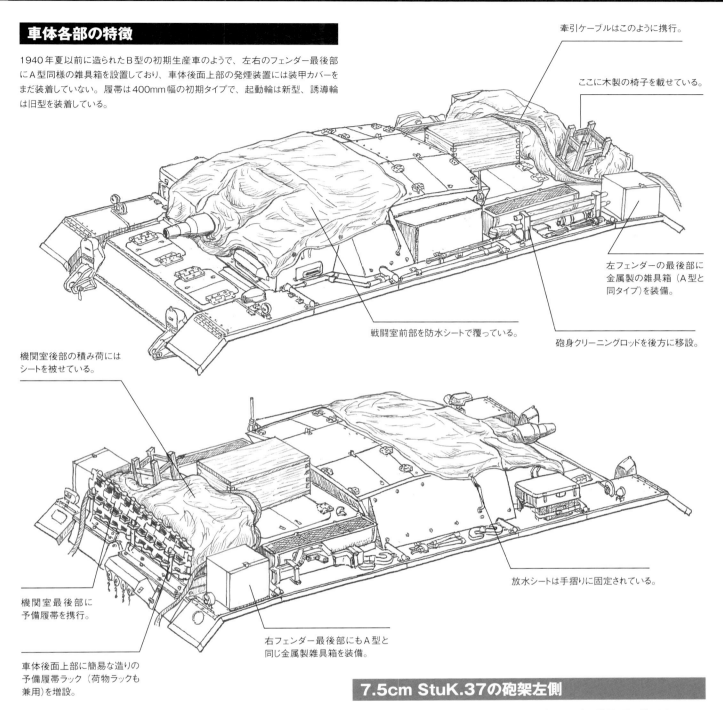

Sturmgeschütz III Ausf.B
1./Sturmgeschütz Abteilung 185, No.A
Summer of 1941 Eastern Front

〔図11〕

Ⅲ号突撃砲B型
第185突撃砲大隊第1中隊A号車

1941年夏　東部戦線

車体は、基本色RAL7021ドゥンケルグラウの単色塗装が施されている。戦闘室側面に描かれた国籍標識バルケンクロイツは白縁のみのタイプ。国籍標識前方と車体後面上部のエンジン始動用クランク差し込み口カバー上には"A"の砲番号を白で記入。また戦闘室側面後部と右フェンダーのフロント／リアマッドガードには第1中隊を示す白縁のみの四角が描かれている。

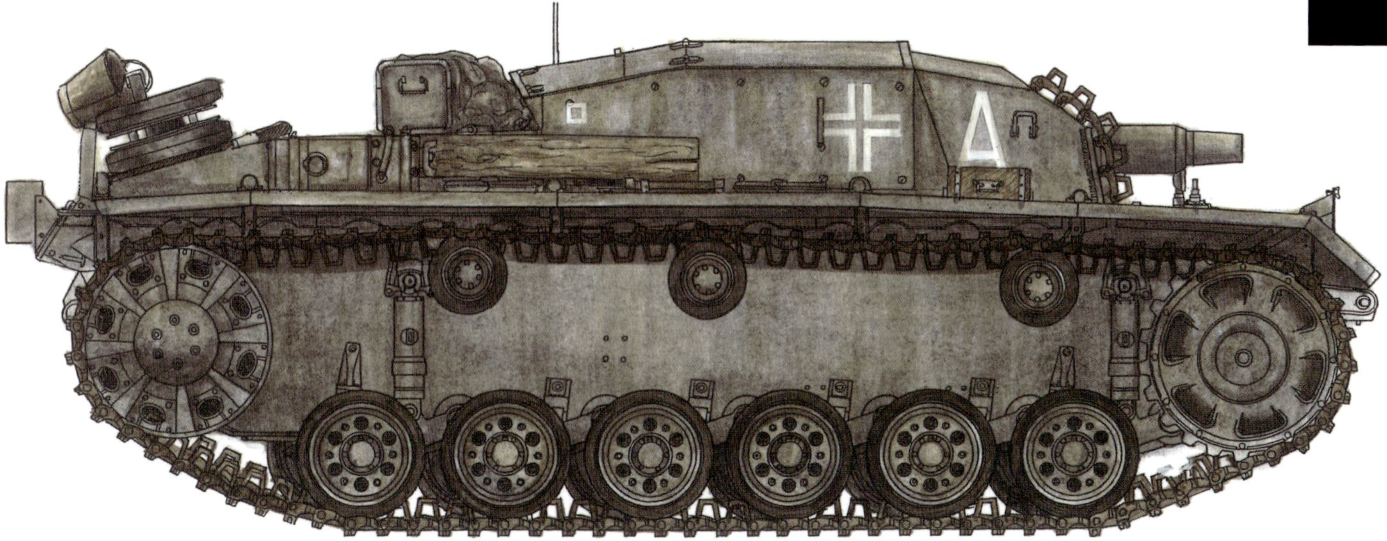

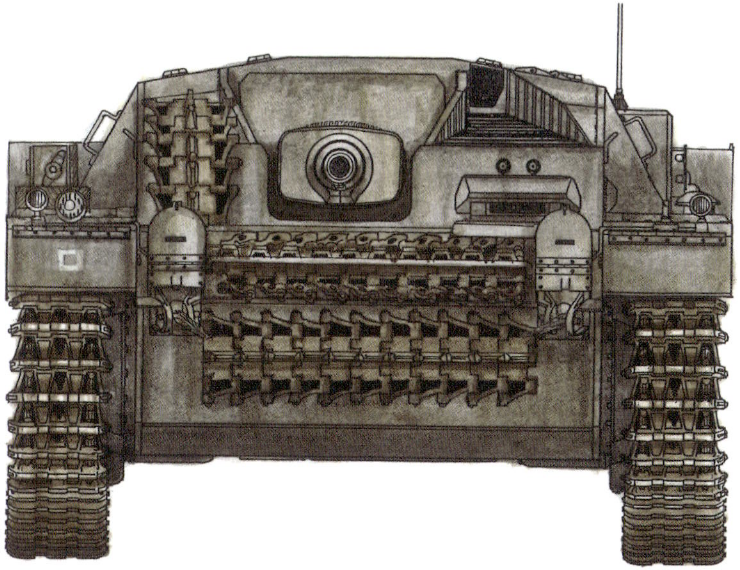

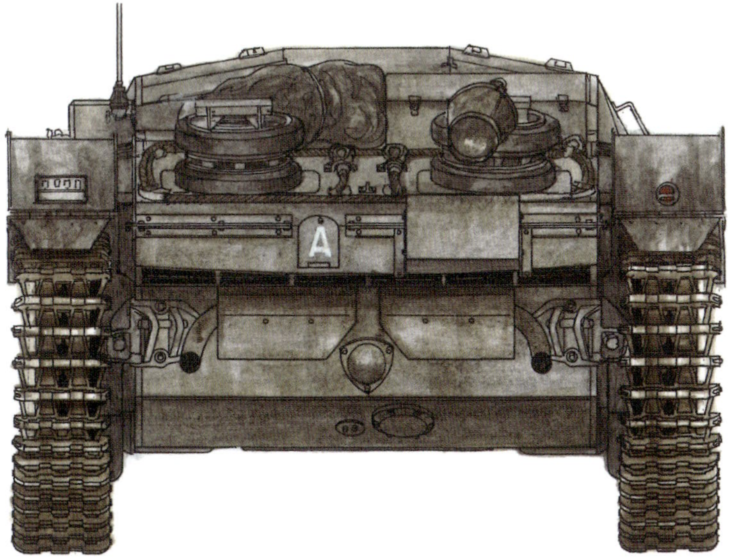

Sturmgeschütz III Ausf.B
Sturmgeschütz Abteilung 192, No.13
Summer of 1941 Eastern Front

〔図12〕

Ⅲ号突撃砲B型
第192突撃砲大隊13号車

1941 年夏　東部戦線

車体は、標準的な基本色 RAL7021 ドゥンケルグラウの単色塗装。戦闘室側面の国籍標識バルケンクロイツは白縁のみのタイプでかなり大きく記入。戦闘室の前面右側と側面、さらに車体後面上部に設置された発煙装置の装甲カバーに大隊マークの“ドクロ”（白く縁取りされた黒い四角の中に白いドクロを描いている）と白の砲番号“13”を描いている。また、車体前面の上部左側には突撃砲部隊の戦術マークを赤で記入。

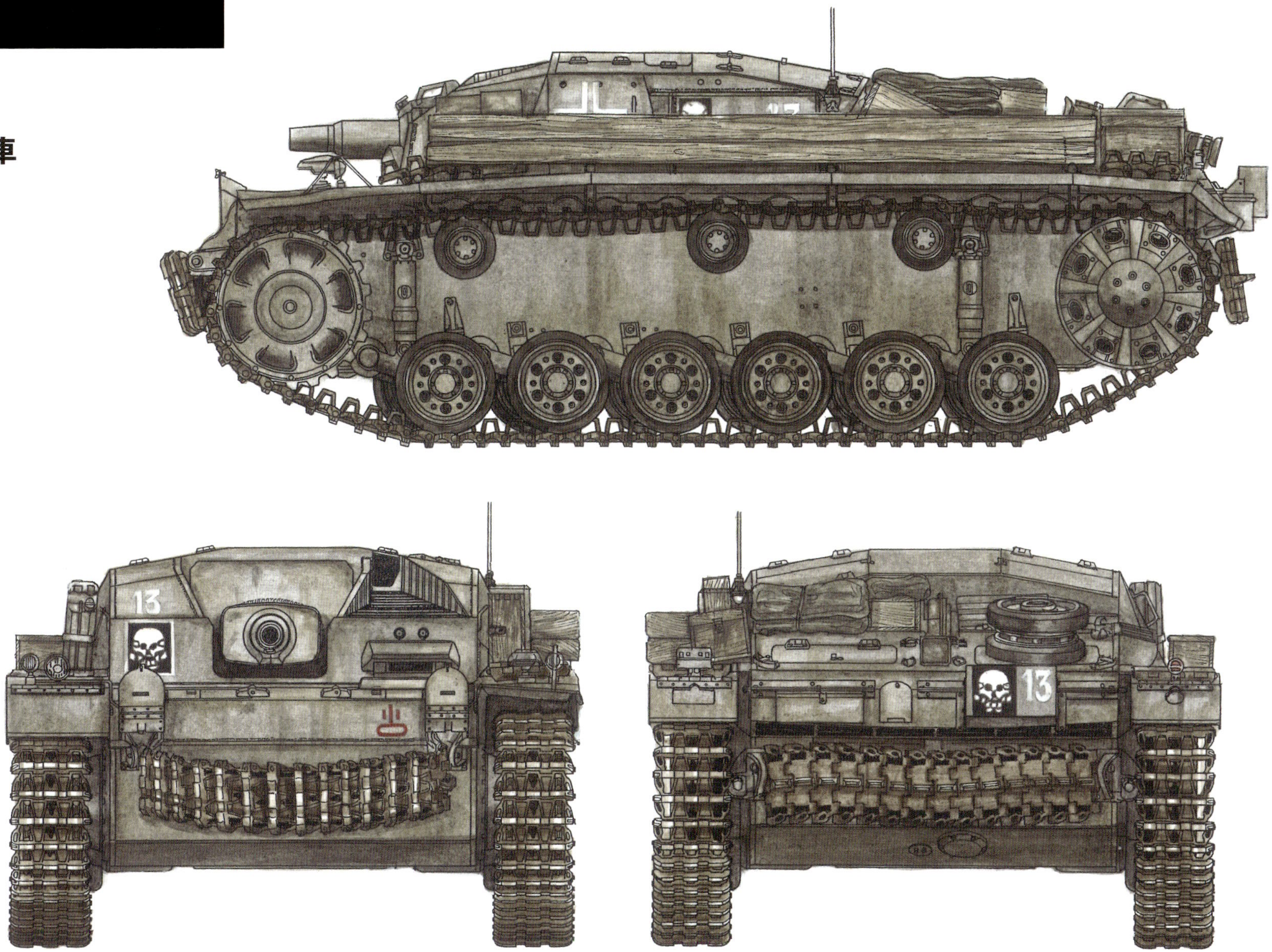

〔図11〕

Ⅲ号突撃砲B型　第185突撃砲大隊第1中隊A号車

StuG.III Ausf.B 1./StuG.Apt.185, No.A

車体各部の特徴

車体後面上部の発煙装置に装甲カバーを装着し、左右フェンダー最後部の雑具箱を廃止。履帯は400mm幅の初期タイプで、起動輪は新型、誘導輪は旧型を装着した標準的なB型。車体前面の牽引ホールドに予備履帯を取り付けている。

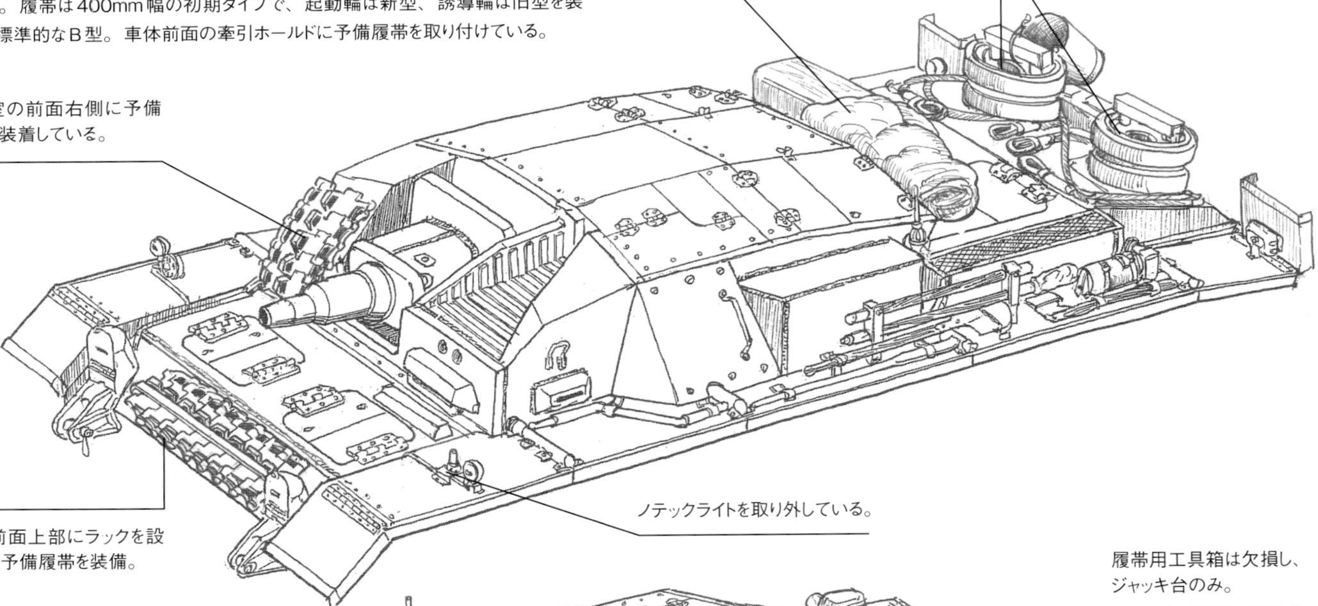

戦闘室後方の機関室上面に丸めたシートを積んでいる。
機関室の最後部左右に予備転輪ホルダーを取り付け、予備転輪を携行。
戦闘室の前面右側に予備履帯を装着している。
車体前面上部にラックを設置し、予備履帯を装備。
ノテックライトを取り外している。

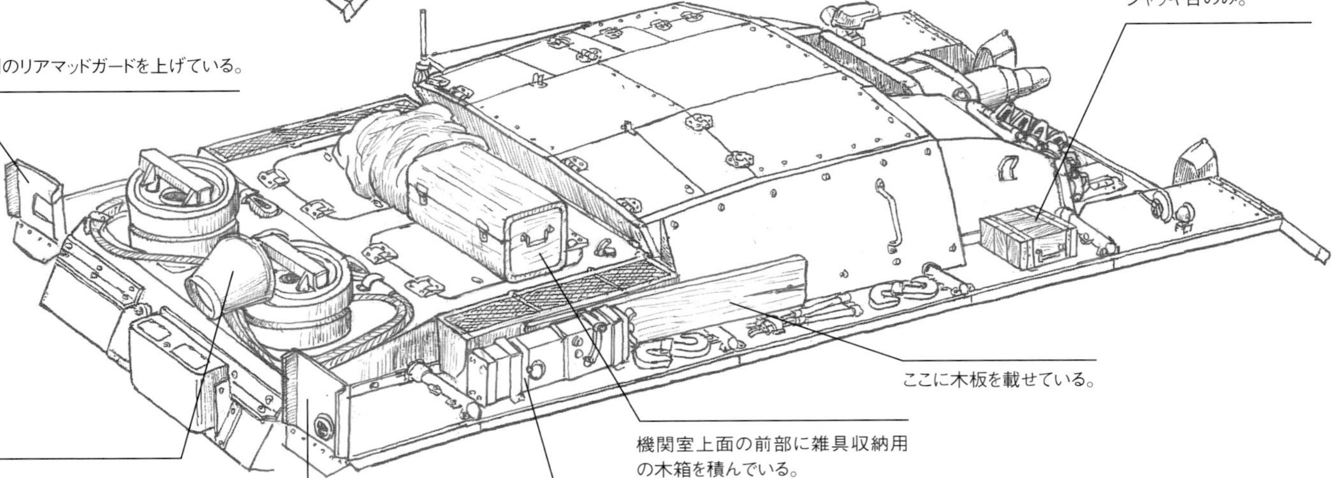

履帯用工具箱は欠損し、ジャッキ台のみ。
左側のリアマッドガードを上げている。
ここに木板を載せている。
機関室上面の前部に雑具収納用の木箱を積んでいる。
右側の予備転輪ホルダーにバケツを引っ掛けている。
右側のリアマッドガードも上げた状態に。
ジャッキは、標準仕様とは異なる旧型のもの(?)を装備している。

A号車の車体前部

車体前面上部には金属棒を曲げた簡易な作りの予備履帯ラックを増設している。

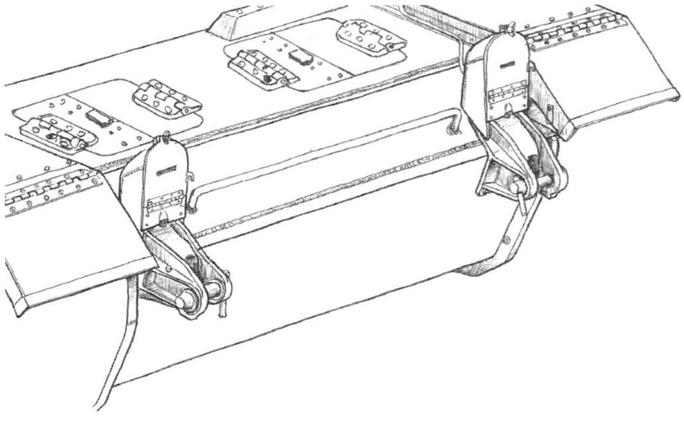

A号車が装備しているジャッキ

A号車は、このような形状の標準とは異なるジャッキを装備している。

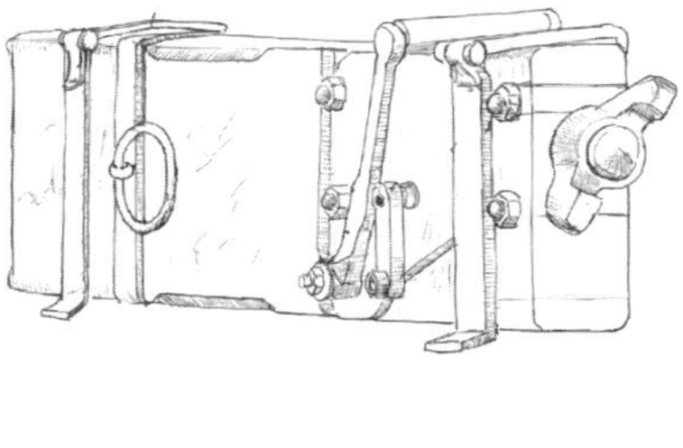

転輪用工具

転輪をジャッキアップする際に用いる工具で、転輪の孔に差し込み、ジャッキ受けとして使用。A号車のように予備転輪に差し込んで携行している車両が多い。

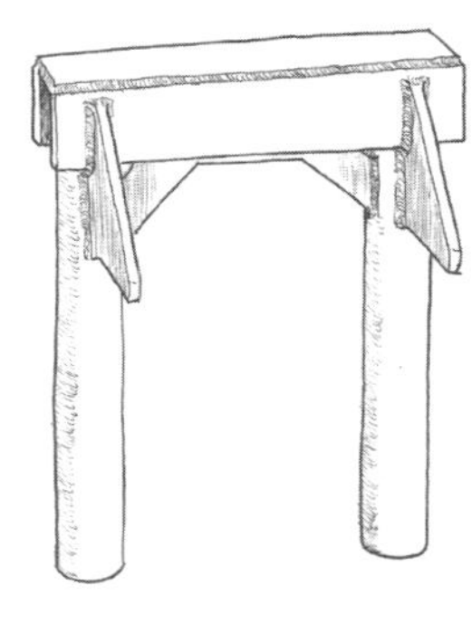

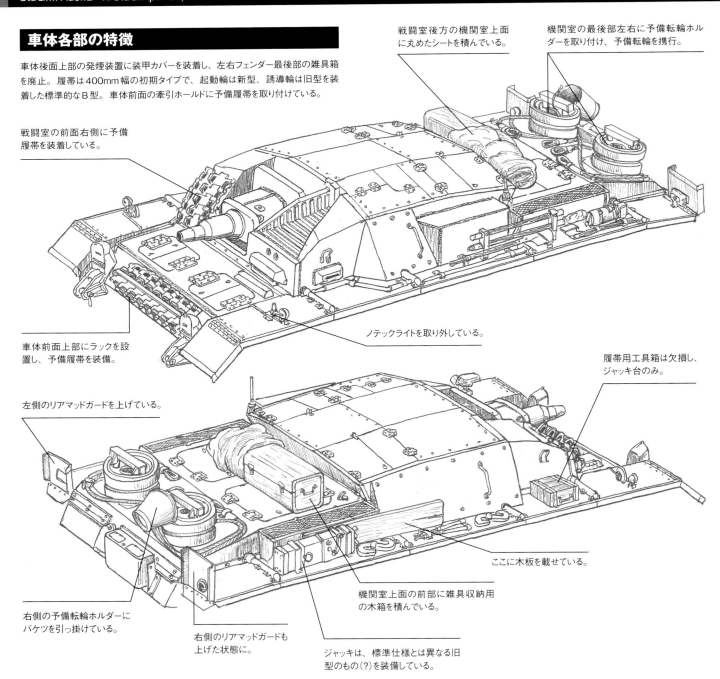

〔図12〕

Ⅲ号突撃砲B型　第192突撃砲大隊13号車

StuG.III Ausf.B StuG.Apt.192, No.13

車体各部の特徴

車体後面上部の発煙装置に装甲カバーを装着し、左右フェンダー最後部の雑具箱を廃止した標準的なB型。履帯は400mm幅の初期タイプで、起動輪は新型、誘導輪は旧型を装着。車体前面と車体後面の牽引ホールドに予備履帯を取り付けている。

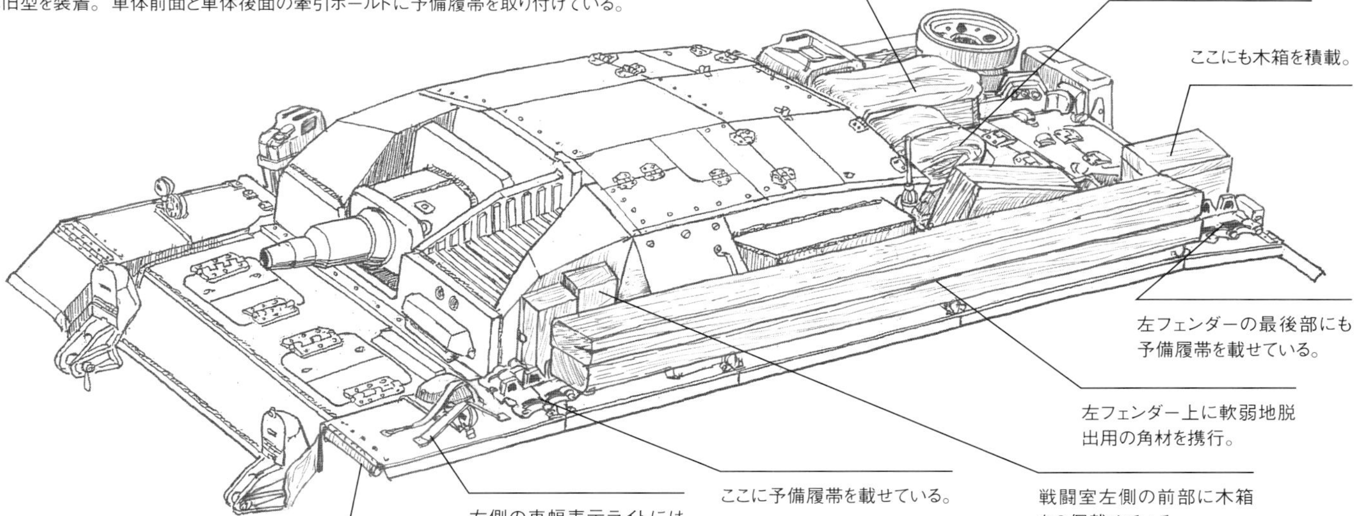
機関室上面の前部中央にシートを掛けた木箱を積んでいる。
丸めたシートを載せている。
ここにも木箱を積載。
左フェンダーの最後部にも予備履帯を載せている。
左フェンダー上に軟弱地脱出用の角材を携行。
ここに予備履帯を載せている。
戦闘室左側の前部に木箱を2個載せている。
左側の車幅表示ライトにはライトガードを追加。内側のガードが変形している。
左側のフロントマッドガードを欠損。

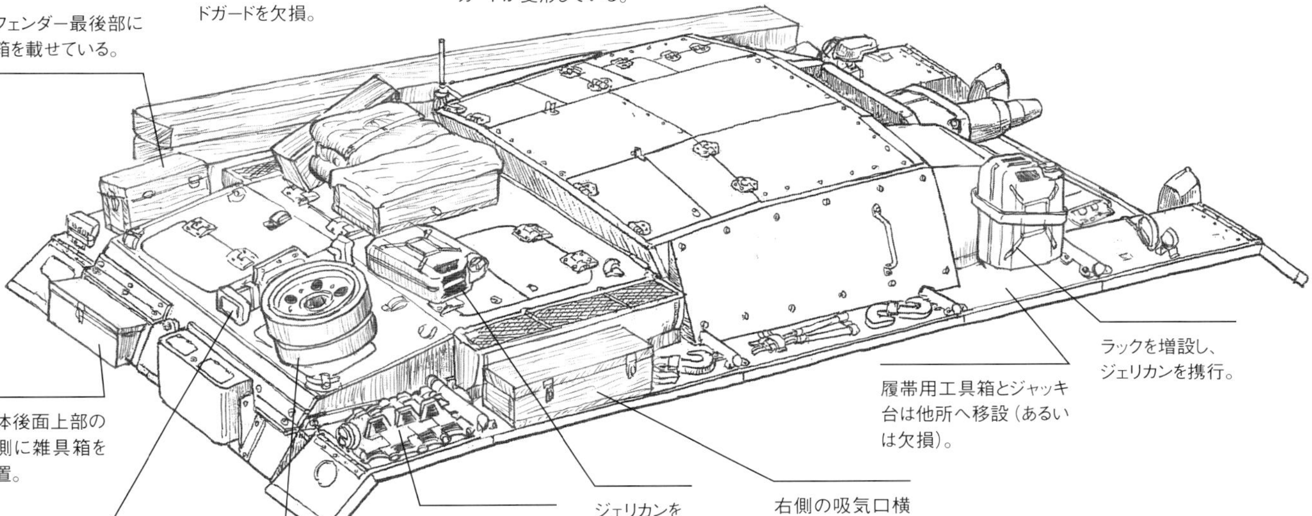
左フェンダー最後部に木箱を載せている。
車体後面上部の左側に雑具箱を設置。
この位置にジャッキを移設。
機関室上面の後部右側に予備転輪を装備。
ここにも予備履帯を載せている。
ジェリカンを載せている。
右側の吸気口横に木箱を設置。
履帯用工具箱とジャッキ台は他所へ移設（あるいは欠損）。
ラックを増設し、ジェリカンを携行。

13号車の車体後部

車体後面の左側に小型の収納箱を増設している。

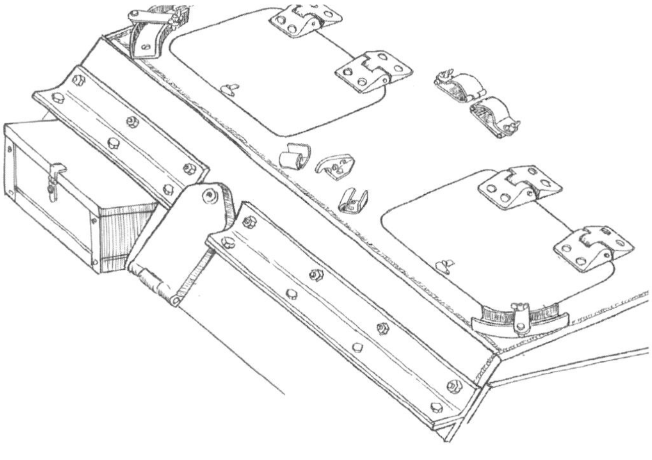

13号車の左フェンダー前部

フロントマッドガードを欠損し、フェンダー前部にも凹みなどのダメージ跡が見られる。軟弱地脱出用角材の内側にはこのように木箱を載せている。

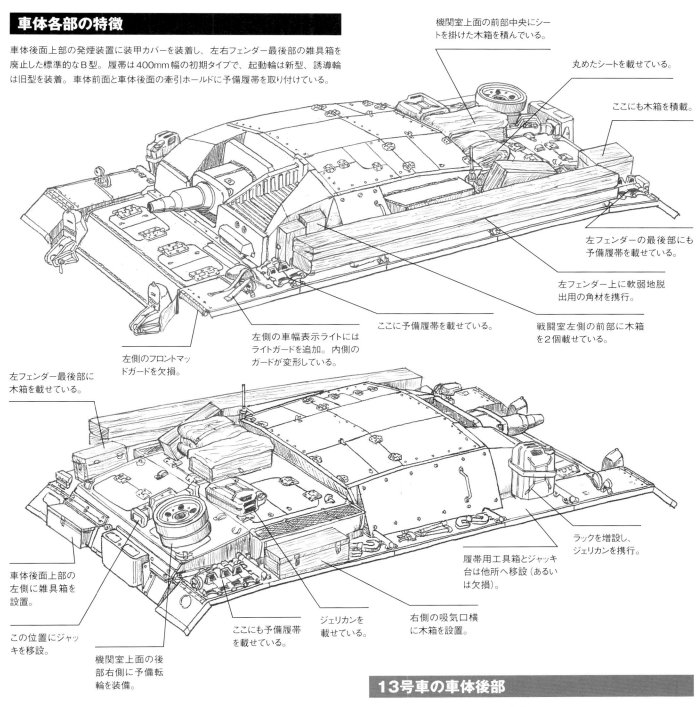

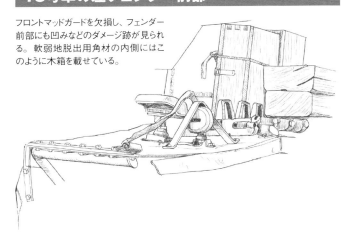

Sturmgeschütz III Ausf.B

Sturmgeschütz Abteilung 192, No.23
Summer of 1941 Eastern Front

〔図13〕

Ⅲ号突撃砲B型
第192突撃砲大隊23号車

1941 年夏　東部戦線

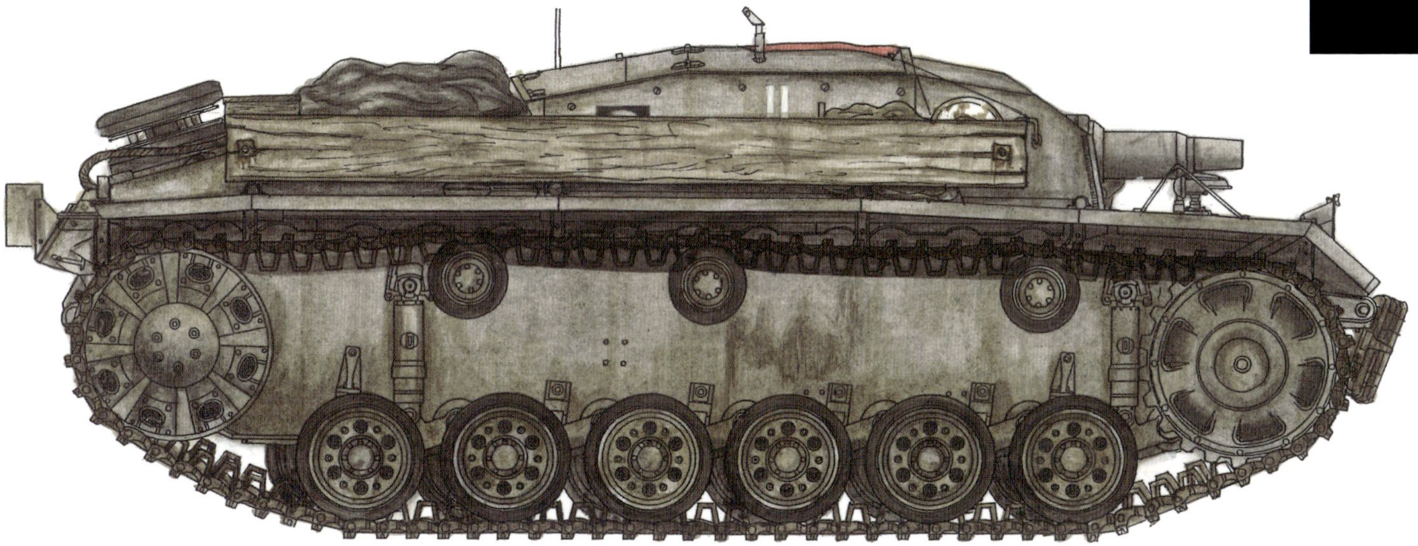

塗装は、基本色 RAL7021 ドゥンケルグラウの単色塗装。戦闘室側面の国籍標識バルケンクロイツは白縁のみのタイプで大きく記入。戦闘室の前面右側と側面後部、車体後面上部の発煙装置装甲カバーには大隊マークの“ドクロ”（黒い四角の中のドクロは、おそらく車体色のドゥンケルグラウを塗り残して表現）と砲番号の白い“23”を描いている。さらに左右フェンダーのフロント / リアマッドガードには車幅を示す白い帯状塗装も施されている。

Sturmgeschütz III Ausf.B
Sturmgeschütz Abteilung 192, No.33
Summer of 1941 Eastern Front

〔図14〕

Ⅲ号突撃砲B型
第192突撃砲大隊33号車

1941 年夏　東部戦線

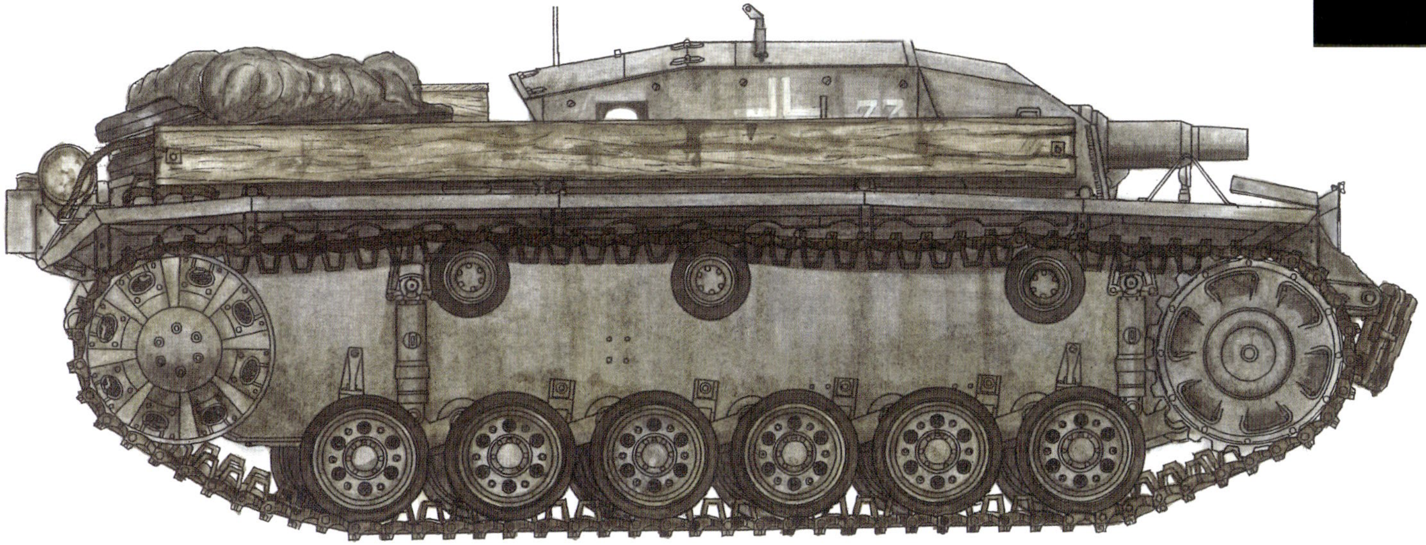

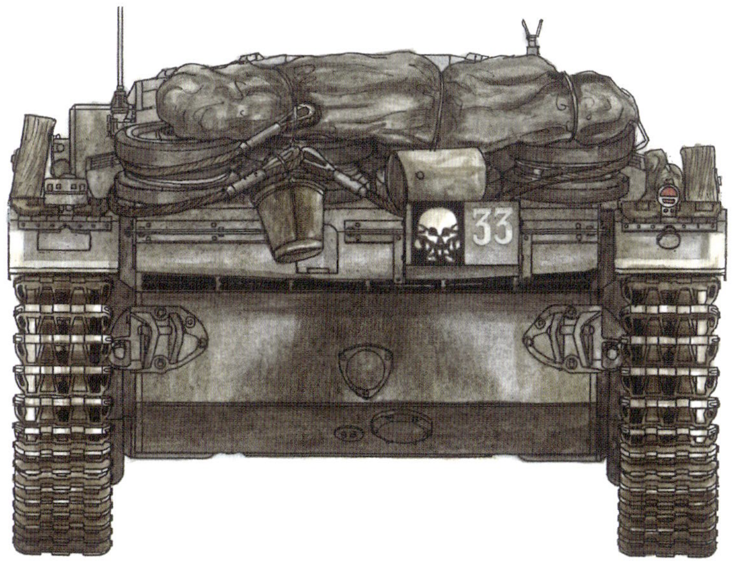

車体は、標準的な基本色 RAL7021 ドゥンケルグラウの単色塗装が施されている。国籍標識バルケンクロイツは白縁のみのタイプで、戦闘室側面に記入。この車両も同じ部隊の他の車両と同様に戦闘室の前面右側と側面後部、さらに車体後面上部の発煙装置装甲カバーに大隊マークの“ドクロ”（縁取りがない黒い四角の中に白いドクロ）と白い砲番号の“33”が描かれている。また、車体前面上部の左側には突撃砲部隊の赤い戦術マークも記入。この車両も左右フェンダーのフロント / リアマッドガードに車幅を示す白い帯状の塗装を施している。

〔図13〕

Ⅲ号突撃砲B型　第192突撃砲大隊23号車

StuG.III Ausf.B　StuG.Apt.192, No.23

車体各部の特徴

1940年秋頃以降のB型で、車体後面上部の発煙装置に装甲カバーを装着し、左右フェンダー最後部の雑具箱を廃止している。履帯は400mm幅の初期タイプで、起動輪は新型、誘導輪は旧型を装着。車体前面の牽引ホールドに予備履帯を取り付けている。

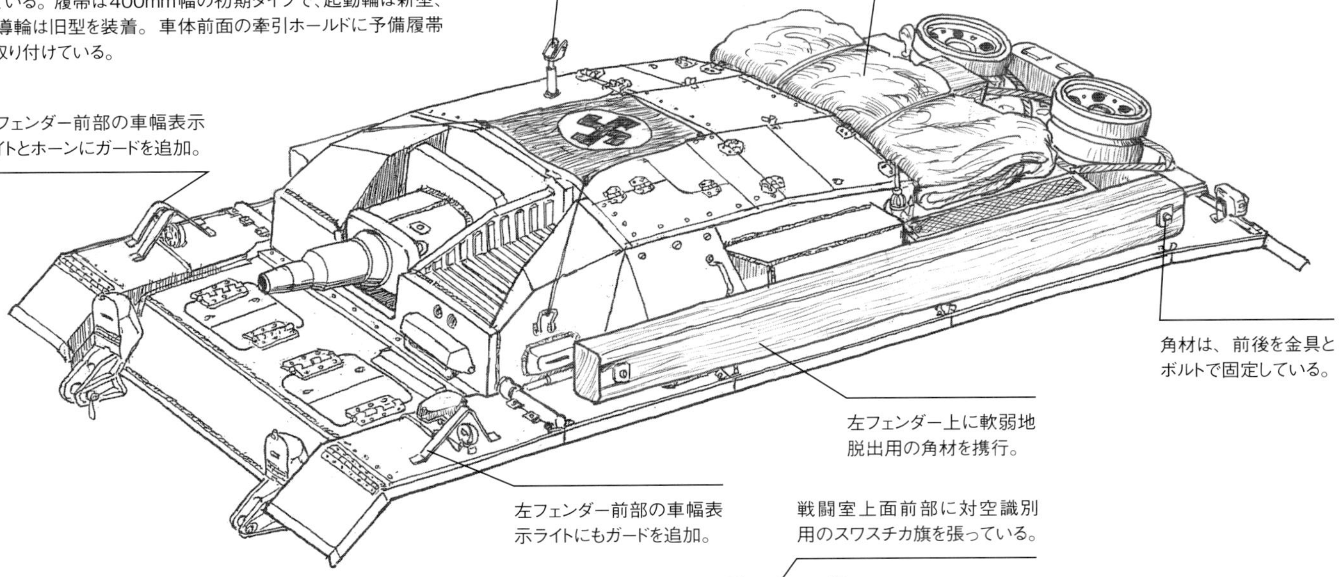

戦闘室上面右側の装填手用ハッチ前方に対空機銃架を増設している。

戦闘室後方の機関室上面に大きな丸めたシートを積んでいる。

右フェンダー前部の車幅表示ライトとホーンにガードを追加。

角材は、前後を金具とボルトで固定している。

左フェンダー上に軟弱地脱出用の角材を携行。

左フェンダー前部の車幅表示ライトにもガードを追加。

戦闘室上面前部に対空識別用のスワスチカ旗を張っている。

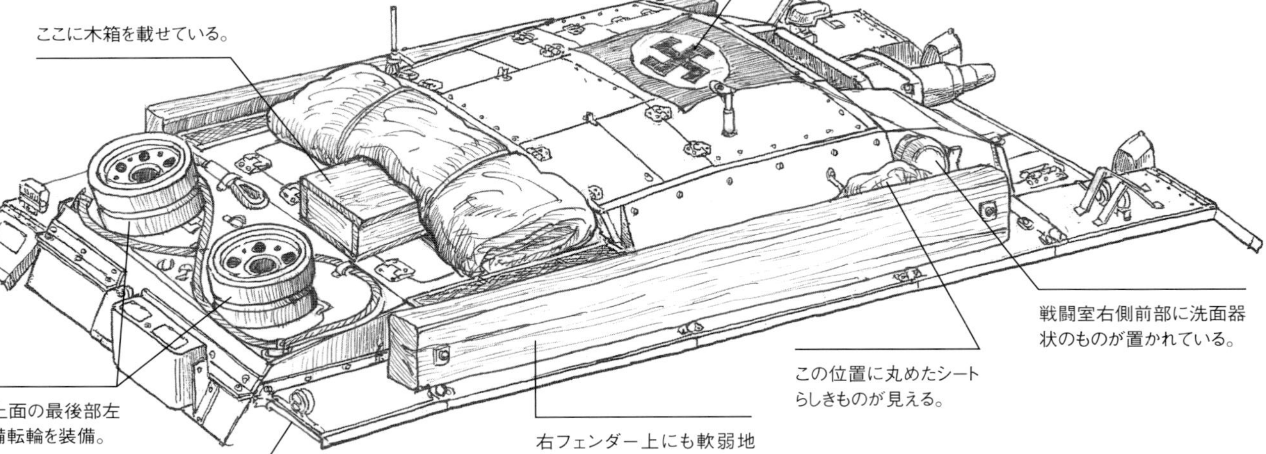

ここに木箱を載せている。

戦闘室右側前部に洗面器状のものが置かれている。

この位置に丸めたシートらしきものが見える。

機関室上面の最後部左右に予備転輪を装備。

右フェンダー上にも軟弱地脱出用の角材を積んでいる。

右側のリアマッドガードを欠損。

前部ライト

前部ライトには装甲カバーを装着。開閉式の前面カバーにはスリット状の開口部が設けられており、閉じた状態でも管制ライトとして使用可能。

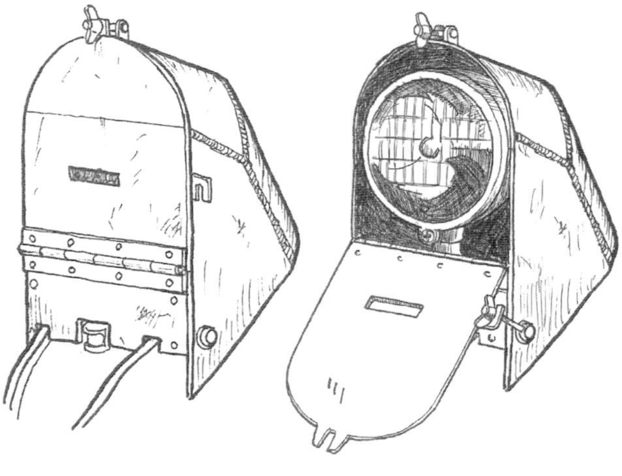

23号車の左右フェンダー前部

左右の車幅表示ライトと左側のホーンには板金を加工した破損防止用のガードが追加されている。

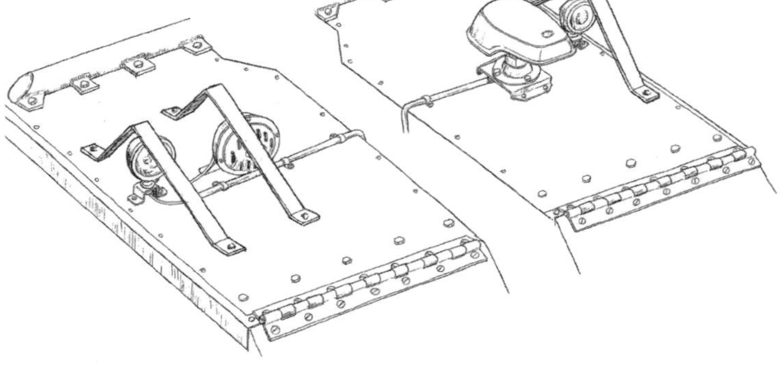

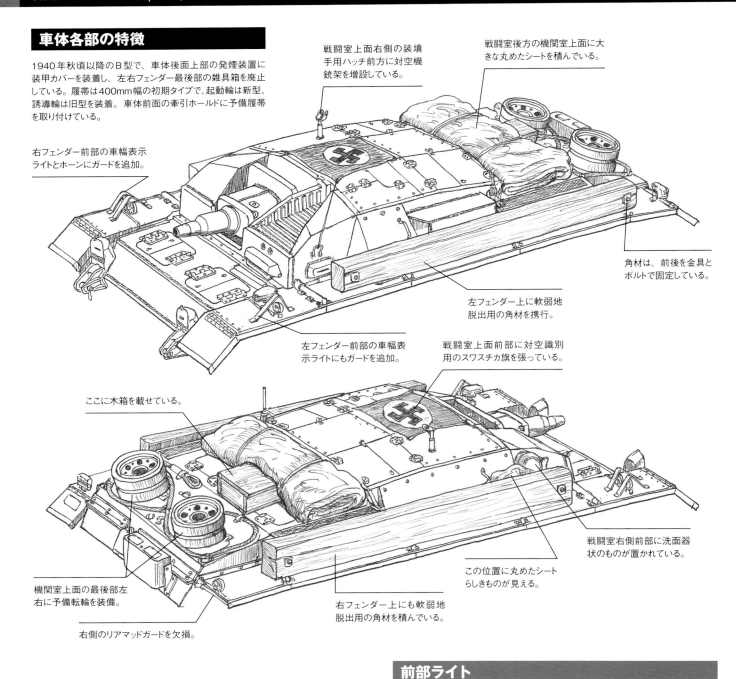

〔図14〕

Ⅲ号突撃砲B型　第192突撃砲大隊33号車

StuG.III Ausf.B　StuG.Apt.192, No.33

車体各部の特徴

車体後面上部の発煙装置に装甲カバーを装着し、左右フェンダー最後部の雑具箱を廃止した1940年秋以降の標準的なB型。履帯は400mm幅の初期タイプで、起動輪は新型、誘導輪は旧型を装着。車体前面の牽引ホールドに予備履帯を取り付けており、車体後面下部のマフラーは左右とも欠損している。

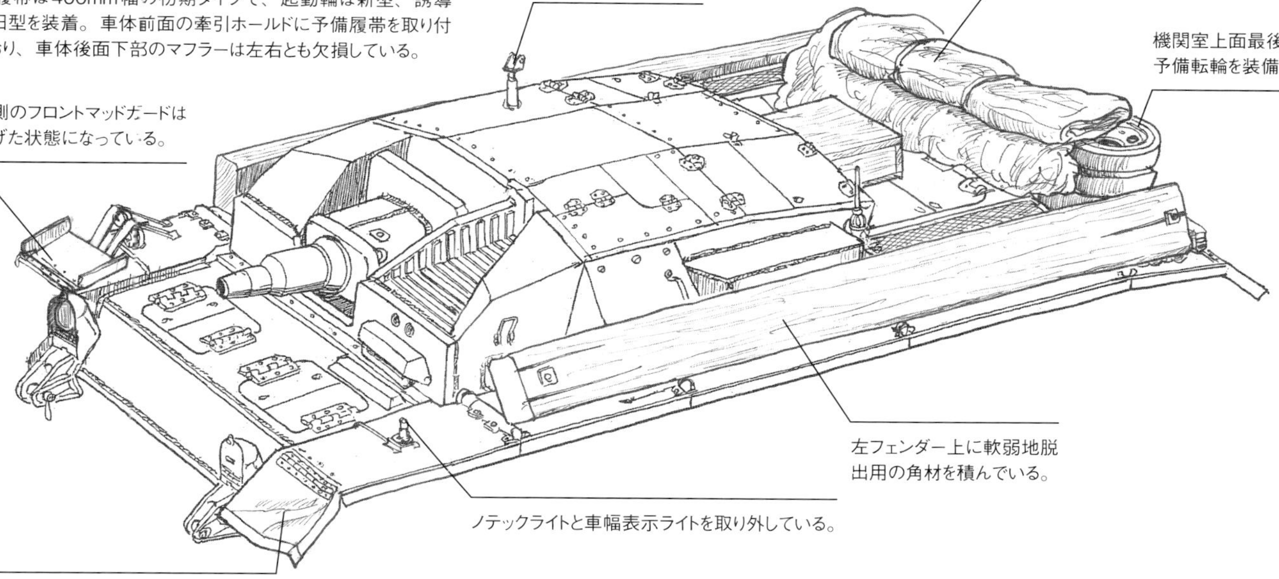
右側のフロントマッドガードは上げた状態になっている。
戦闘室上面右側の装填手用ハッチ前方に対空機銃架を増設。
機関室後部に丸めたシートを積んでいる。
機関室上面最後部に予備転輪を装備。
左フェンダー上に軟弱地脱出用の角材を積んでいる。
ノテックライトと車幅表示ライトを取り外している。
左側のフロントマッドガードは変形している。

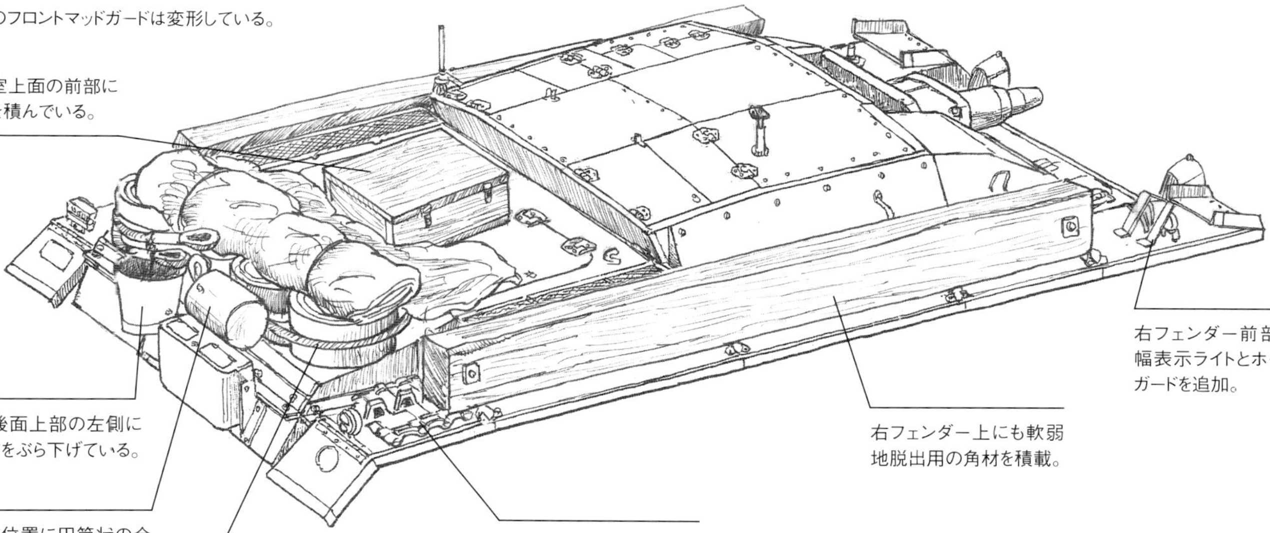
機関室上面の前部に木箱を積んでいる。
右フェンダー前部の車幅表示ライトとホーンにガードを追加。
右フェンダー上にも軟弱地脱出用の角材を積載。
車体後面上部の左側にバケツをぶら下げている。
この位置に円筒状の金属製ケースを携行。
牽引ケーブルを予備転輪に巻きつけるようにして携行。
右フェンダーの最後部に予備履帯を装備している。

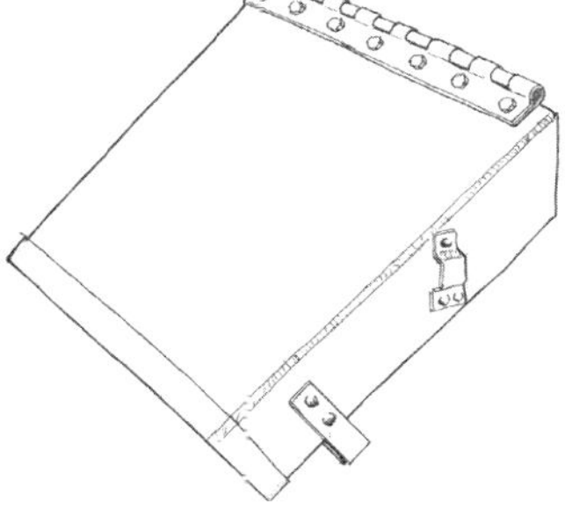

フロントマッドガード

車体右側のフロントマッドガード。内側には固定用の金具が取り付けられている。

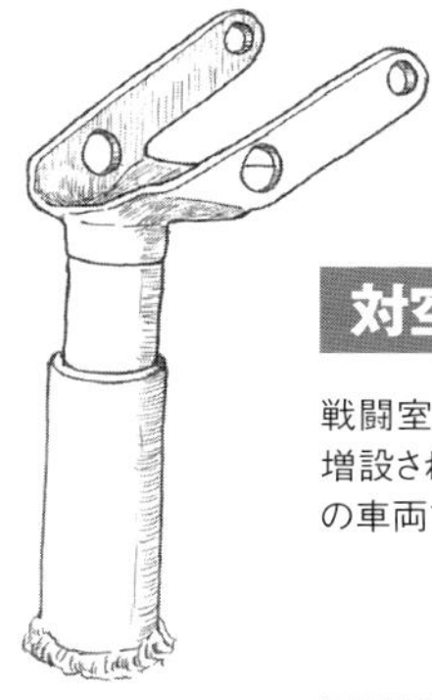

対空機銃架

戦闘室上面右側の装填手用ハッチの前方に増設された対空機銃架。33号車を始め、他の車両でも多く見られる。

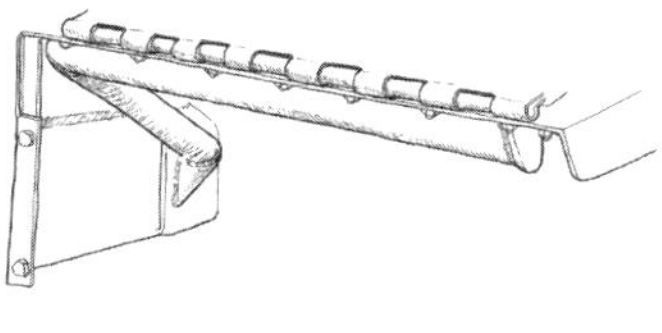

フェンダー最前部

車体左側のフロントマッドガードを上げた状態。ヒンジ部の下面にはこのように補強材が取り付けられている。

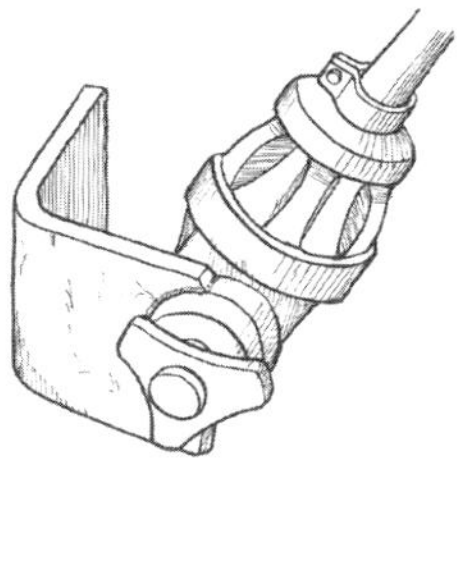

アンテナの基部

戦闘室左側、無線機収納スペースの張り出し部分後面に設置。外側のハンドルを回して、任意の角度で固定できる。

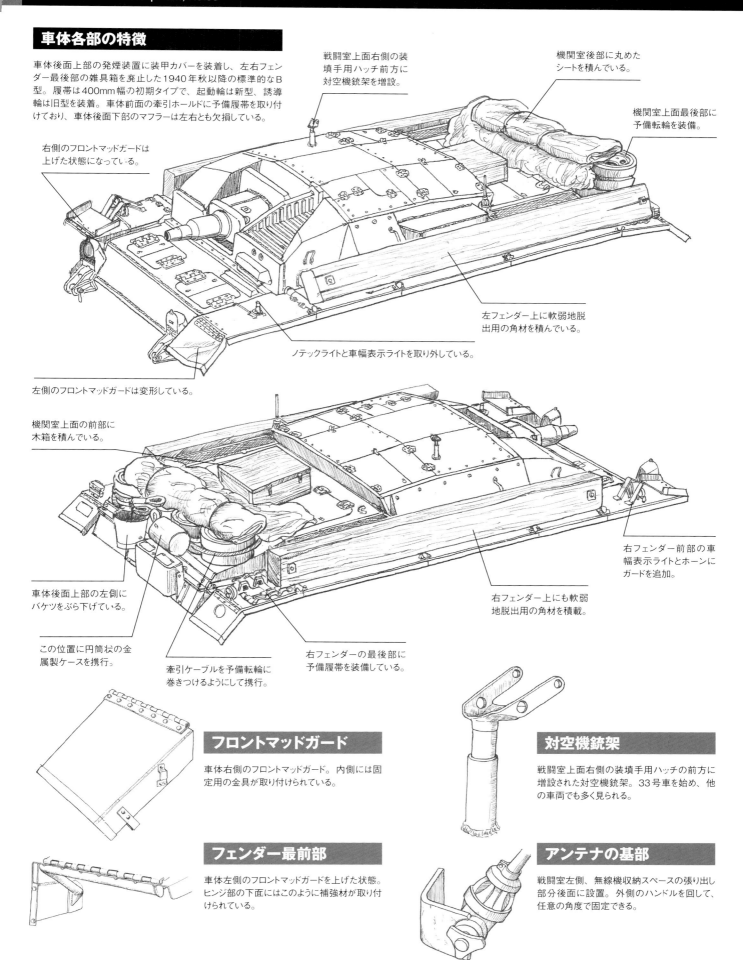

Sturmgeschütz III Ausf.B
Sturmgeschütz Abteilung 197, No.E
Summer of 1941 Eastern Front/Ukraine

〔図15〕

Ⅲ号突撃砲B型
第197突撃砲大隊E号車

1941 年夏　東部戦線 / ウクライナ

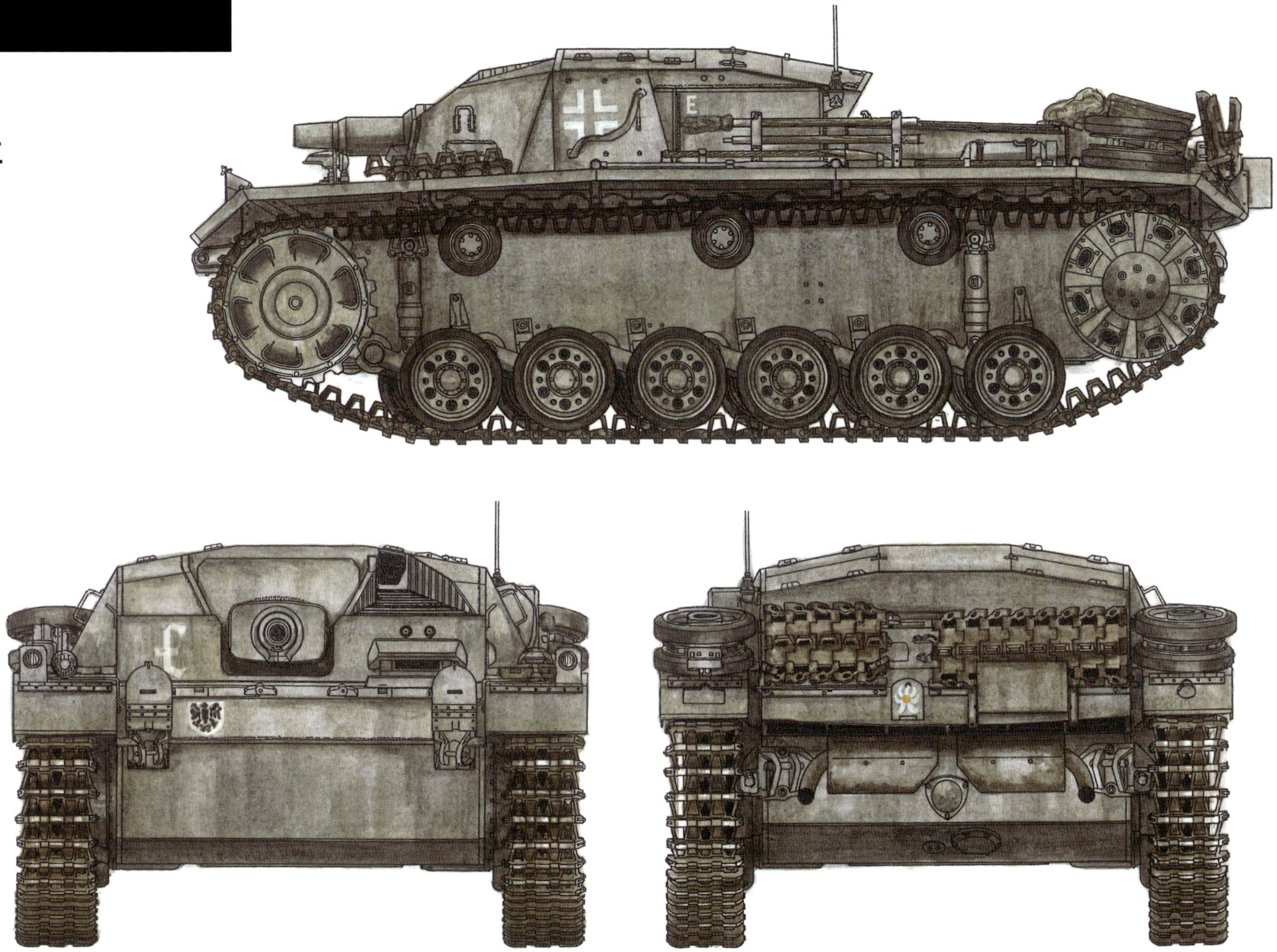

車体全面、基本色 RAL7021 ドゥンケルグラウ単色の標準塗装。国籍標識バルケンクロイツは白縁のみのタイプを戦闘室側面に記入。砲番号の“E”を戦闘室前面右側に大きく、戦闘室側面には小さく、白(書体が異なる)で描いている。さらに車体前面の上部右側に大隊マーク（白い縦の中に黒いマーク）を描き、車体後面上部のエンジン始動用クランク差し込み口のカバーには花弁を模したようなマーキングが描かれている。

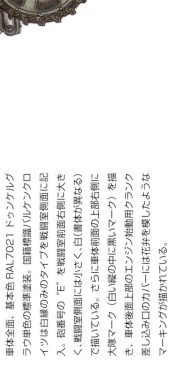

Sturmgeschütz III Ausf.B
Sturmgeschütz Abteilung 201
Summer of 1941 Eastern Front

〔図16〕

Ⅲ号突撃砲B型
第201突撃砲大隊所属車

1941年夏　東部戦線

基本色RAL7021ドゥンケルグラウの単色塗装で、戦闘室側面と車体後面上部左端に白縁のみの国籍標識バルケンクロイツを描いている。車体前面上部右側と車体後面上部左側に“StN”の文字を白で記入。さらに車体後面上部の発煙装置装甲カバーには大隊マーク（赤で縁取られた白い盾に赤い十字）も描かれている。

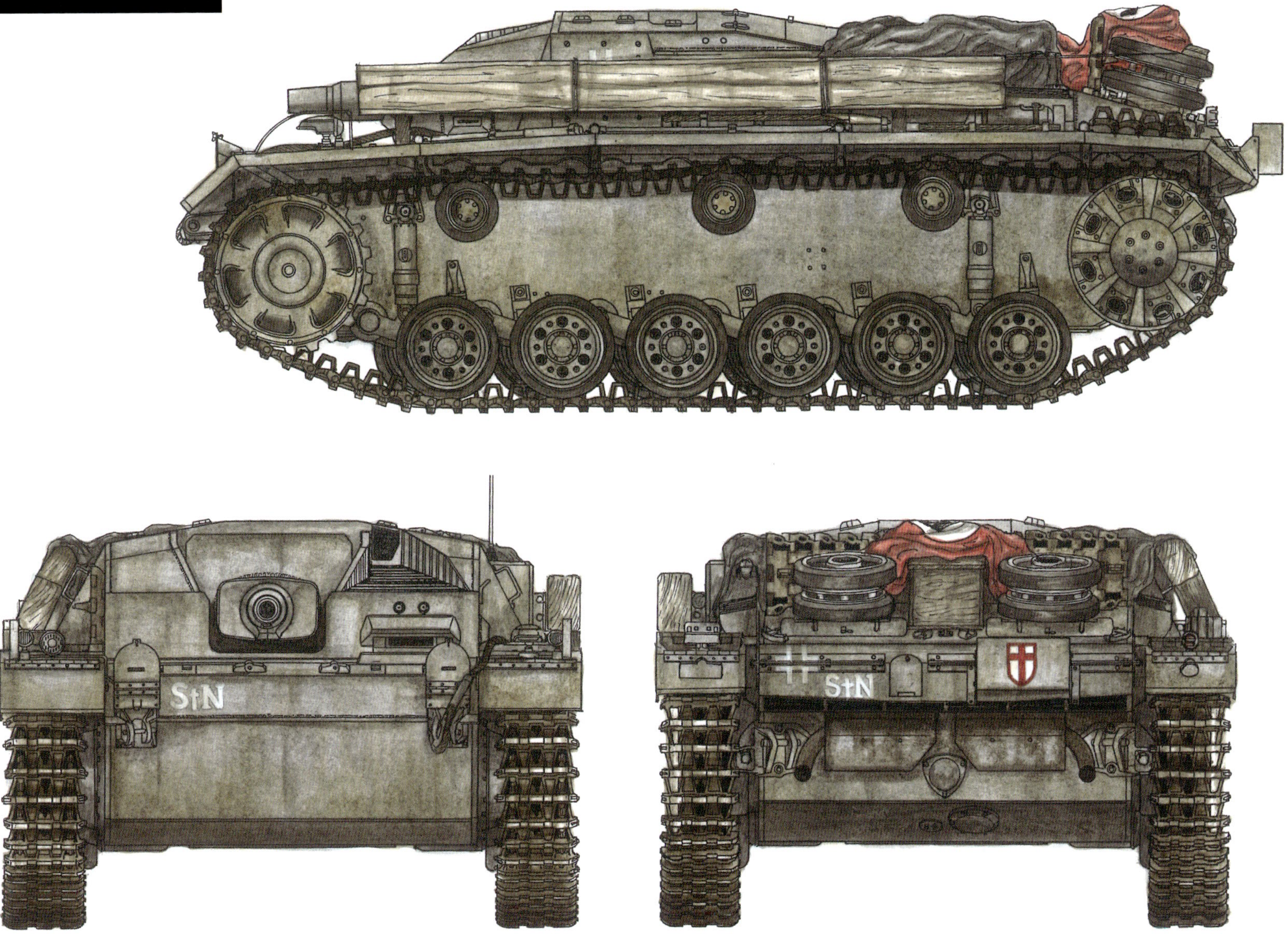

〔図15〕

Ⅲ号突撃砲B型　第197突撃砲大隊E号車

StuG.III Ausf.B　StuG.Apt.197, No.E

車体各部の特徴

車体後面上部の発煙装置に装甲カバーを装着し、左右フェンダー最後部の雑具箱を廃止した1940年秋頃以降の標準的なB型。履帯は400mm幅の初期タイプで、起動輪は新型、誘導輪は旧型を装着している。

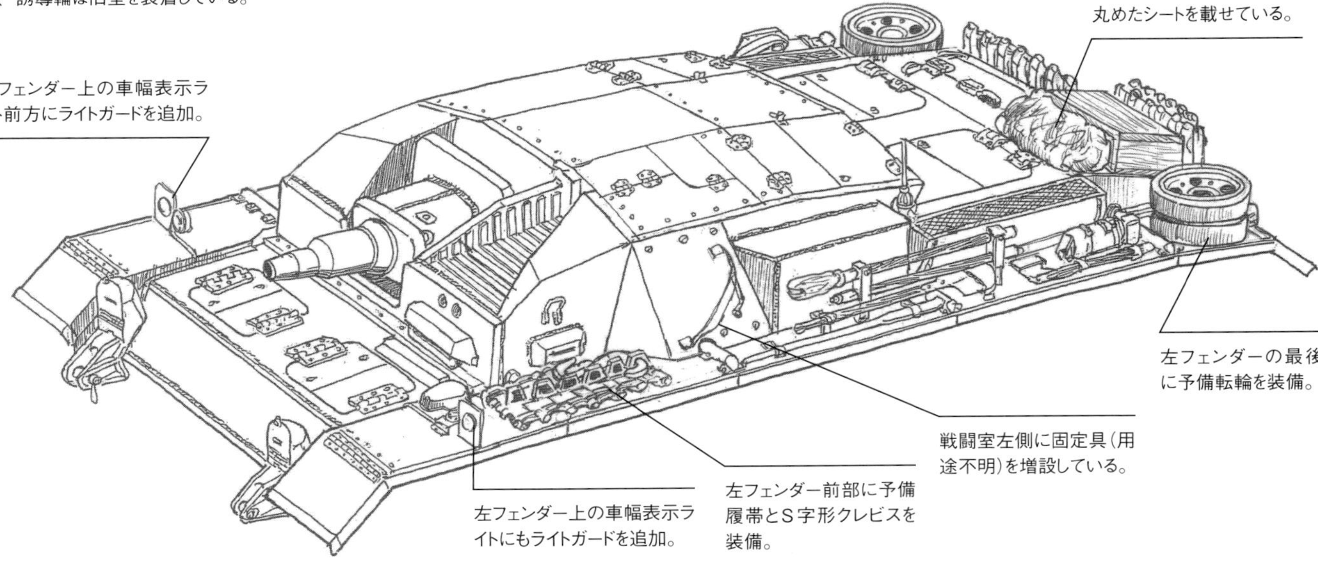
機関室上面の後部左側に丸めたシートを載せている。
右フェンダー上の車幅表示ライト前方にライトガードを追加。
左フェンダーの最後部に予備転輪を装備。
戦闘室左側に固定具（用途不明）を増設している。
左フェンダー前部に予備履帯とS字形クレビスを装備。
左フェンダー上の車幅表示ライトにもライトガードを追加。

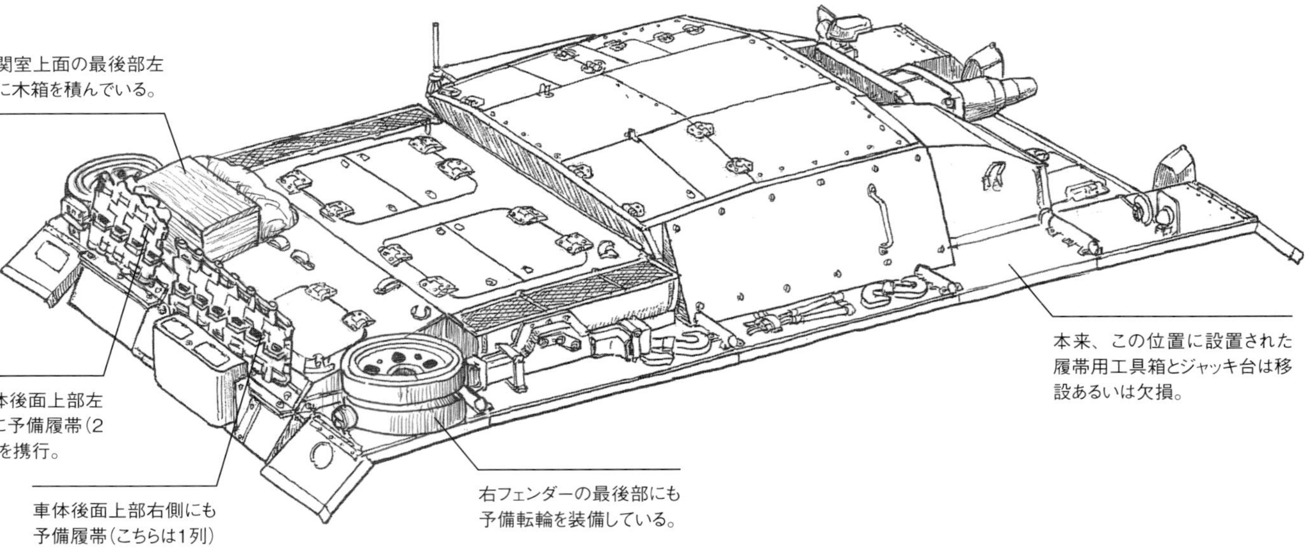
機関室上面の最後部左側に木箱を積んでいる。
本来、この位置に設置された履帯用工具箱とジャッキ台は移設あるいは欠損。
車体後面上部左側に予備履帯（2列）を携行。
車体後面上部右側にも予備履帯（こちらは1列）を携行。
右フェンダーの最後部にも予備転輪を装備している。

左フェンダーの予備履帯

E号車の左フェンダー前部に装備された予備履帯。板金を使ってボルト留めされており、S字形クレビスを引っ掛けている。

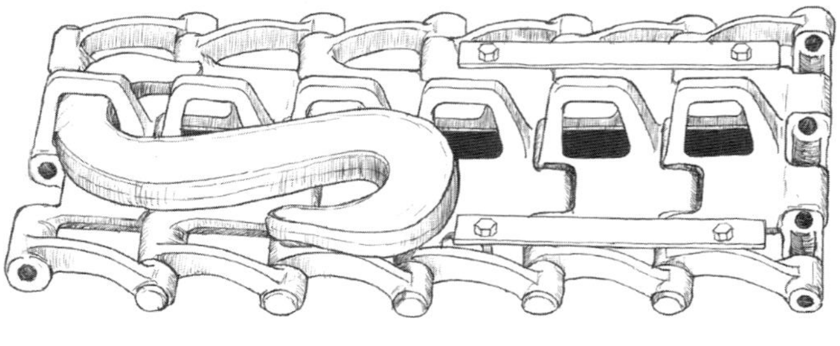

車体後面の予備履帯

予備履帯の下部を固定金具で留めている。

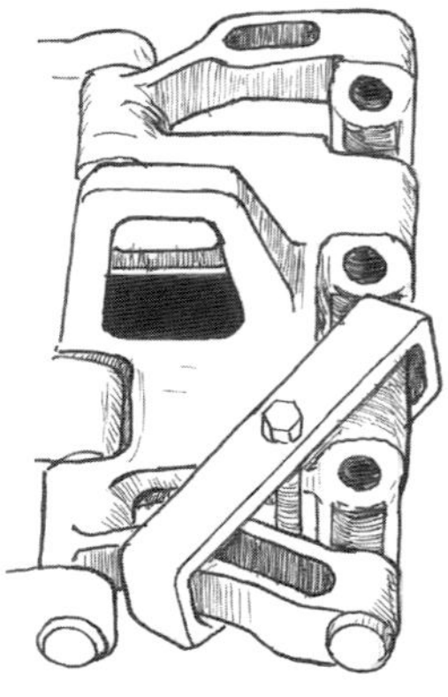

戦闘室左側の固定具

戦闘室左面に板金を加工した固定具らしきもの（用途不明）を取り付けている。

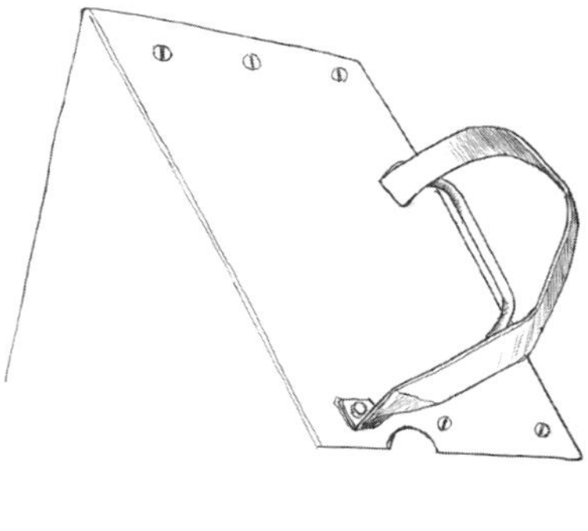

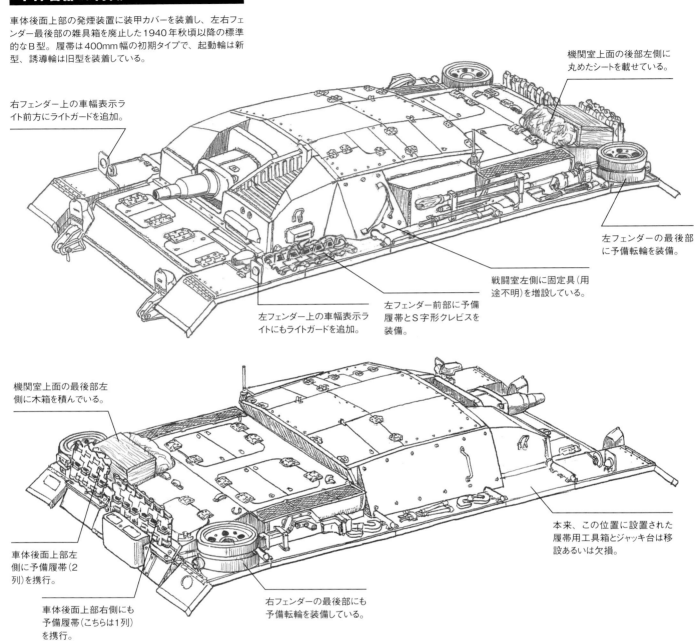

〔図16〕

Ⅲ号突撃砲B型　第201突撃砲大隊所属車

StuG.III Ausf.B　StuG.Apt.201

車体各部の特徴

1940年秋頃以降の標準的なB型。車体後面上部の発煙装置に装甲カバーを装着し、左右フェンダー最後部の雑具箱を廃止。また、履帯は400mm幅の初期タイプで、起動輪は新型、誘導輪は旧型を装着している。

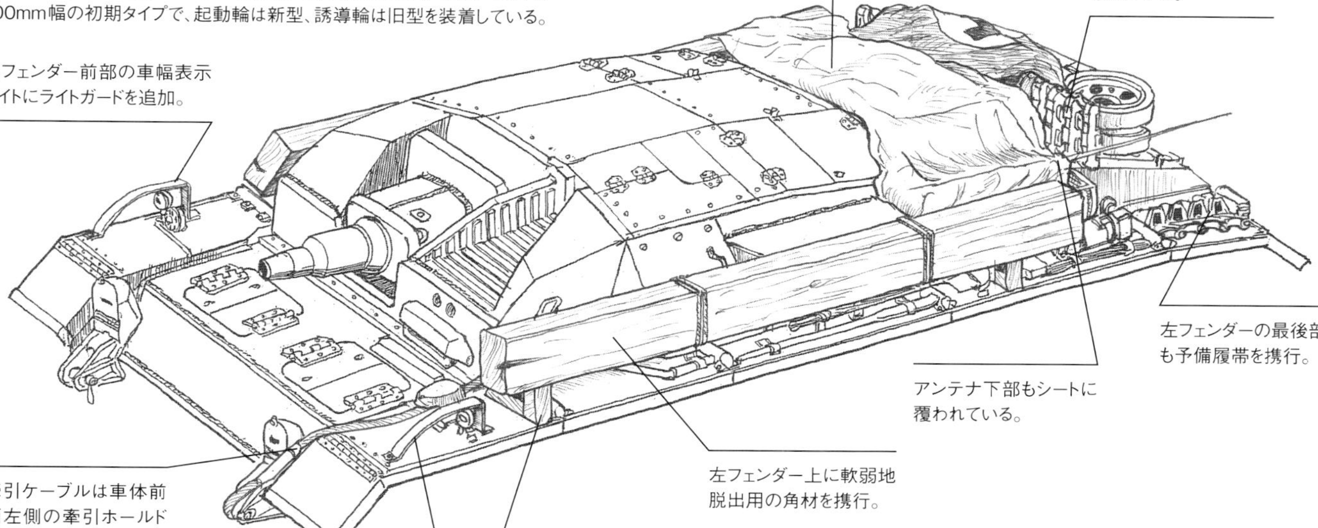

機関室上面の荷物をキャンバスシートで覆っている。

この位置に予備履帯を積んでいる。

右フェンダー前部の車幅表示ライトにライトガードを追加。

左フェンダーの最後部にも予備履帯を携行。

アンテナ下部もシートに覆われている。

左フェンダー上に軟弱地脱出用の角材を携行。

牽引ケーブルは車体前面左側の牽引ホールドを使って、このように携行している。

角材の木製台座を設置。

左側の車幅表示ライトにもライトガードを追加。

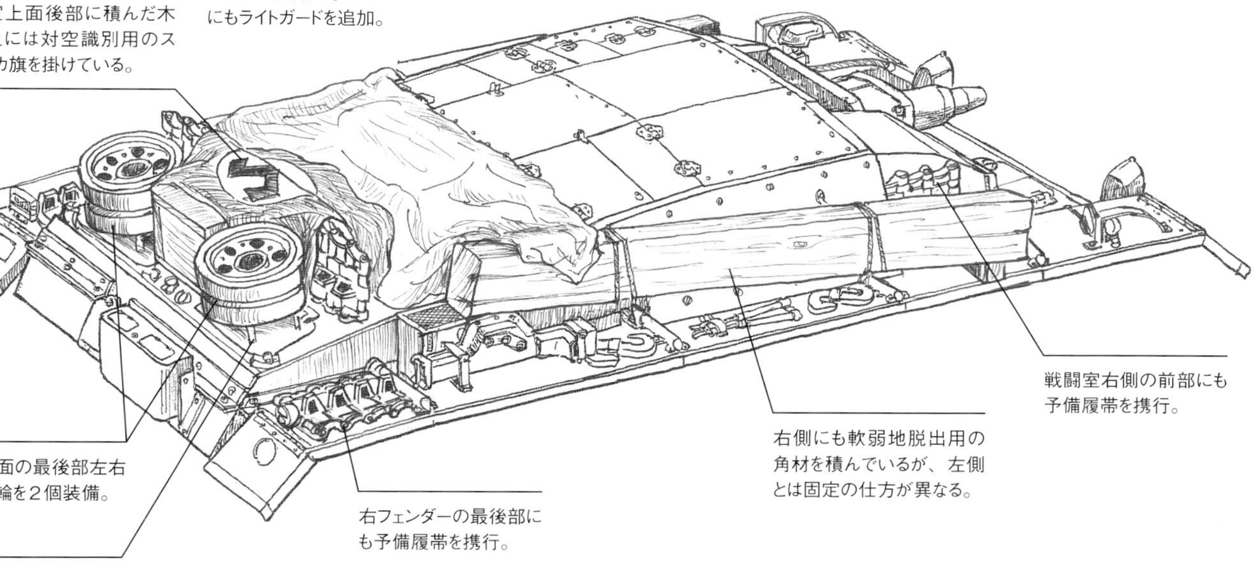

機関室上面後部に積んだ木箱の上には対空識別用のスワスチカ旗を掛けている。

戦闘室右側の前部にも予備履帯を携行。

右側にも軟弱地脱出用の角材を積んでいるが、左側とは固定の仕方が異なる。

機関室上面の最後部左右に予備転輪を2個装備。

右フェンダーの最後部にも予備履帯を携行。

予備転輪は増設されたラックの上に固定されている。

左フェンダー前部

上図の車両の左フェンダー前部。車幅表示ライトには板金を加工したガードを追加。その後方には軟弱地脱出用の角材を載せるために木製台座を設置。その内側に砲身クリーニングロッドを移設している。

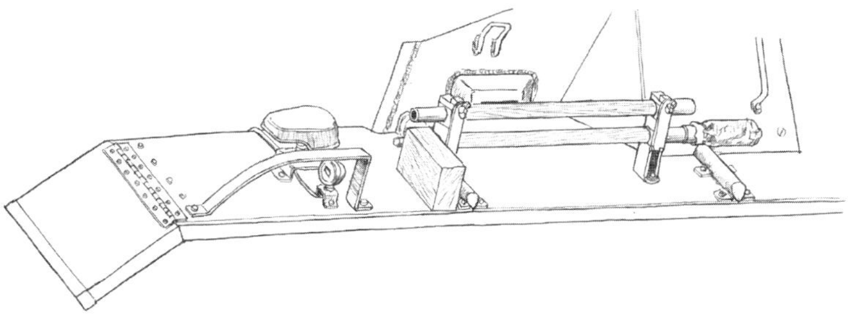

右フェンダーの前部

上図の車両の右フェンダー前部。右側の車幅表示ライトにもガードを追加。その後方には角材の木製台座も設置されているが、左側とは造りが異なっている。

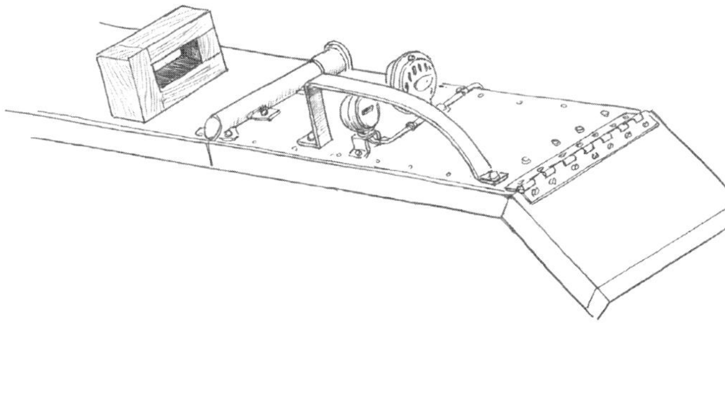

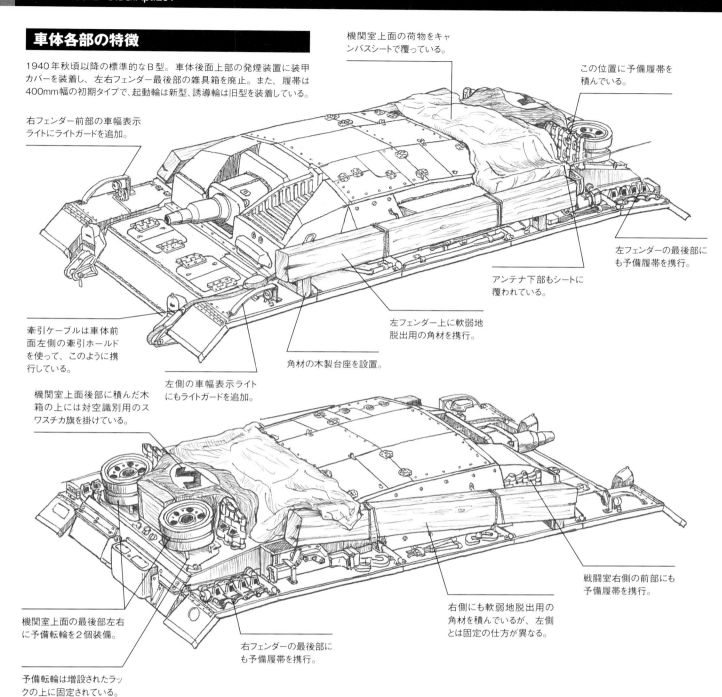

Sturmgeschütz III Ausf.B
Sturmgeschütz Abteilung 203, No.33
Summer of 1941 Eastern Front

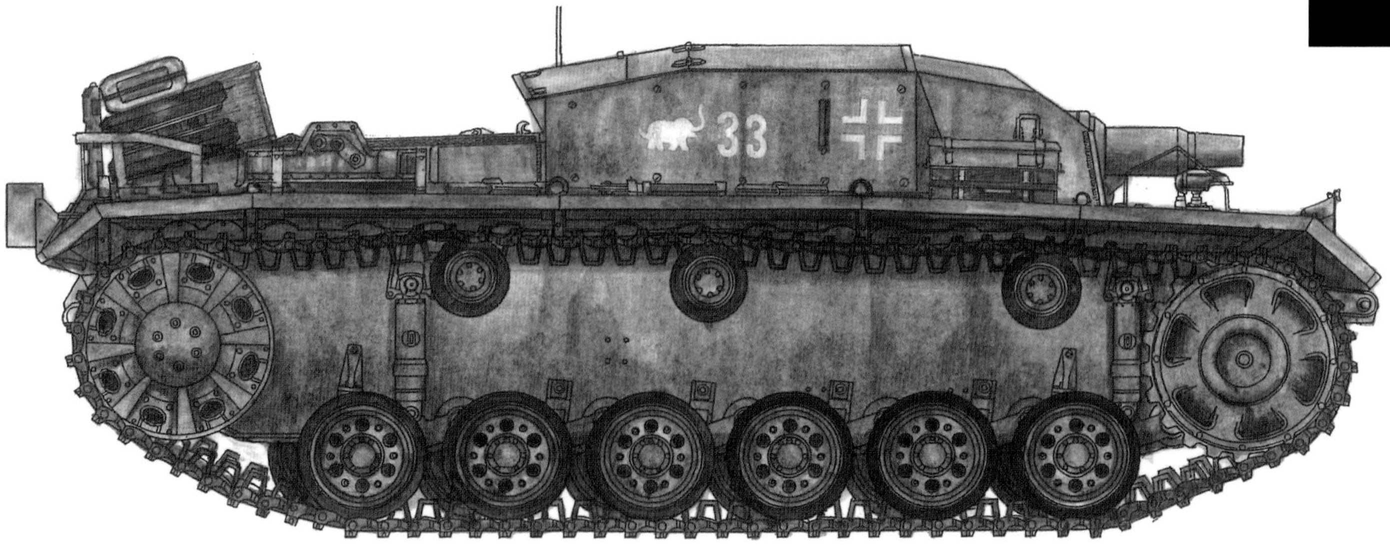

〔図17〕

Ⅲ号突撃砲B型
第203突撃砲大隊33号車

1941 年夏　東部戦線

車体は、標準的な基本色 RAL7021 ドゥンケルグラウの単色塗装。国籍標識は、白縁のみのバルケンクロイツが戦闘室側面と車体後面上部左側に描かれている。また、戦闘室側面には砲番号の“33”と大隊マークの“象のシルエット”を白で描き、さら大隊マークは車体後面上部の発煙装置装甲カバーにも描かれているが、後面のマークはステンシル風の絵柄になっている。

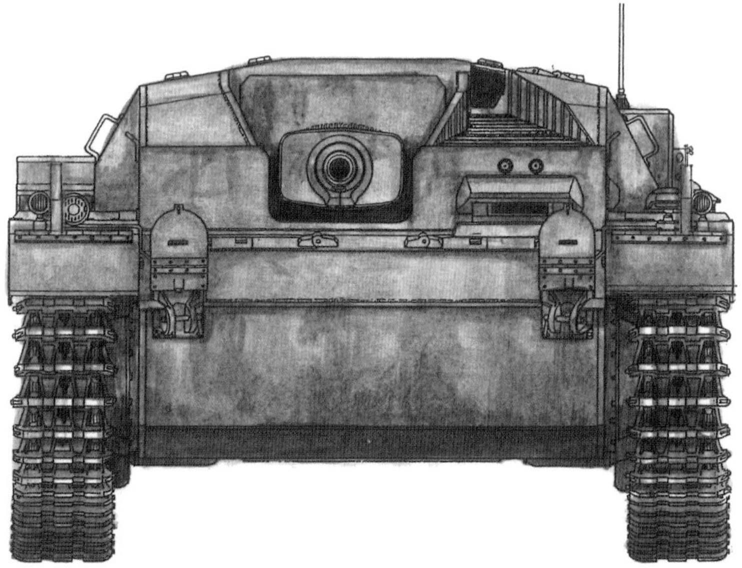

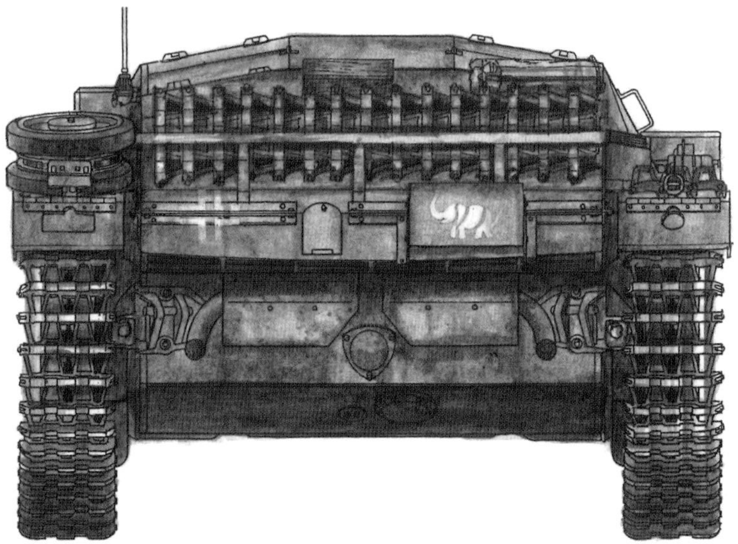

Sturmgeschütz III Ausf.B
Sturmgeschütz Abteilung 210
Summer of 1941 Eastern Front

〔図18〕

Ⅲ号突撃砲B型
第210突撃砲大隊所属車

1941年夏　東部戦線

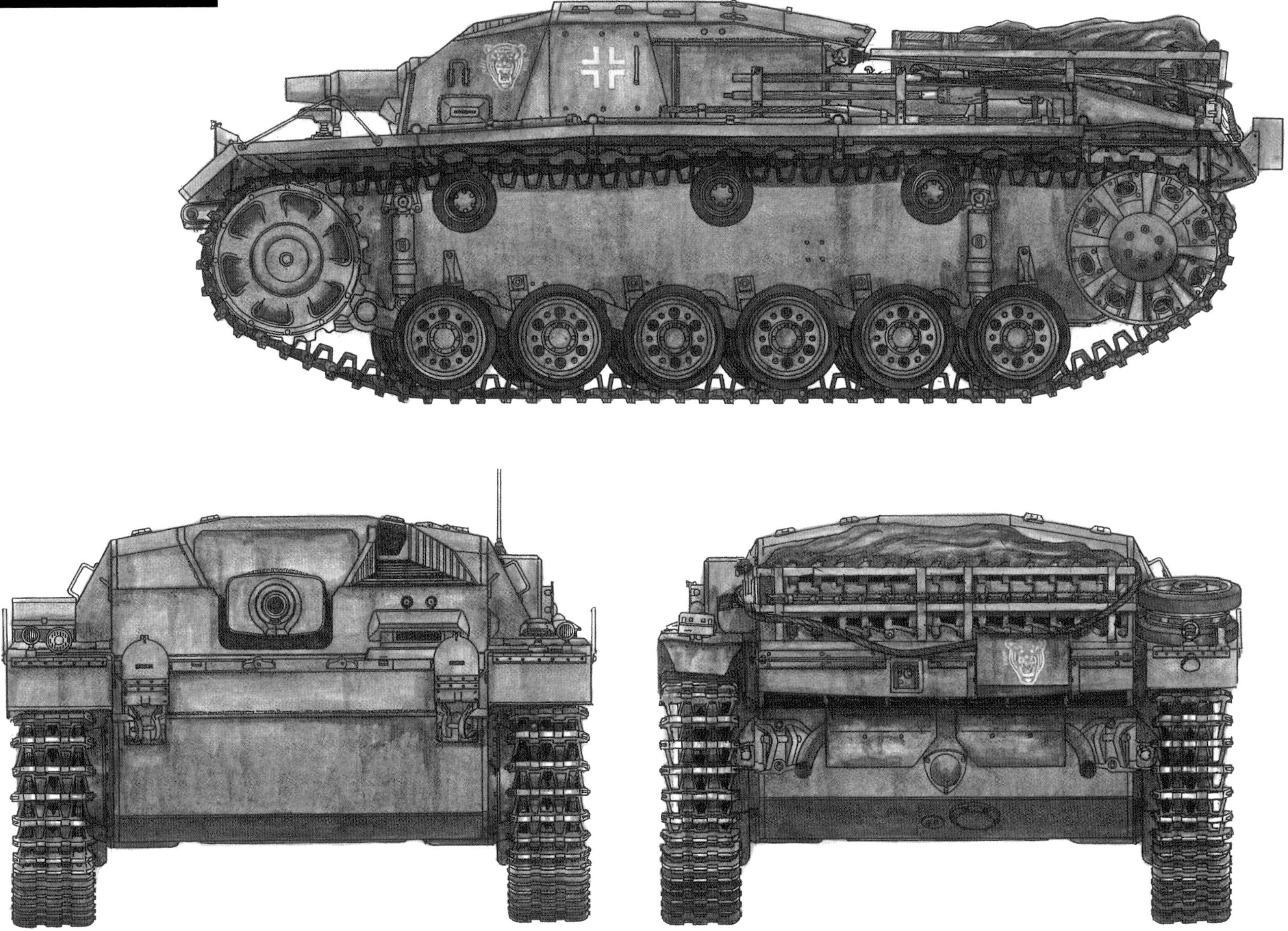

塗装は、標準的な基本色RAL7021ドゥンケルグラウの単色塗装。戦闘室側面に描かれた国籍標識のバルケンクロイツは白縁のみの小さいタイプ。戦闘室側面前部と車体後面上部の発煙装置装甲カバーには大隊マークの白い“虎の頭部”が描かれている。

〔図17〕

Ⅲ号突撃砲B型　第203突撃砲大隊33号車

StuG.III Ausf.B　StuG.Apt.203, No.33

車体各部の特徴

1940年秋頃以降の標準的なB型。車体後面上部の発煙装置に装甲カバーを装着し、左右フェンダー最後部の雑具箱を廃止。履帯は400mm幅の初期タイプで、起動輪は新型、誘導輪は旧型を装着している。

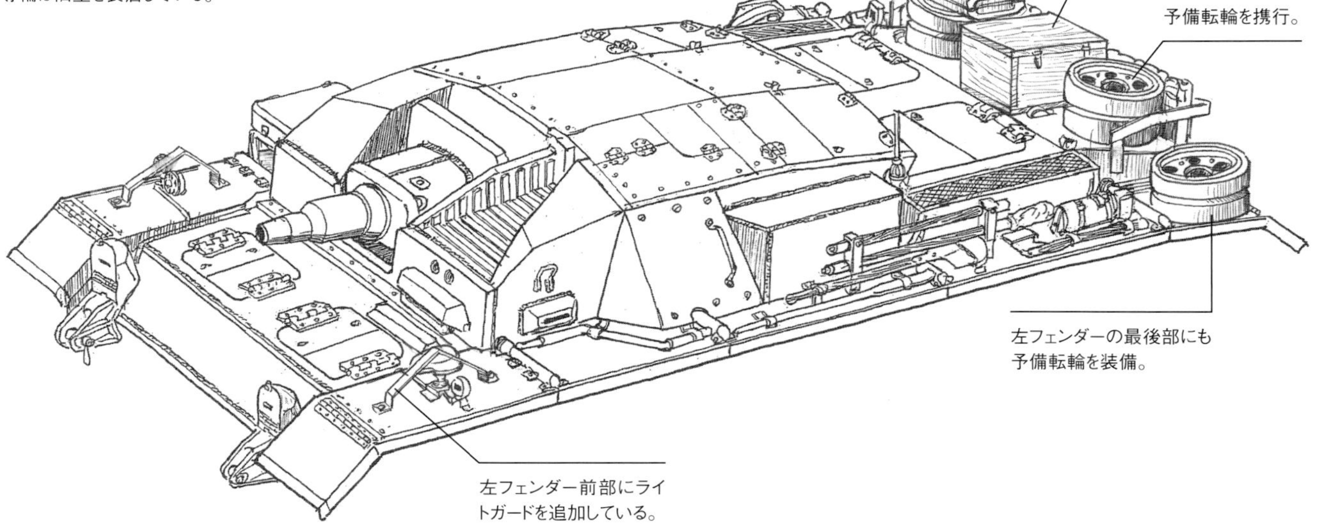
機関室上面の後部右側には予備転輪とジェリカンを積んでいる。
後部中央には木箱を積載。
後部左側にも予備転輪を携行。
左フェンダーの最後部にも予備転輪を装備。
左フェンダー前部にライトガードを追加している。

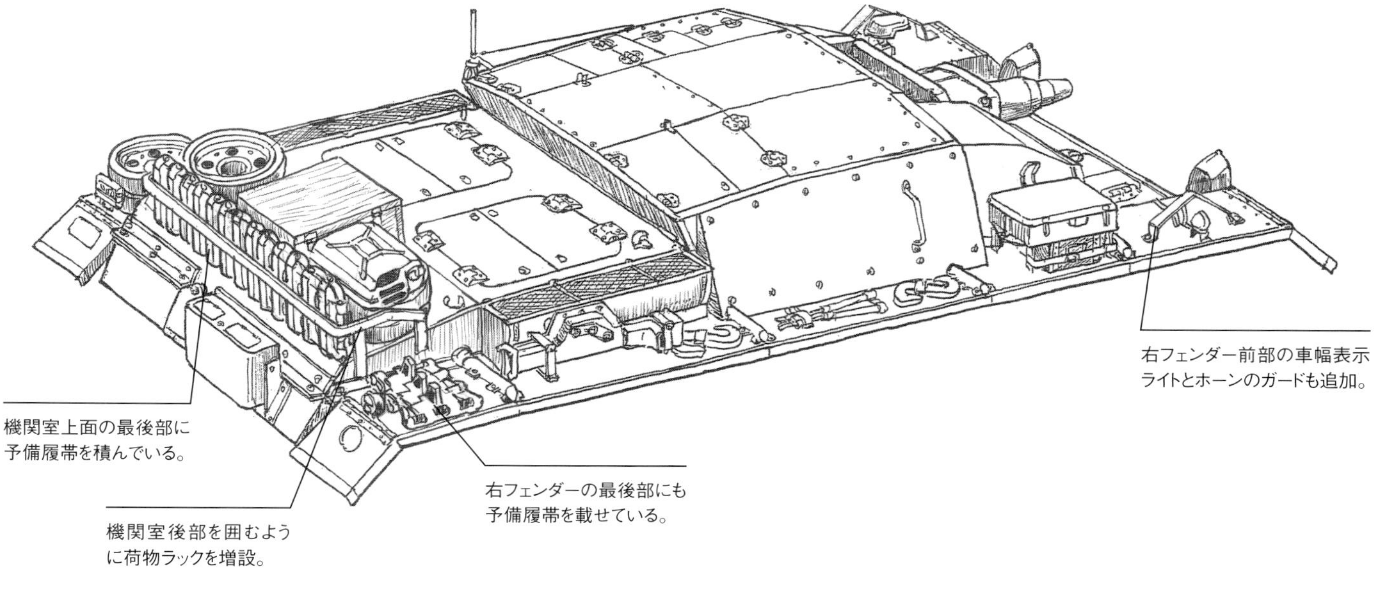
右フェンダー前部の車幅表示ライトとホーンのガードも追加。
機関室上面の最後部に予備履帯を積んでいる。
右フェンダーの最後部にも予備履帯を載せている。
機関室後部を囲むように荷物ラックを増設。

33号車の機関室上面

機関室上面の後部に増設された荷物ラックは、板金を加工・溶接留めした簡易な作り。

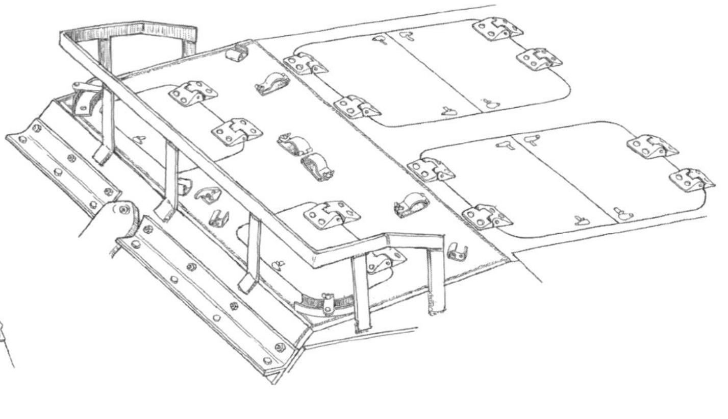

33号車の左右フェンダー前部

左右フェンダーの前部にあるライトやホーンにガードを追加。

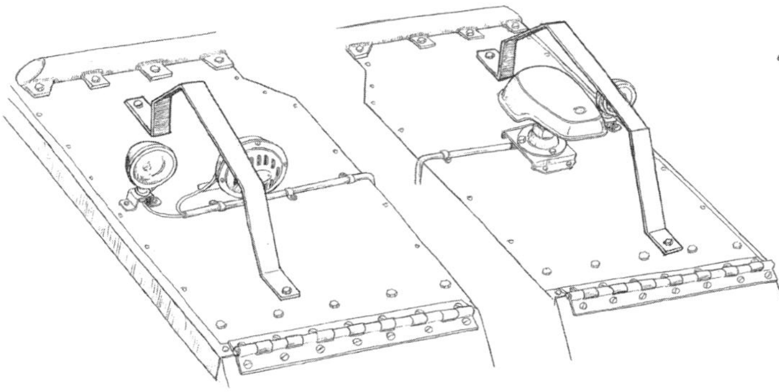

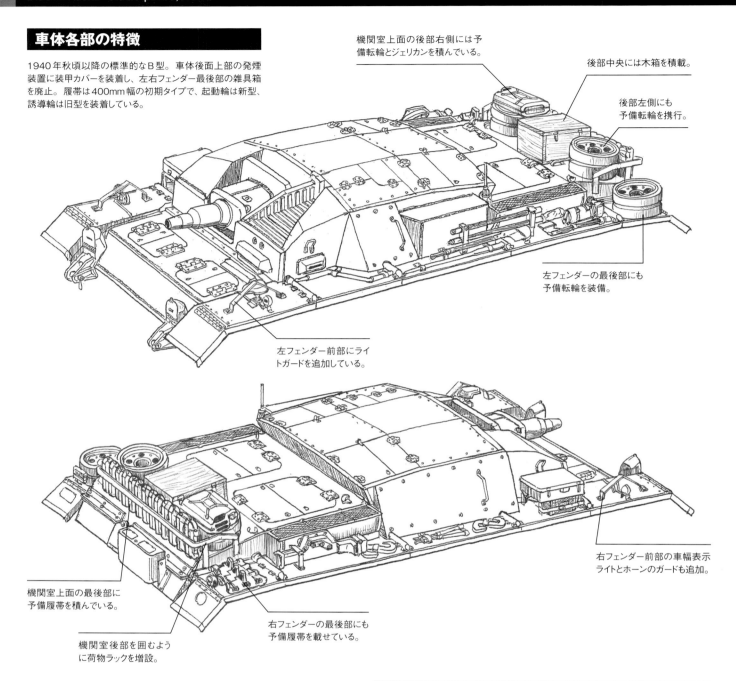

Ⅲ号突撃砲B型　第210突撃砲大隊所属車

StuG.III Ausf.B　StuG.Apt.210

車体各部の特徴

車体後面上部の発煙装置に装甲カバーを装着し、左右フェンダー最後部の雑具箱を廃止した1940年秋頃以降の標準的なB型。履帯は400mm幅の初期タイプ、起動輪は新型、誘導輪は旧型を装着している。

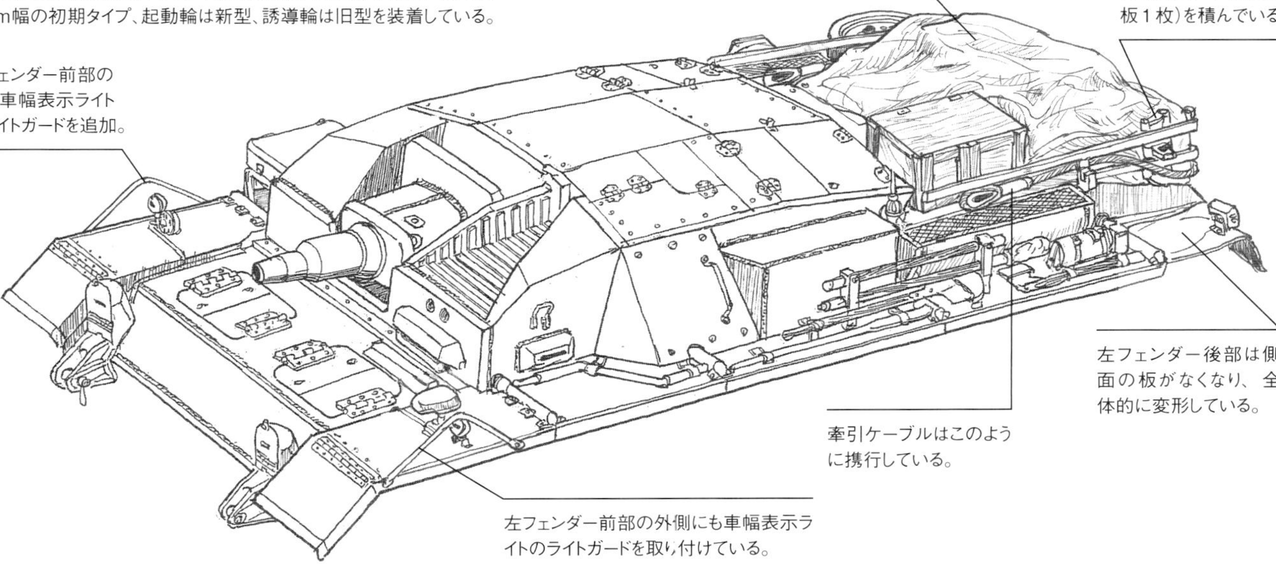

右側フェンダー前部の外側に車幅表示ライト用のライトガードを追加。

機関室上面の後部に積載した荷物をキャンバスシートで覆っている。

この位置に予備履帯（履板1枚）を積んでいる。

左フェンダー後部は側面の板がなくなり、全体的に変形している。

牽引ケーブルはこのように携行している。

左フェンダー前部の外側にも車幅表示ライトのライトガードを取り付けている。

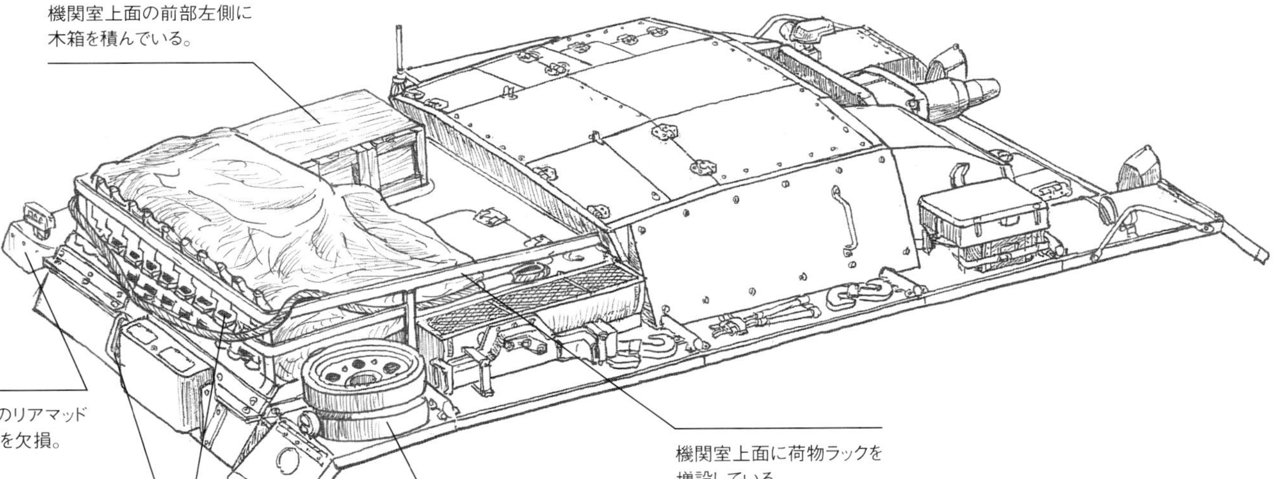

機関室上面の前部左側に木箱を積んでいる。

左側のリアマッドガードを欠損。

エンジン始動用クランク差し込み口のカバーを欠損。

機関室上面最後部に予備履帯を携行。

右フェンダーの最後部に予備転輪を装備。

機関室上面に荷物ラックを増設している。

機関室上面の荷物ラック

上図の車両の機関室上面。機関室上面の周囲を囲むように荷物ラックを増設。上段のフレームはこのように前方まで伸ばされている。

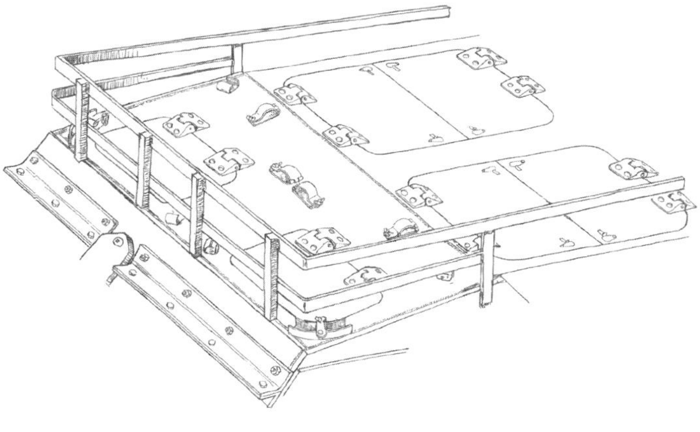

左右フェンダー前部

上図の車両の左右フェンダー前部。フェンダー外側に金属棒を曲げ加工したライトガードを取り付けている。

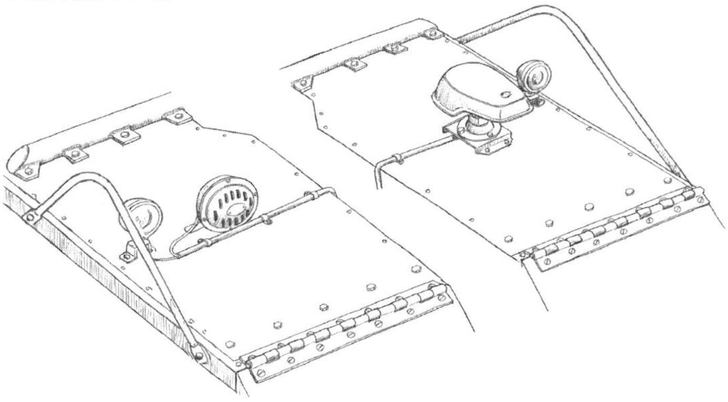

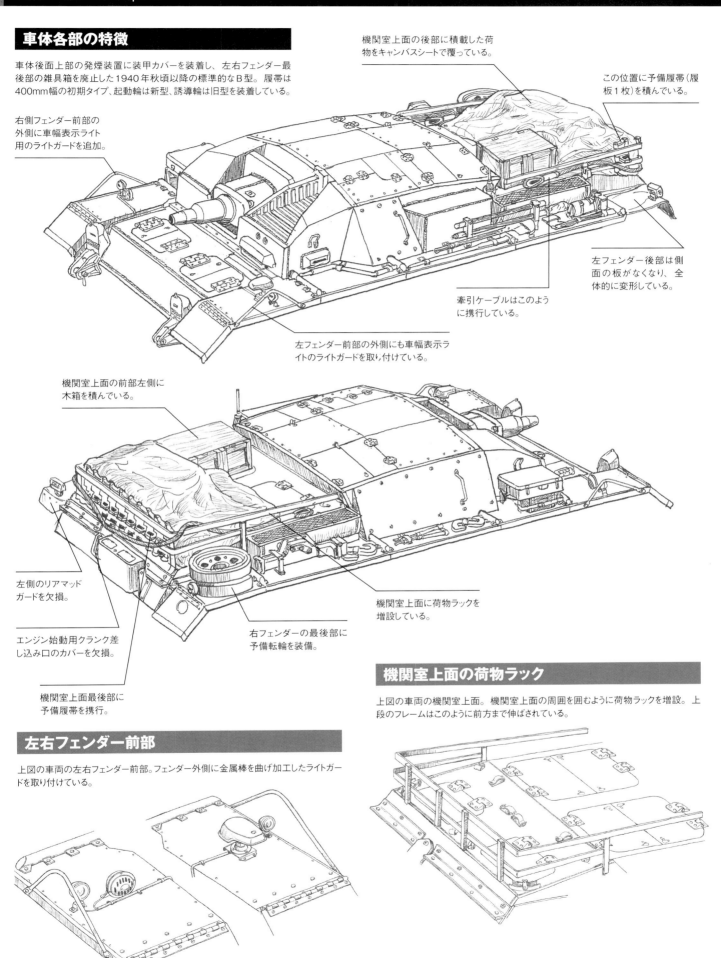

Sturmgeschütz III Ausf.B
Unit Unknown
Summer of 1941 Eastern Front

〔図19〕

Ⅲ号突撃砲B型 所属部隊不明

1941年夏　東部戦線

車体全面に基本色RAL7021ドゥンケルグラウを塗布した標準的な単色塗装が施されている。戦闘室側面の国籍標識バルケンクロイツは、白縁付き黒十字タイプで大きく描かれている。砲番号などその他のマーキング類は確認できない。

Sturmgeschütz III Ausf.B
Sturmgeschütz Abteilung 226, No.122
Summer of 1941 Eastern Front

〔図20〕

Ⅲ号突撃砲B型
第226突撃砲大隊122号車

1941 年夏　東部戦線

車体は、基本色 RAL7021 ドゥンケルグラウの単色塗装。国籍標識のバルケンクロイツは白縁のみのタイプで、戦闘室側面と車体後面上部左側に描かれている。白の砲番号"122"は戦闘室側面のみならず、車体前面上部と車体後面の発煙装置装甲カバーにも記入。さらに車体前面の上部左側と戦闘室側面後部に大隊マーク（白い線画のIII号突撃砲短砲身型）を、車体前面の上部右側には突撃砲部隊を示す赤い戦術マークを描いている。

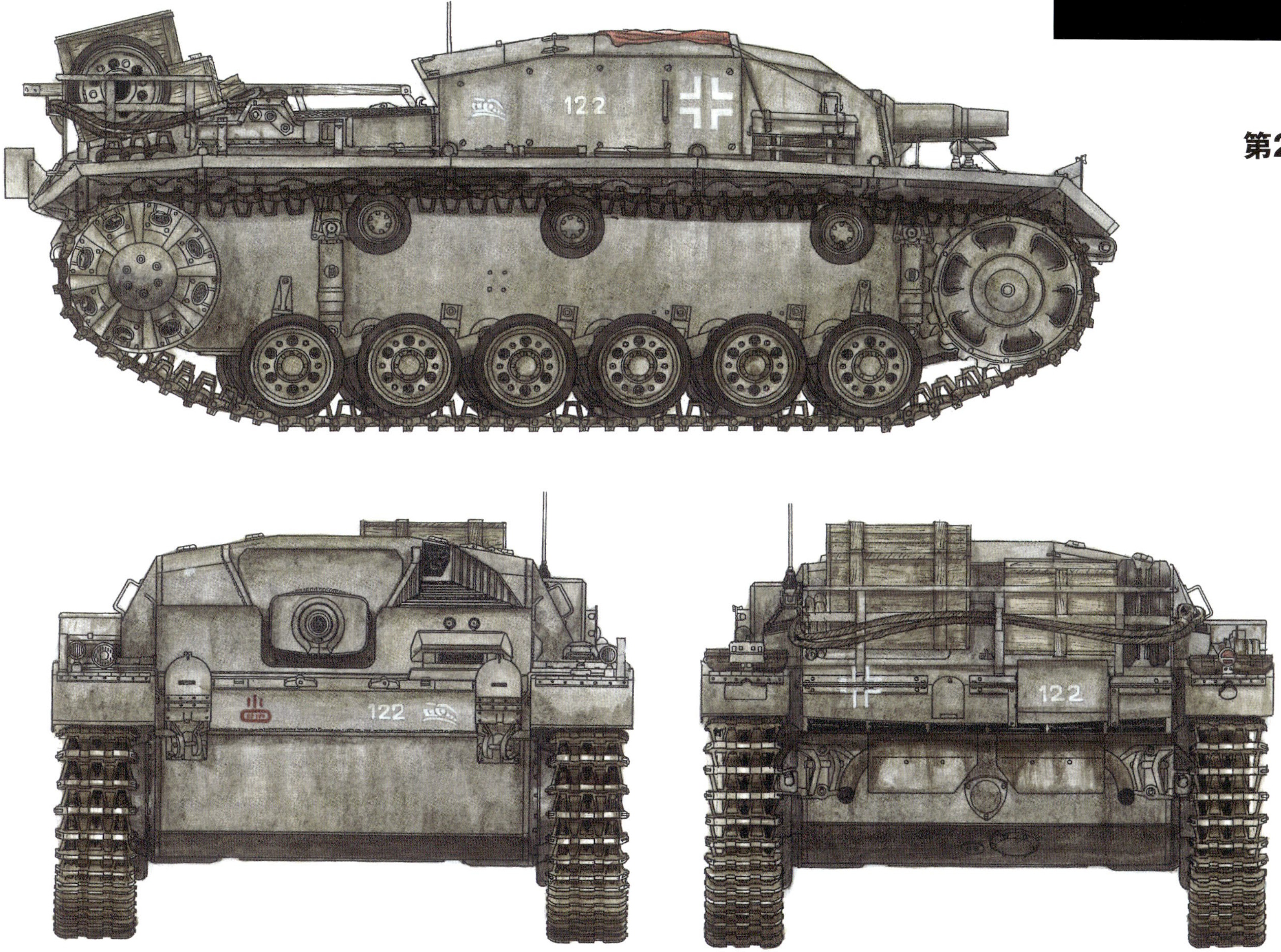

Ⅲ号突撃砲B型　所属部隊不明

StuG.III Ausf.B Unit Unknown

車体各部の特徴

1940年夏以前に造られたB型の初期生産亘。左右のフェンダー最後部にはA型と同じ雑具箱を設置しており、車体後面上部の発煙装置の装甲カバーは未装着。また、履帯は400mm幅の初期タイプ、起動輪はスペーサー付きの旧型、誘導輪も旧型を装着。車体右側中央の上部支持転輪は基部ごと失われている。

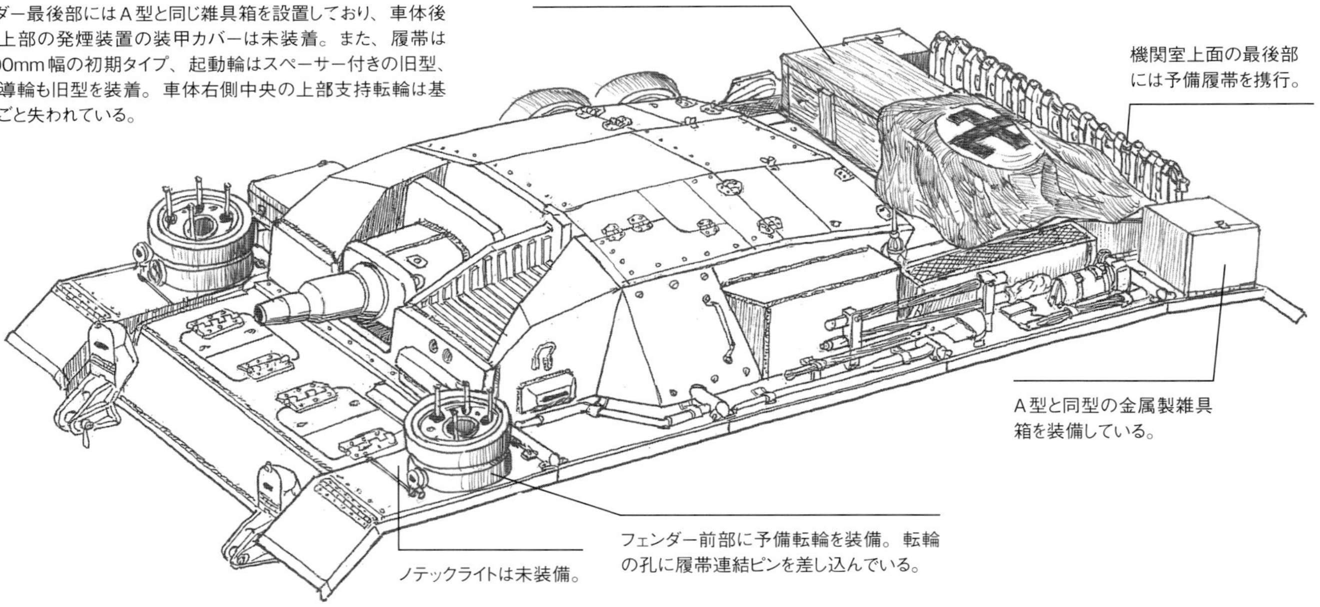
機関室上面に木箱を積んでいる。
機関室上面の最後部には予備履帯を携行。
A型と同型の金属製雑具箱を装備している。
フェンダー前部に予備転輪を装備。転輪の孔に履帯連結ピンを差し込んでいる。
ノテックライトは未装備。

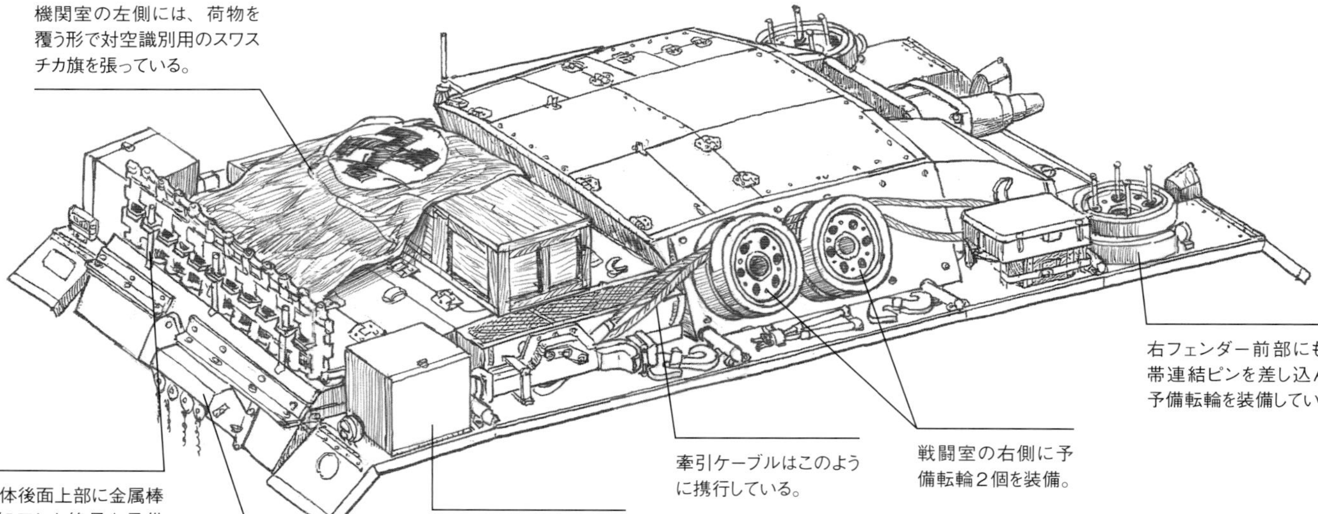
機関室の左側には、荷物を覆う形で対空識別用のスワスチカ旗を張っている。
右フェンダー前部にも履帯連結ピンを差し込んだ予備転輪を装備している。
車体後面上部に金属棒を加工した簡易な予備履帯ラックを増設。
牽引ケーブルはこのように携行している。
戦闘室の右側に予備転輪2個を装備。
右フェンダーの最後部にも金属製雑具箱を装備。
発煙装置の装甲カバーは未装着。

機関室上面後部

上図の車両の後部。機関室最後部に増設された予備履帯ラックは、金属棒を溶接留めした簡易な作り。

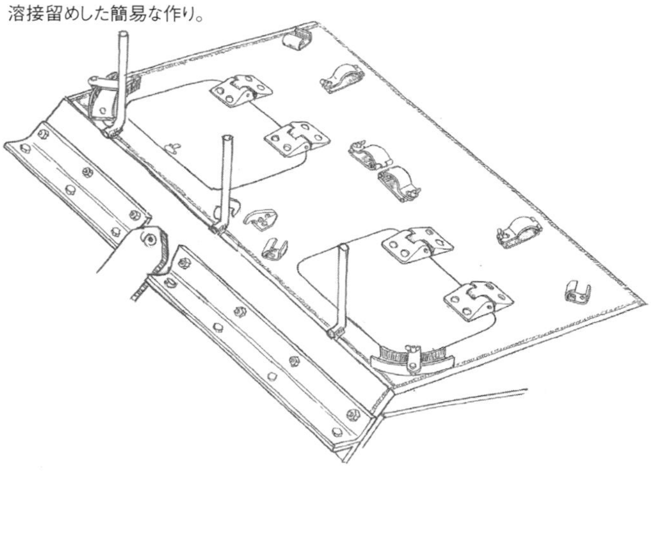

B型で使用された旧型起動輪

A型で使用された起動輪の改修型。スプロケットとハブの間にスペーサーを挟み、400mm幅の履帯に対応させた旧型ベースの起動輪。

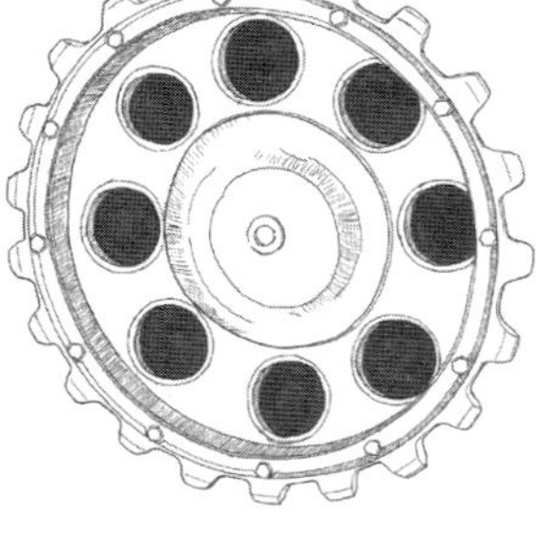

上部支持転輪

上部支持転輪の内側は履帯のセンターガイドと接触するので、金属製リングが取り付けられている。

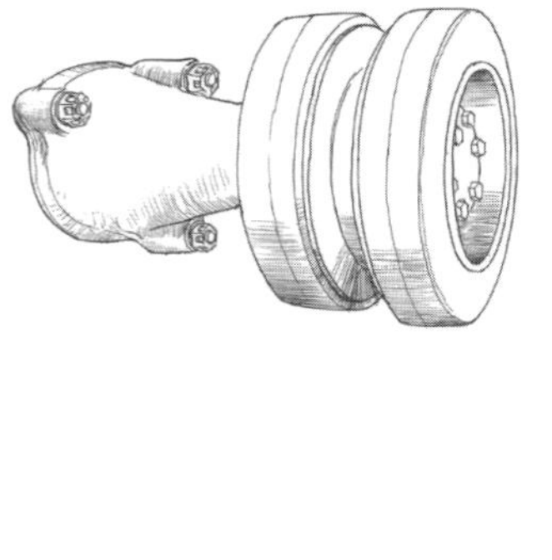

〔図20〕

Ⅲ号突撃砲B型　第226突撃砲大隊122号車

StuG.III Ausf.B　StuG.Apt.226, No.122

車体各部の特徴

1940年秋頃以降の標準的なB型で、車体後面上部の発煙装置に装甲カバーを装着し、左右フェンダー最後部の雑具箱は廃止されている。また、履帯は400mm幅の初期タイプ、起動輪は新型、誘導輪は旧型を装着している。

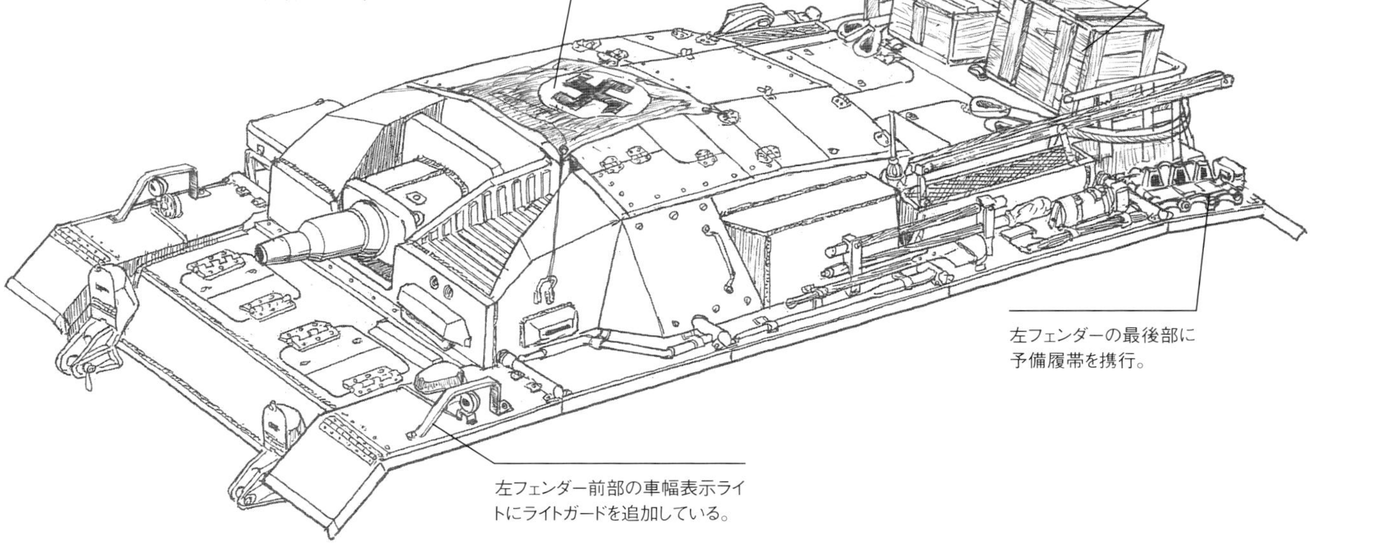
戦闘室上面前部には対空識別用のスワスチカ旗を張っている。
右側にもサイズが異なる木箱を積載。
機関室最後部左側に木箱を積んでいる。
左フェンダーの最後部に予備履帯を携行。
左フェンダー前部の車幅表示ライトにライトガードを追加している。

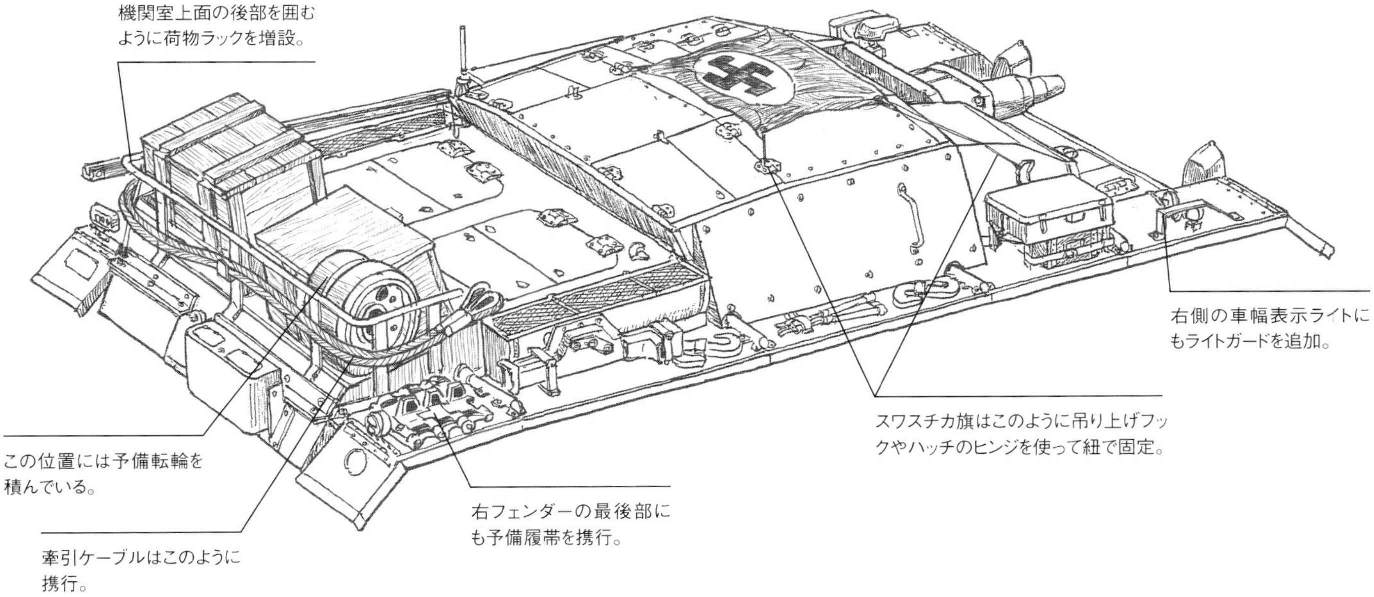
機関室上面の後部を囲むように荷物ラックを増設。
右側の車幅表示ライトにもライトガードを追加。
スワスチカ旗はこのように吊り上げフックやハッチのヒンジを使って紐で固定。
この位置には予備転輪を積んでいる。
右フェンダーの最後部にも予備履帯を携行。
牽引ケーブルはこのように携行。

122号車の左右フェンダー前部

車幅表示ライトの破損防止のために板金を加工したライトガードをボルト留めしている。

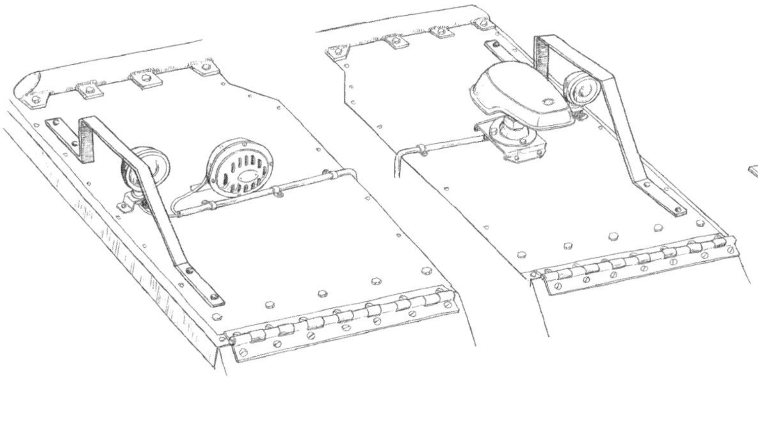

122号車の機関室上面

機関室上面の後部に荷物ラックを増設。ラックの上段フレームは金属棒、下段フレームは板金が使用されている。

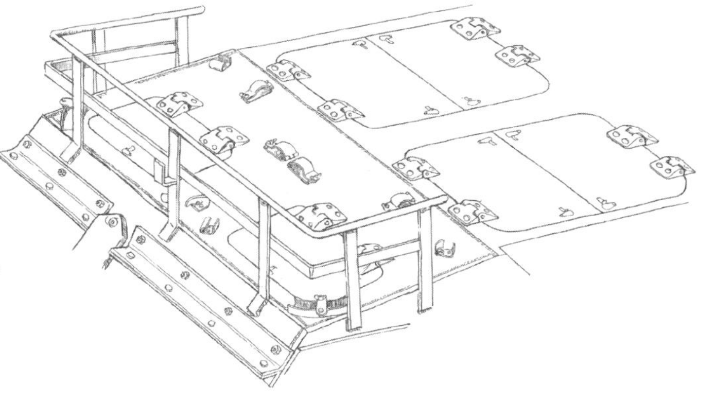

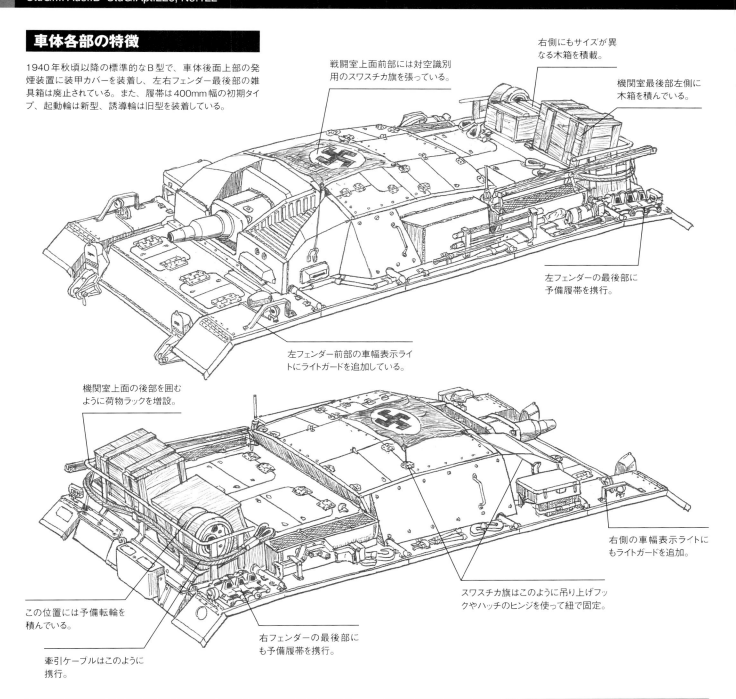

Sturmgeschütz III Ausf.B
Sturmgeschütz Abteilung 226, No.212
Summer of 1941 Eastern Front

〔図21〕

Ⅲ号突撃砲B型 第226突撃砲大隊212号車

1941年夏　東部戦線

車体は、大戦前期の基本色RAL7021ドゥンケルグラウによる単色塗装が施されている。白縁のみの国籍標識バルケンクロイツを戦闘室側面と車体後面上部左側に記入。さらに白い砲番号“212”と突撃砲部隊を示す赤い戦術マーク、白い大隊マーク（線画のⅢ号突撃砲短砲身型）を戦闘室側面の後部と車体前面上部、車体後面上部の発煙装置装甲カバーに描いている。

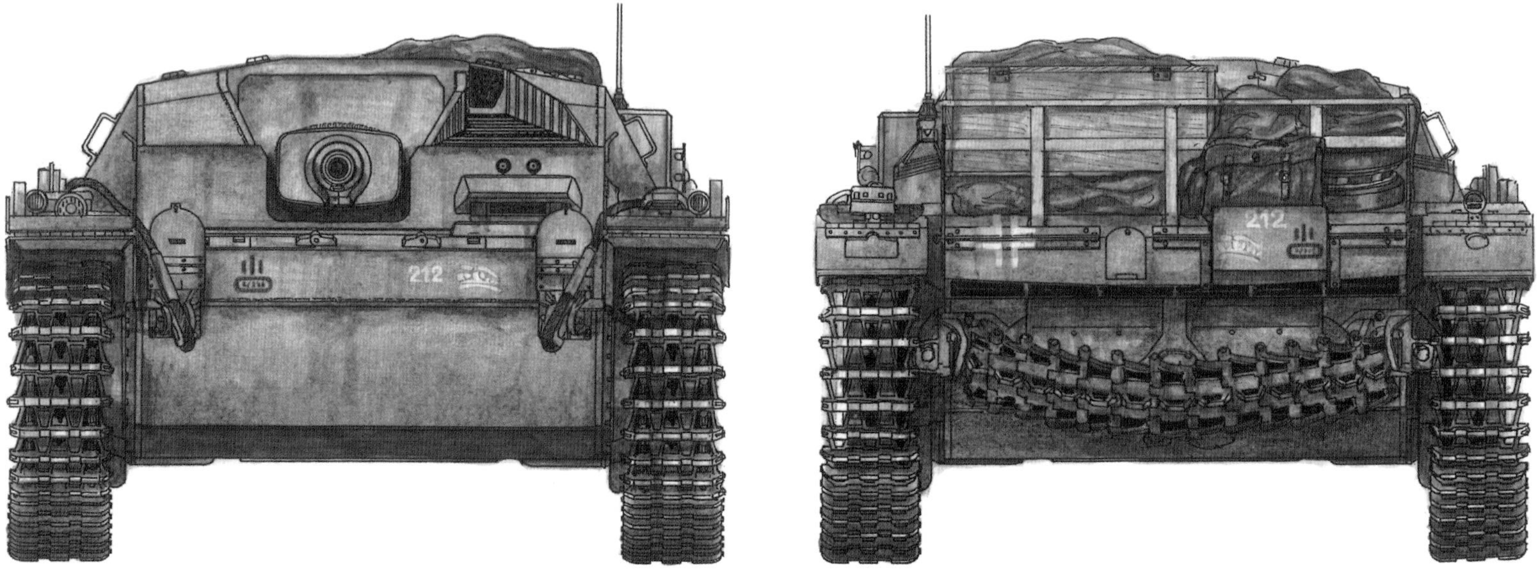

Sturmgeschütz III Ausf.B
Unit Unknown
Summer of 1941 Eastern Front

〔図22〕

Ⅲ号突撃砲B型
所属部隊不明

1941年夏　東部戦線

車体には基本色 RAL7021 ドゥンケルグラウを用いた標準的な単色塗装が施されている。国籍標識のバルケンクロイツは戦闘室側面と車体後面上部左側に白縁のみのタイプで記入。また、車体後面上部の発煙装置装甲カバーには白で“Dessauer”のニックネームが描かれている。

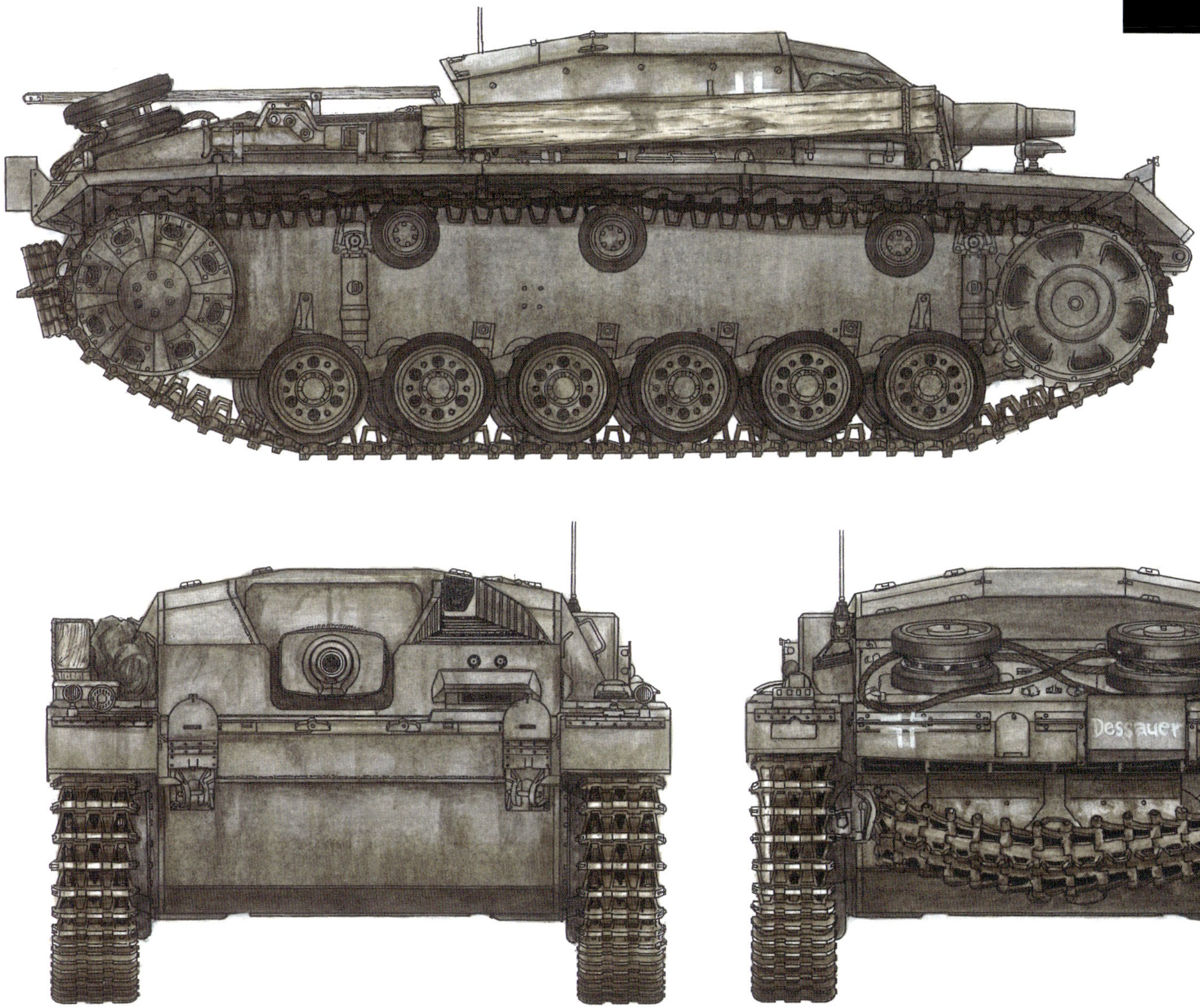

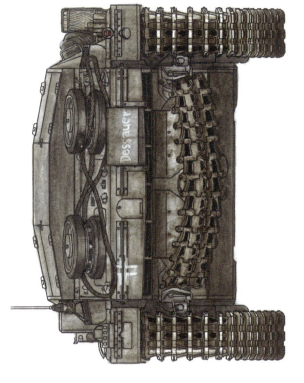

〔図21〕
Ⅲ号突撃砲B型　第226突撃砲大隊212号車
StuG.III Ausf.B　StuG.Apt.226, No.212

車体各部の特徴

1940年秋頃以降の標準的なB型。車体後面上部の発煙装置に装甲カバーを装着し、左右フェンダー最後部の雑具箱を廃止している。履帯は400mm幅の初期タイプ、起動輪は新型、誘導輪は旧型を装着。また、車体後面の牽引ホールドに予備履帯を取り付けている。

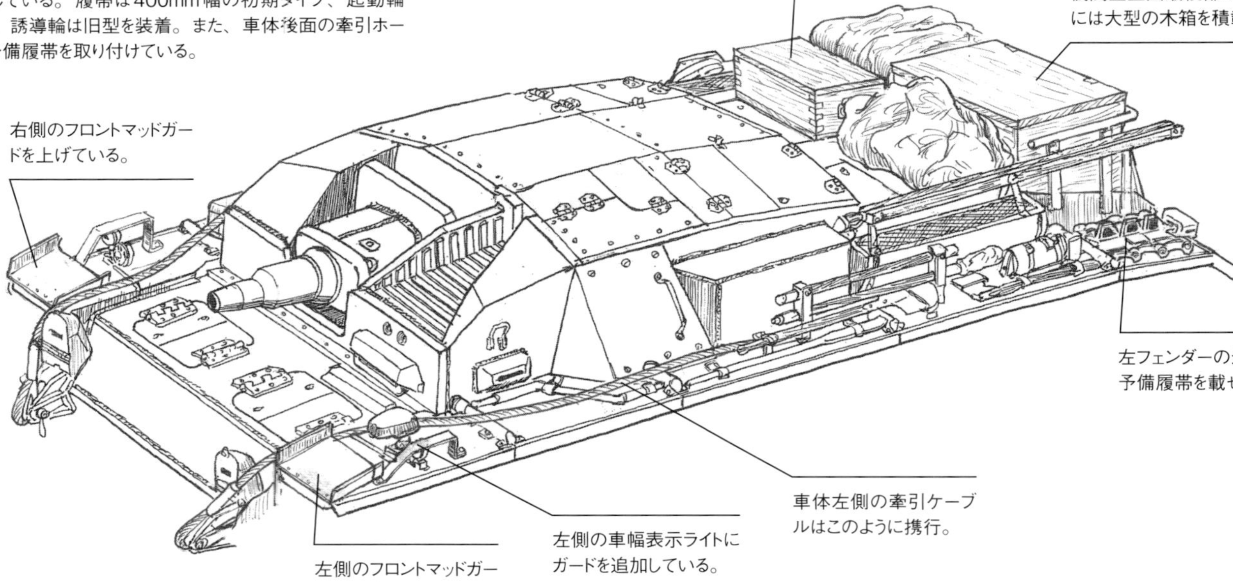
機関室上面の右側に木箱を積んでいる。
機関室上面最後部の左側には大型の木箱を積載。
右側のフロントマッドガードを上げている。
左フェンダーの最後部に予備履帯を載せている。
車体左側の牽引ケーブルはこのように携行。
左側の車幅表示ライトにガードを追加している。
左側のフロントマッドガードも上げた状態に。

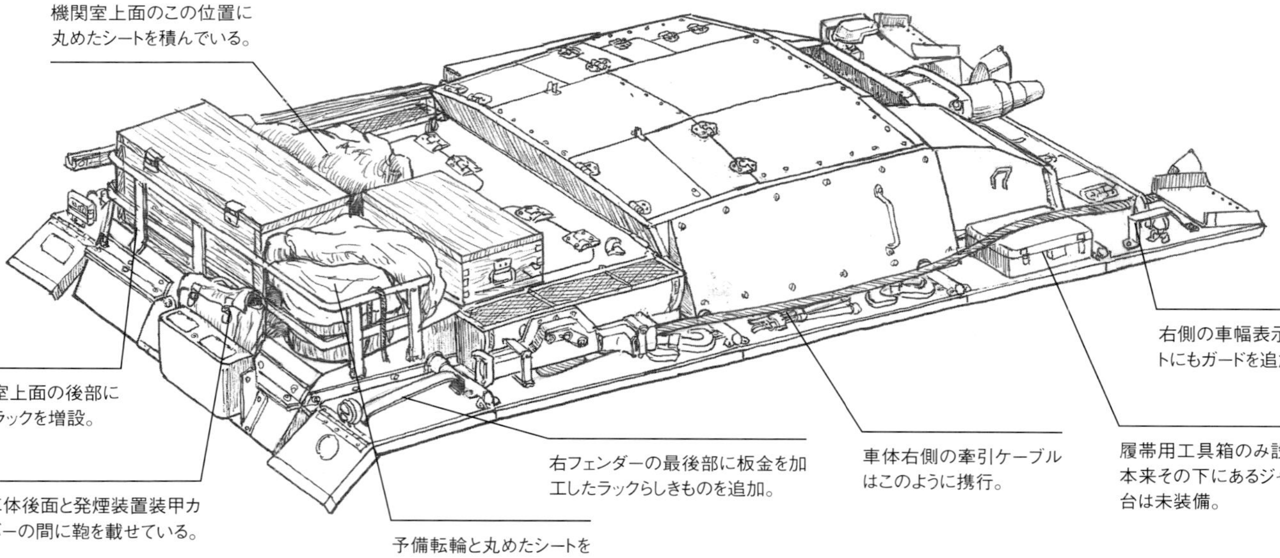
機関室上面のこの位置に丸めたシートを積んでいる。
右側の車幅表示ライトにもガードを追加。
機関室上面の後部に荷物ラックを増設。
右フェンダーの最後部に板金を加工したラックらしきものを追加。
車体右側の牽引ケーブルはこのように携行。
履帯用工具箱のみ設置。本来その下にあるジャッキ台は未装備。
車体後面と発煙装置装甲カバーの間に鞄を載せている。
予備転輪と丸めたシートを載せている。

7.5cm StuK.37の砲架

下部砲架は左右各2本、後方2本の足を持つ丈夫な構造になっている。

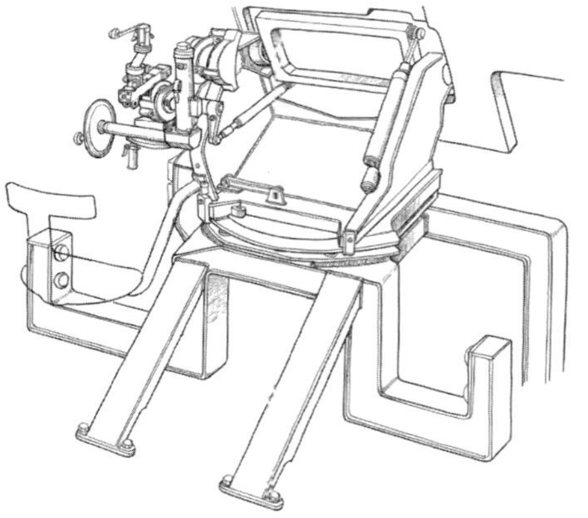

212号車の履帯用工具箱

通常、履帯用工具箱は支持架の上に固定（その下にはジャッキ台を設置）されているが、212号車では右フェンダー上に直接取り付けられている。

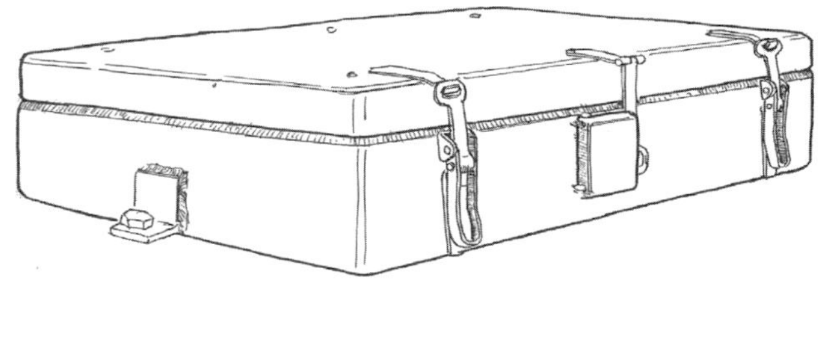

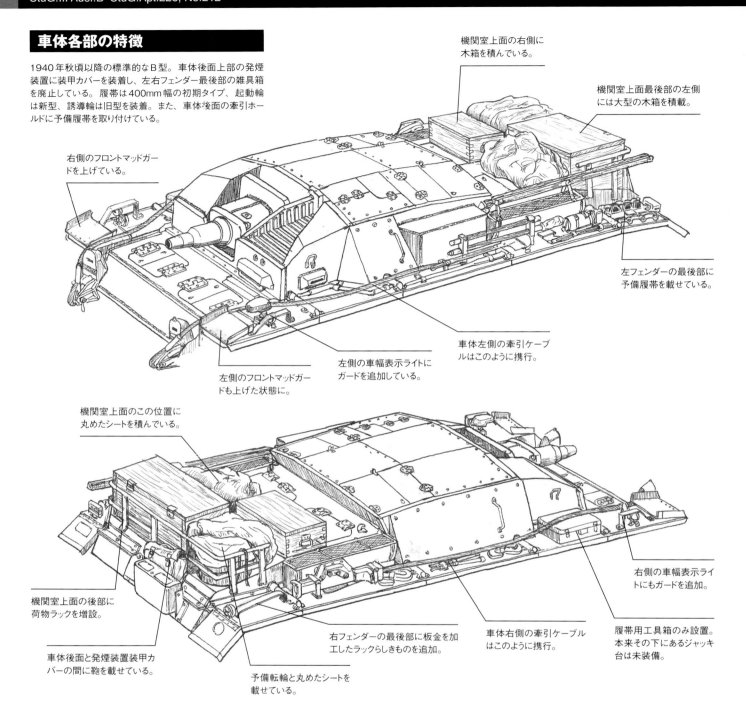

〔図22〕

Ⅲ号突撃砲B型　所属部隊不明

StuG.III Ausf.B Unit Unknown

車体各部の特徴

車体後面上部の発煙装置に装甲カバーを装着し、左右フェンダー最後部の雑具箱を廃止した1940年秋頃以降の標準的なB型。履帯は400mm幅の初期タイプで、起動輪は新型、誘導輪は旧型を装着。車体後面の牽引ホールドに予備履帯を取り付けている。

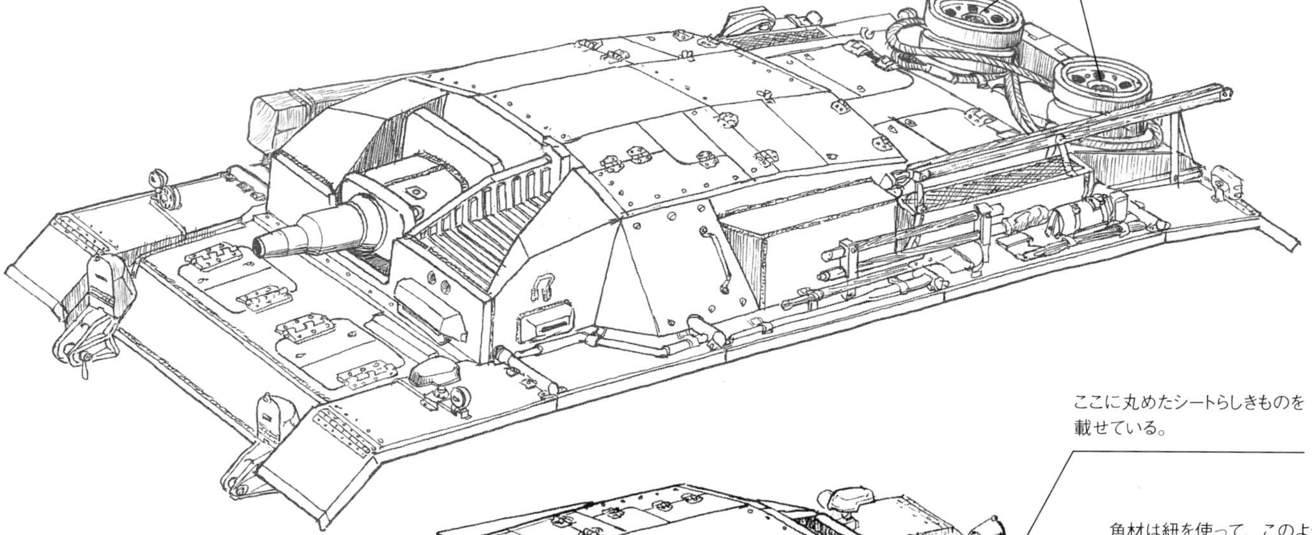
機関室上面の最後部左右に予備転輪を装備している。

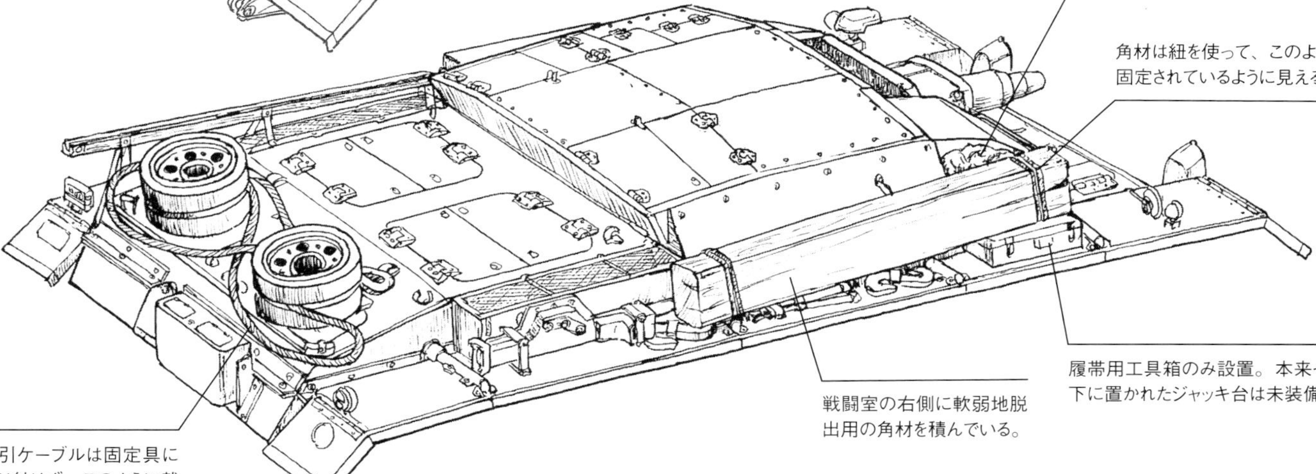
ここに丸めたシートらしきものを載せている。
角材は紐を使って、このように固定されているように見える。
履帯用工具箱のみ設置。本来その下に置かれたジャッキ台は未装備。
戦闘室の右側に軟弱地脱出用の角材を積んでいる。
牽引ケーブルは固定具に取り付けず、このように載せている。

排気グリル

車体後面上部の底面には排気グリルが設置されている。

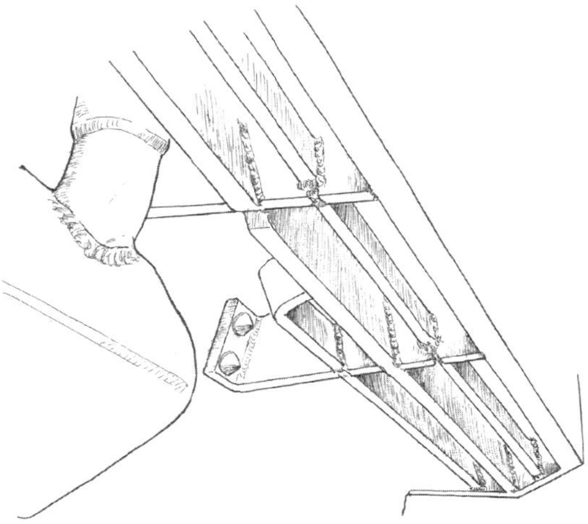

排気マフラー

排気グリル下部に設置。イラストは右側の排気マフラー。

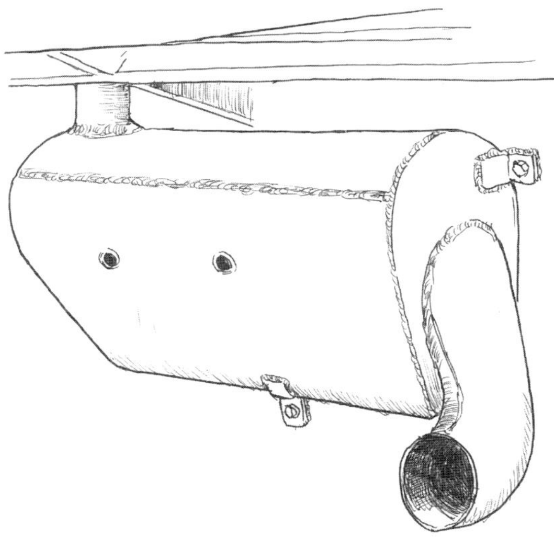

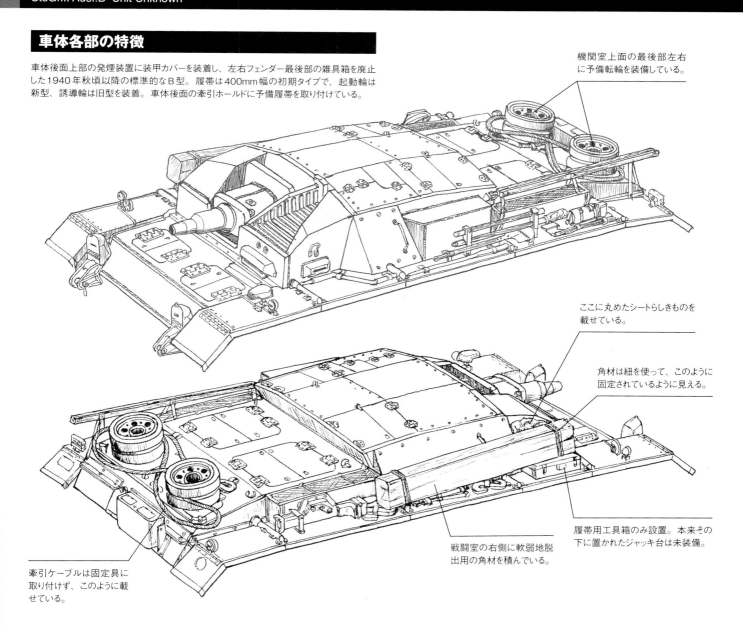

Sturmgeschütz III Ausf.B
Unit Unknown
Winter of 1941-1942 Eastern Front

〔図23〕

Ⅲ号突撃砲B型
所属部隊不明

1941～1942年冬　東部戦線

基本色 RAL7021 ドゥンケルグラウの単色塗装の上に白色塗料を塗布した冬季迷彩だが、部分的に白色塗料が色落ちし、ドゥンケルグラウが露出している。国籍標識は白縁付きの黒十字タイプで、戦闘室側面の後部に描かれている。

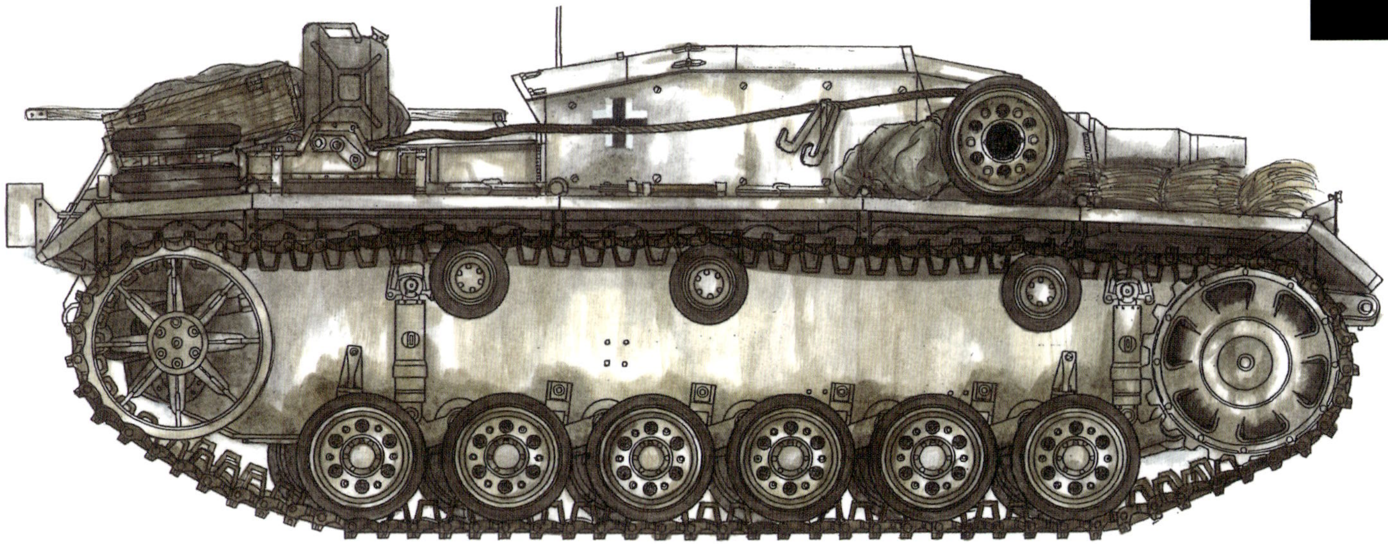

Sturmgeschütz III Ausf.B
SS Kavalleriedivision, No.M
Spring of 1943

〔図24〕

Ⅲ号突撃砲B型 SS騎兵師団M号車

1943年春

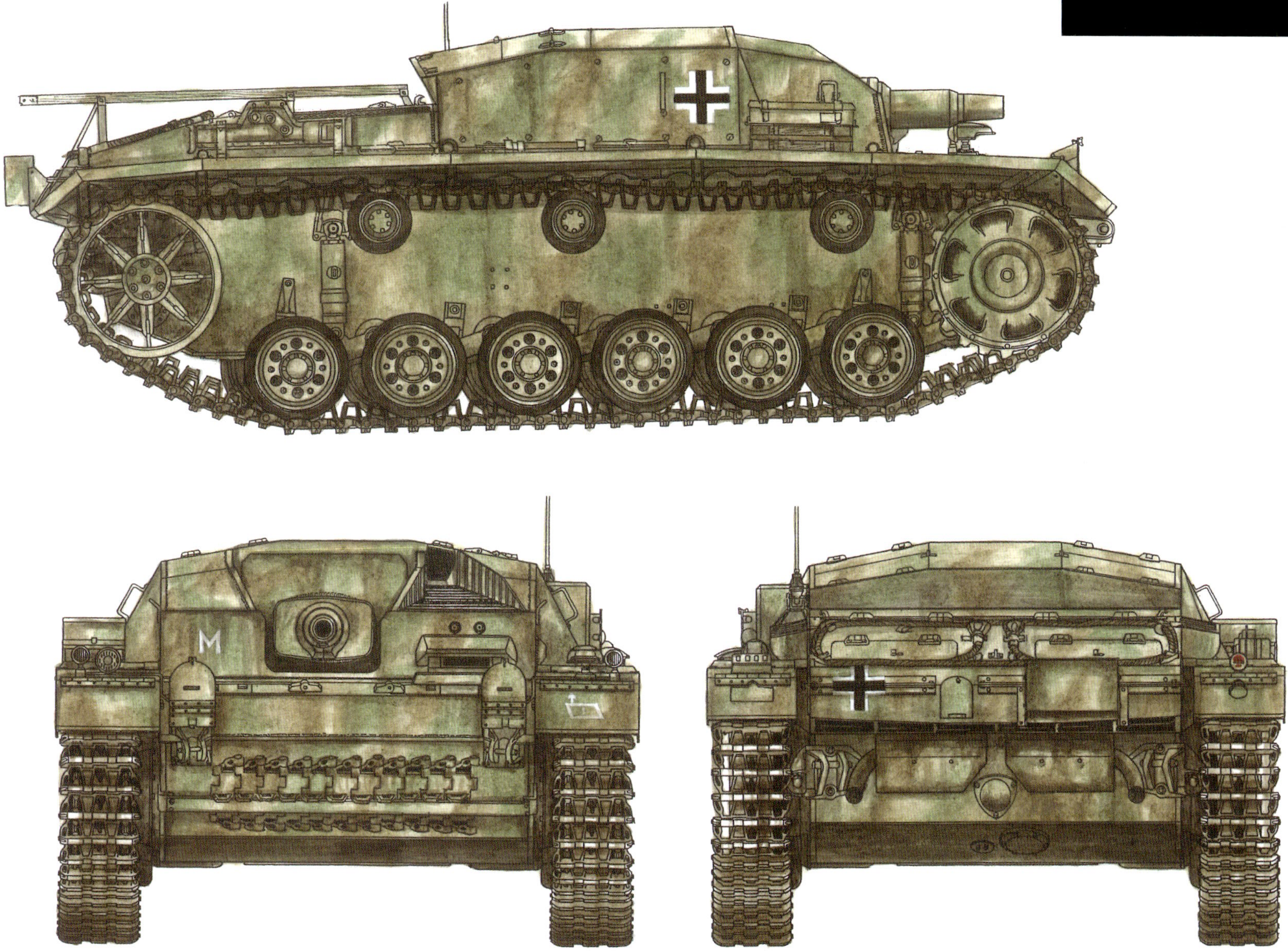

車体には、RAL7028ドゥンケルゲルプの基本色の上にRAL6003オリーフグリュンとRAL8017ロートブラウンで迷彩を加えた、大戦後期の標準的な3色迷彩が施されている。戦闘室側面と車体後面上部左側に描かれた国籍標識バルケンクロイツは、白縁付き黒十字タイプ。また、戦闘室前面右側に砲番号の白い"M"の文字、左フェンダー前部のフロントマッドガードには突撃砲部隊を示す白い戦術マークも描かれている。

〔図23〕

Ⅲ号突撃砲B型　所属部隊不明

StuG.III Ausf.B　Unit Unknown

車体各部の特徴

1940年秋頃以降のB型。車体後面上部の発煙装置に装甲カバーを装着し、左右フェンダー最後部の雑具箱を廃止。起動輪と誘導輪はともに新型で、履帯は幅が広い冬季用のヴィンターケッテを装着。車体前面には生産終了後に標準化された予備履帯ラックを取り付けている。

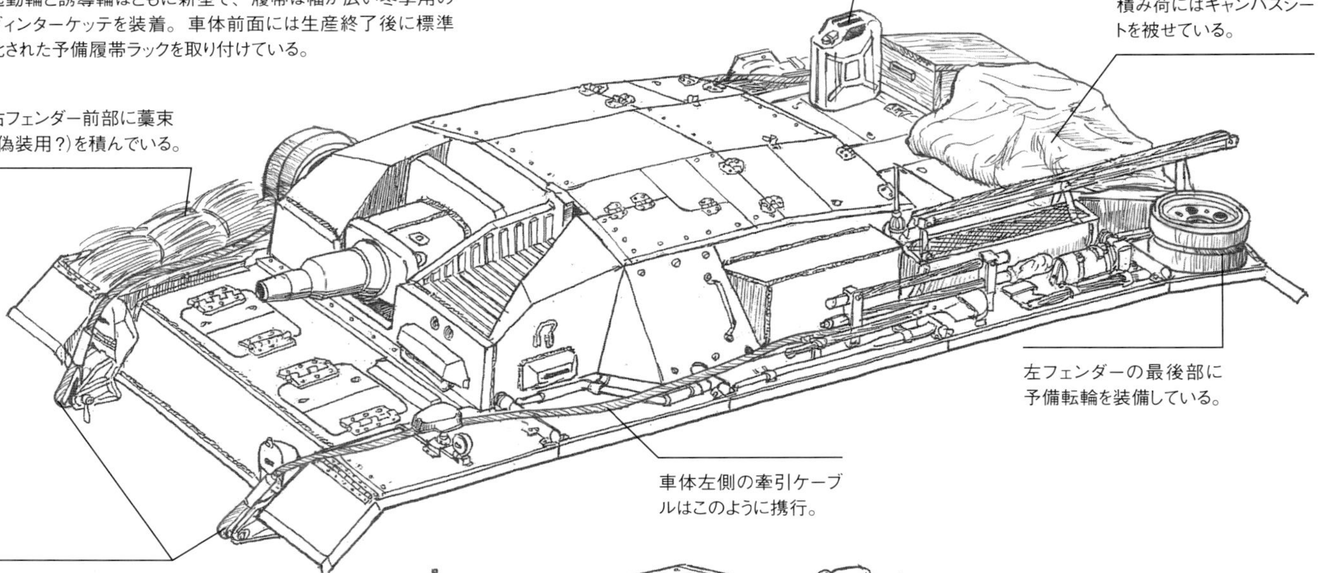

機関室上面のこの位置にジェリカンを載せている。
機関室上面後部左側の積み荷にはキャンバスシートを被せている。
右フェンダー前部に藁束（偽装用？）を積んでいる。
左フェンダーの最後部に予備転輪を装備している。
車体左側の牽引ケーブルはこのように携行。
牽引ケーブルは車体前面左右の牽引ホールドに装着。

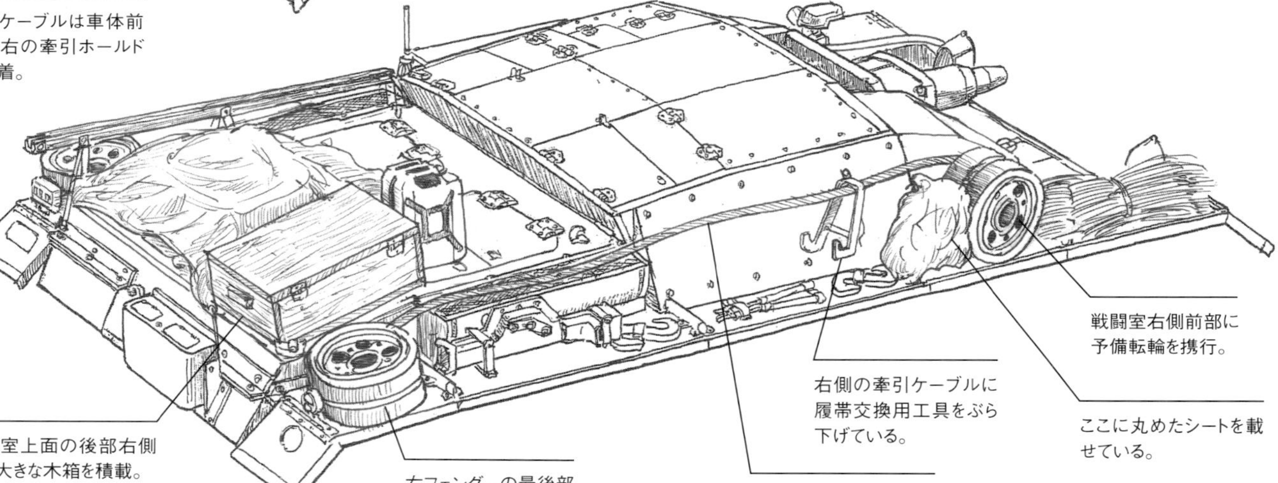

戦闘室右側前部に予備転輪を携行。
右側の牽引ケーブルに履帯交換用工具をぶら下げている。
ここに丸めたシートを載せている。
機関室上面の後部右側には大きな木箱を積載。
右フェンダーの最後部に予備転輪を装備。
車体右側の牽引ケーブルはこのように携行。

戦闘室右側前部の予備転輪

上図の車両では、戦闘室右側前部に単純なフック状の金具を取り付け、そこに予備転輪を引っ掛けて携行。

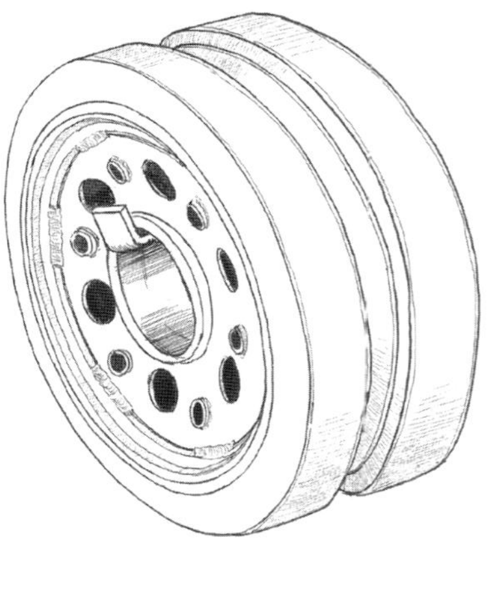

履帯用工具

履帯交換作業時に用いる工具。上の車両では牽引ケーブルに引っ掛けて携行している。

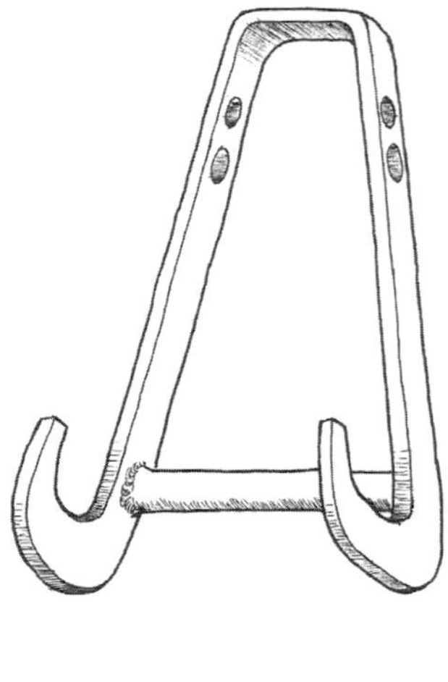

ヴィンターケッテ

冬季用として導入された履帯。幅を拡大したことにより接地圧は軽減できたが、延長部分の基部の造りが脆弱で、容易に曲がってしまうのが欠点だった。

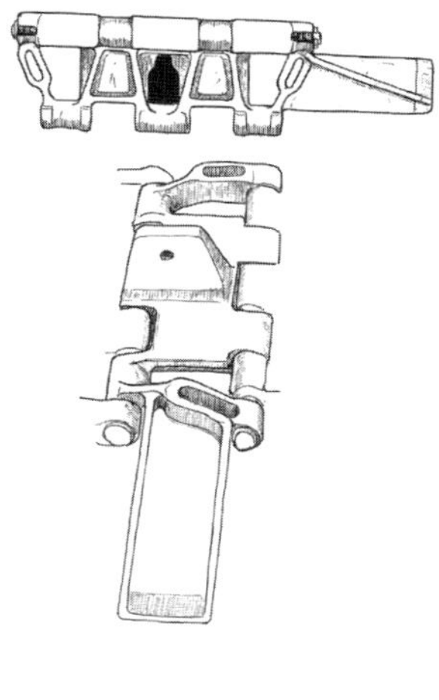

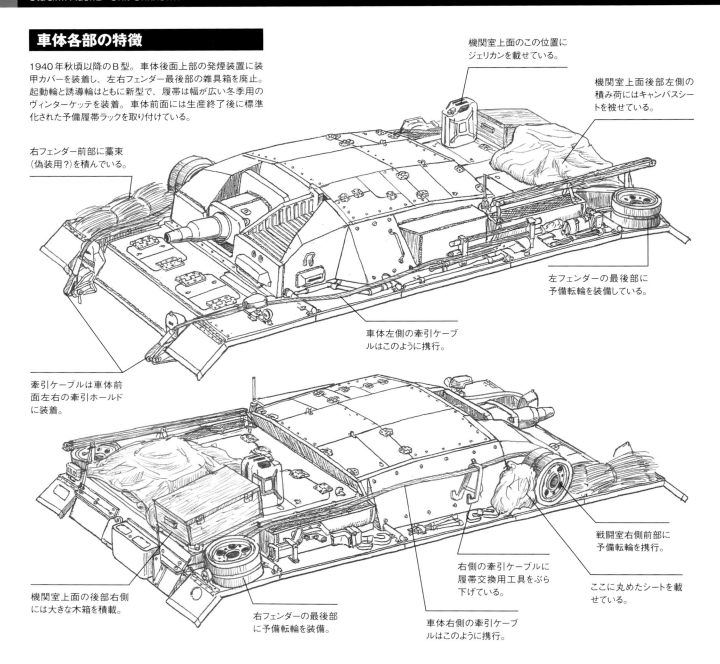

〔図24〕

Ⅲ号突撃砲B型　SS騎兵師団M号車

StuG.III Ausf.B　SS Kv.Div., No.M

車体各部の特徴

車体後面上部の発煙装置に装甲カバーを装着し、左右フェンダー最後部の雑具箱を廃止した1940年秋頃以降の標準的なB型。履帯は400mm幅の中期タイプで、起動輪と誘導輪はともに新型を装着。また、部隊配備後に車体前面に標準仕様の予備履帯ラックを取り付けている。車体にダメージの跡や装備の仕様変更、ラック類の増設、積み荷などは見られない。

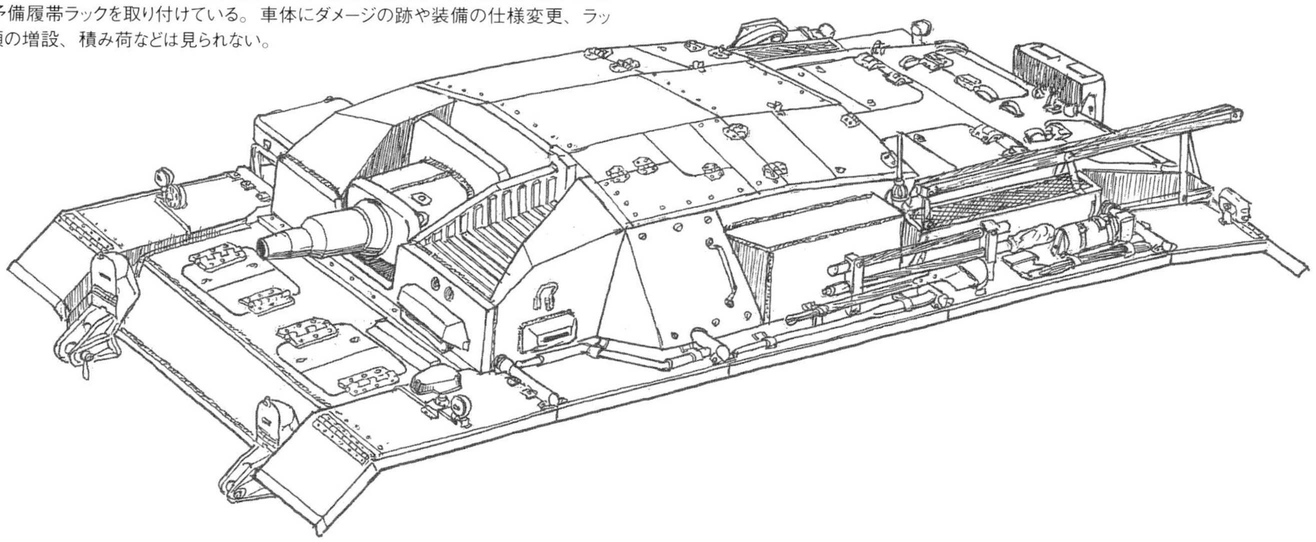

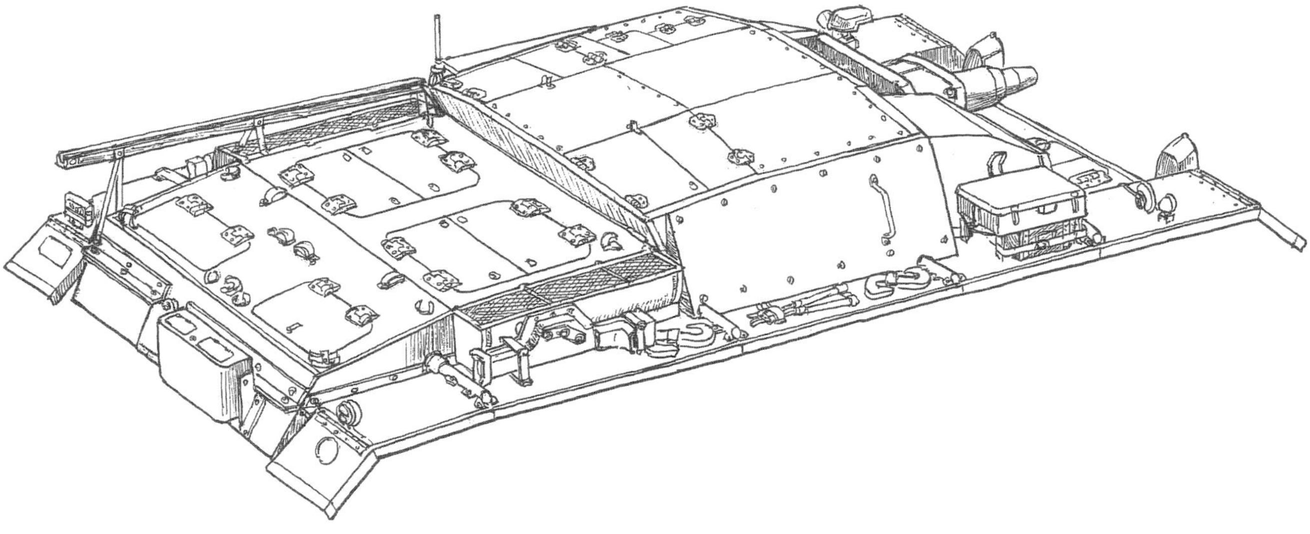

M号車の車体前部

車体前面には、E型から標準化された予備履帯ラックが取り付けられている。

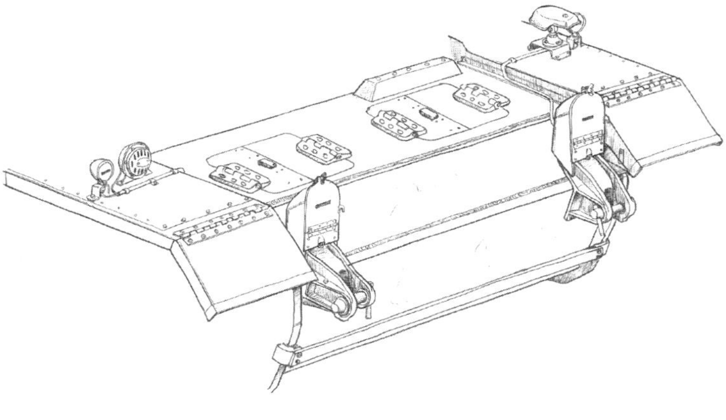

C型/D型の車体前部上面点検ハッチ

A型/B型の点検ハッチと同じ左右開き式だが、ロック機構が異なっている。

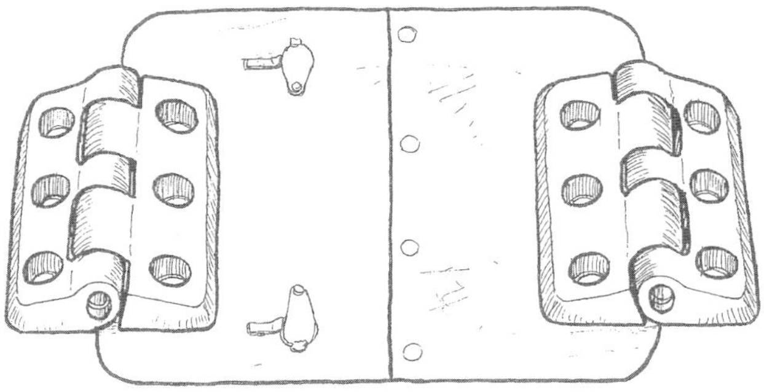

Sturmgeschütz III Ausf.C or D
SS Sturmgeschütz Kompanie 1, No.1
Summer of 1941 Eastern Front

〔図25〕

Ⅲ号突撃砲CまたはD型
第1SS突撃砲中隊1号車

1941 年夏　東部戦線

車体は、全面にわたって RAL7021 ドゥンケルグラウを塗布した大戦前期の標準塗装が施されている。国籍標識バルケンクロイツは白縁のみのタイプで、戦闘室側面と車体後面上部左側に記入。さらに車体後面上部の中央に白の砲番号“1”を、その右側に設置された発煙装置装甲カバーには白の師団マークが描かれている。

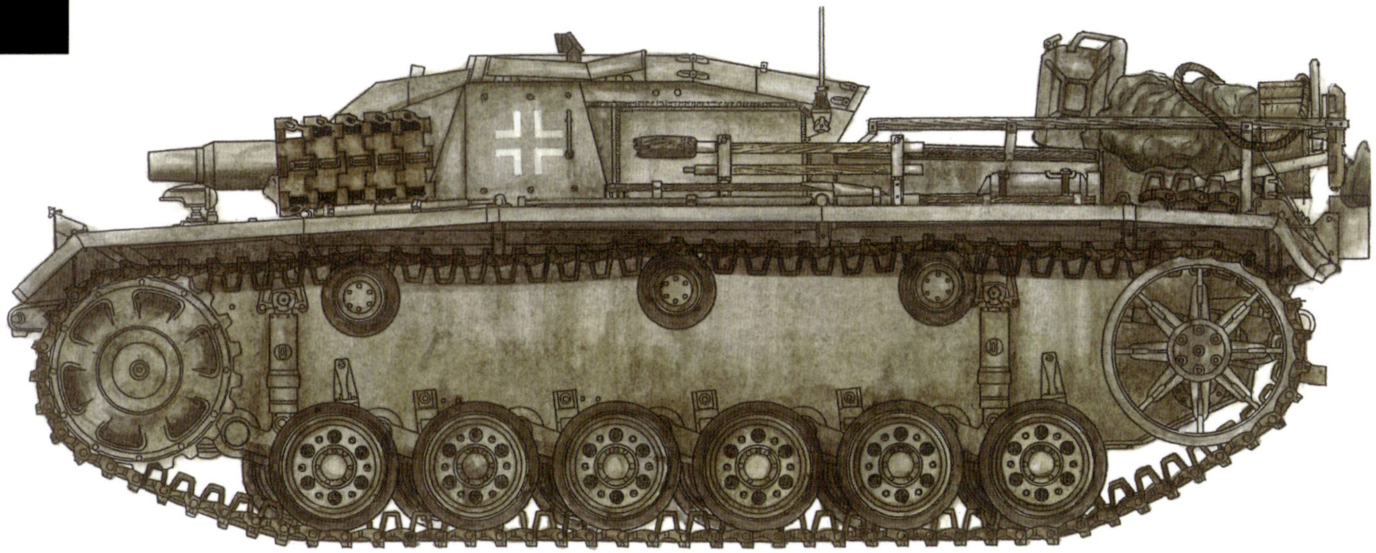

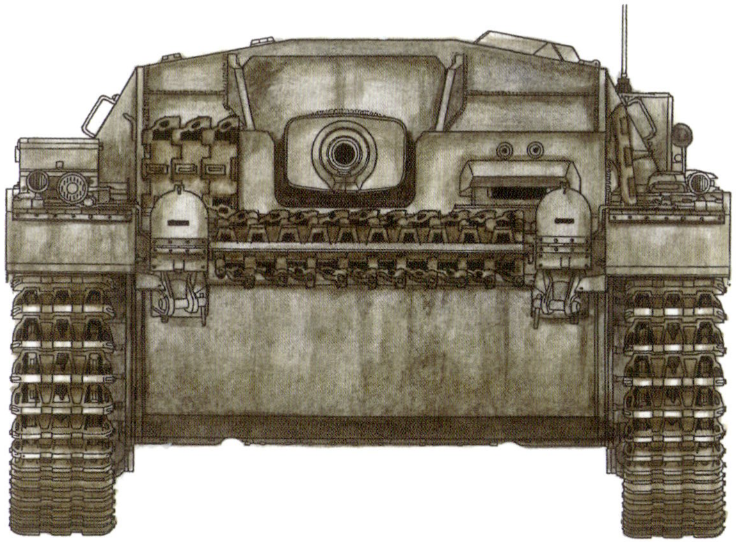

Sturmgeschütz III Ausf.C
Sturmgeschütz Abteilung 190
Summer of 1941 Eastern Front

〔図26〕

Ⅲ号突撃砲C型
第190突撃砲大隊所属車

1941年夏　東部戦線

車体には、基本色RAL7021ドゥンケルグラウの単色塗装が施されている。戦闘室側面に描かれた国籍標識のバルケンクロイツは白縁のみのタイプ。右フェンダー前部のフロントマッドガードに大隊マーク（白で縁取りされた赤い盾の中に白いライオンとその下に白い190の大隊番号を記入）、左フェンダー前部のフロントマッドガードには突撃砲部隊を示す赤い戦術マークが描かれている。

〔図25〕

Ⅲ号突撃砲CまたはD型　第1SS突撃砲中隊1号車

StuG.III Ausf.C or D　SS StuG.Kp.1, No.1

車体各部の特徴

標準的な仕様のCまたはD型。履帯は400mm幅の中期タイプで、起動輪と誘導輪ともに新型（B型の生産途中から導入）を装着している。

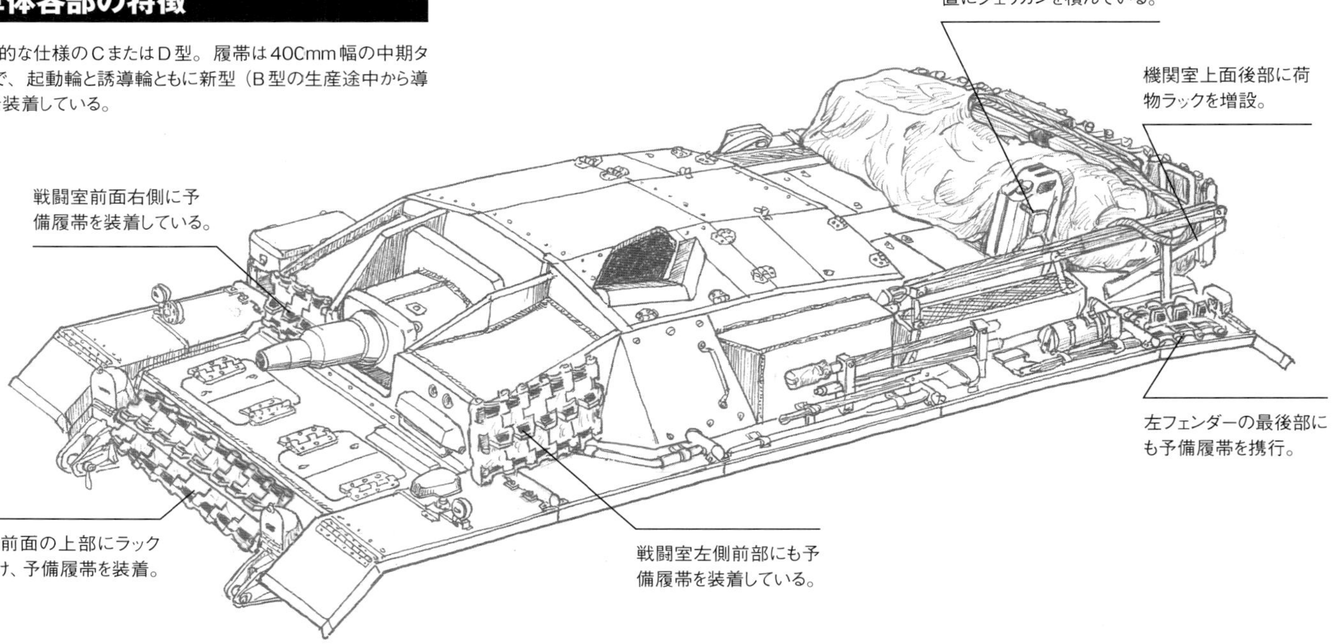
機関室上面左側のこの位置にジェリカンを積んでいる。
機関室上面後部に荷物ラックを増設。
戦闘室前面右側に予備履帯を装着している。
左フェンダーの最後部にも予備履帯を携行。
車体前面の上部にラックを設け、予備履帯を装着。
戦闘室左側前部にも予備履帯を装着している。

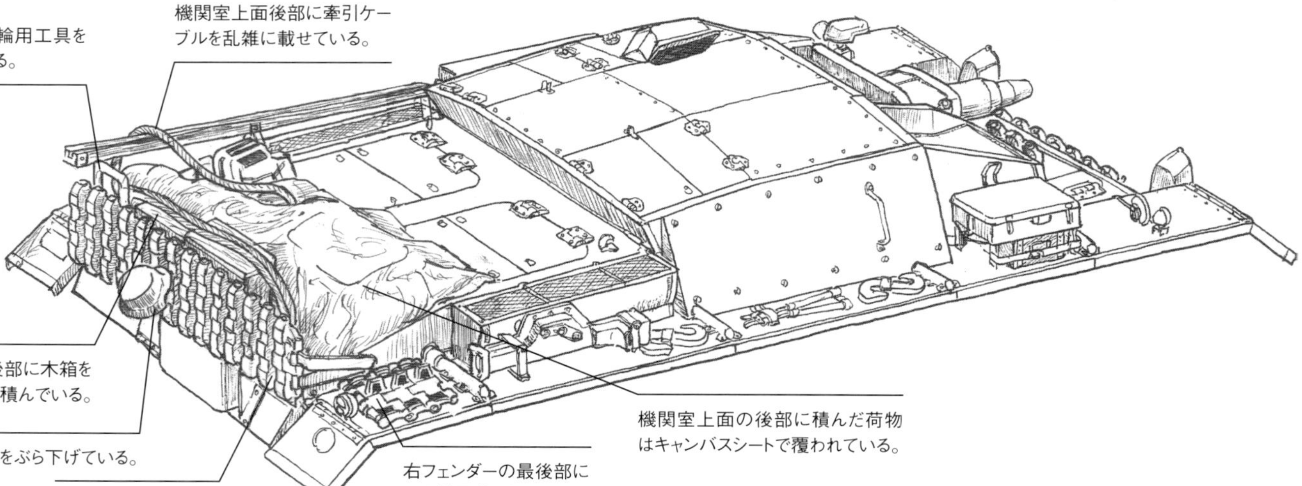
ここに転輪用工具を差している。
機関室上面後部に牽引ケーブルを乱雑に載せている。
最後部に木箱を2個積んでいる。
ヘルメットをぶら下げている。
機関室上面の後部に積んだ荷物はキャンバスシートで覆われている。
右フェンダーの最後部にも予備履帯を携行。
荷物ラックの後面に予備履帯を装着。

1号車の機関室上面

機関室上面の後部に板金を加工したこのような作りの荷物ラックを増設している。後部に溶接留めされた縦の板に履帯のセンターガイドの孔を入れて予備履帯を固定する。

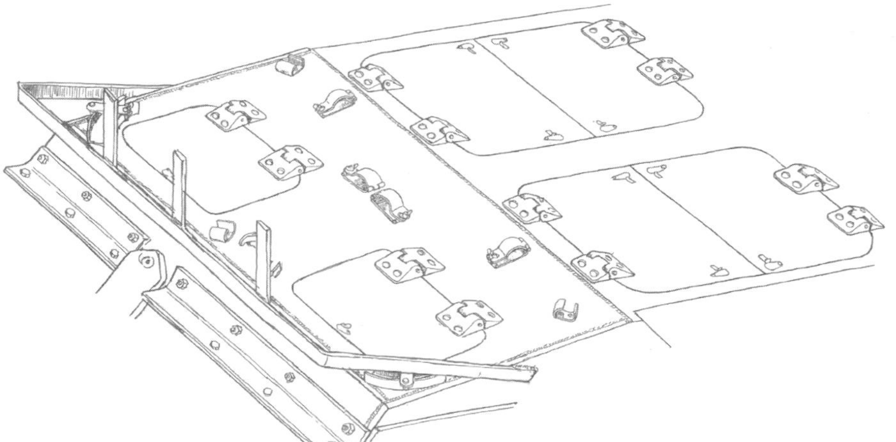

新型の誘導輪

B型の生産途中から導入された新型の誘導輪。以降、この誘導輪がIII号突撃砲の標準となる。

〔図26〕

Ⅲ号突撃砲C型　第190突撃砲大隊所属車

StuG.III Ausf.C　StuG.Apt.190

車体各部の特徴

標準的な仕様のC型。履帯は400mm幅の中期タイプで、起動輪と誘導輪ともに新型（B型の生産途中から導入）を装着している。

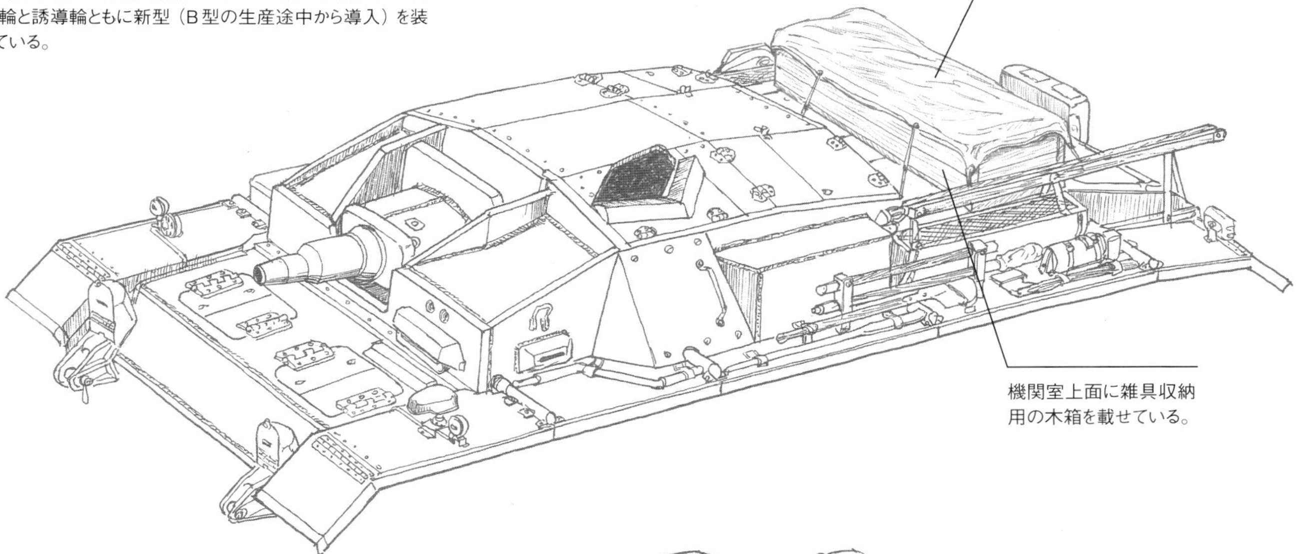

木箱の上をキャンバスシートでカバーしている。
機関室上面に雑具収納用の木箱を載せている。

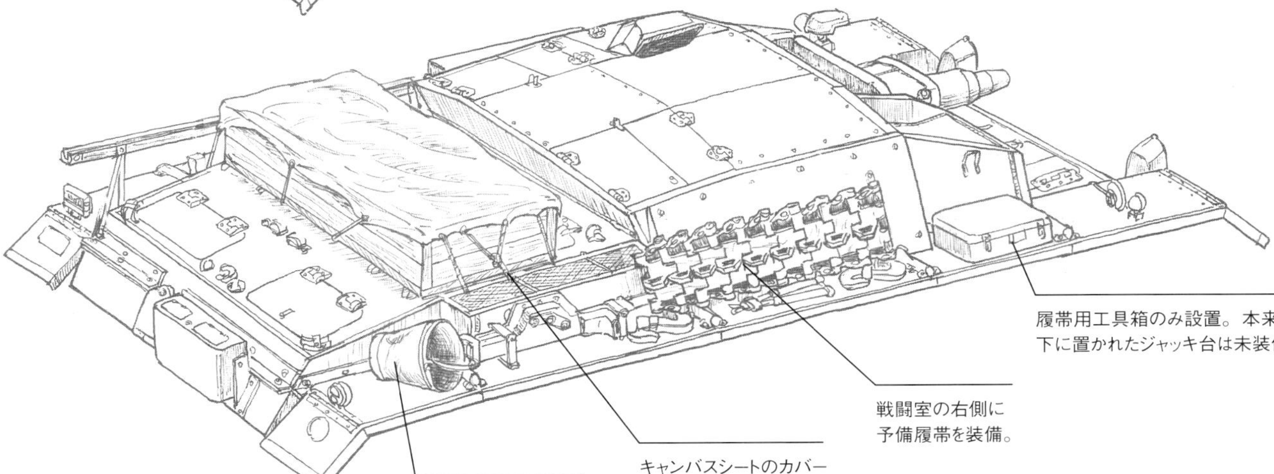

履帯用工具箱のみ設置。本来その下に置かれたジャッキ台は未装備。
戦闘室の右側に予備履帯を装備。
キャンバスシートのカバーは、このように紐で固定。
右フェンダーの後部にバケツを載せている。

StuK.37の徹甲弾

図は、風帽付き被帽徹甲弾で、全長523mm、薬莢部分の長さは243mmだった。

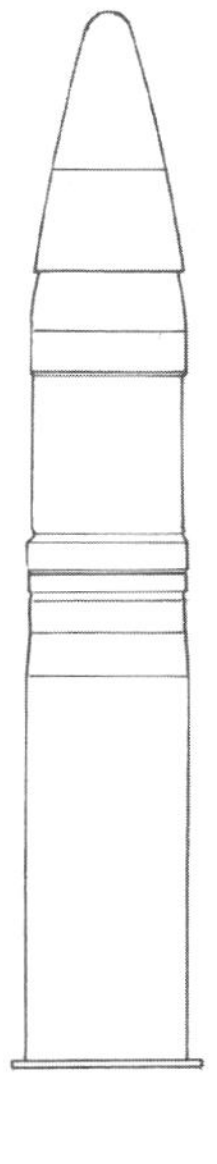

24口径7.5cm StuK.37

StuK.37の砲身断面図と砲尾ブロック。Ⅳ号戦車の24口径7.5cm戦車砲をベースとして開発された。

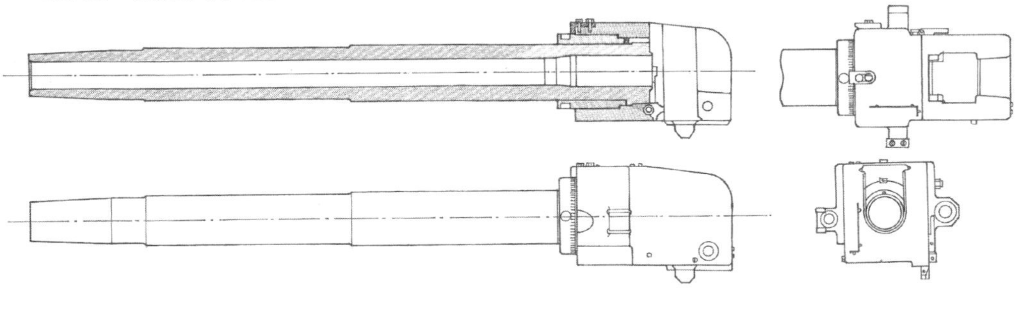

Sturmgeschütz III Ausf.C or D
Unit Unknown
October 1941 Eastern Front/Minsk

〔図27〕

Ⅲ号突撃砲CまたはD型
所属部隊不明

1941年10月　東部戦線／ミンスク

車体には、基本色RAL7021ドゥンケルグラウを全面に塗布した大戦前期の標準的な単色塗装が施されている。マーキングは、戦闘室側面に描かれた白縁のみの国籍標識バルケンクロイツだけで、その他の砲番号や部隊マーク類は見当たらない。

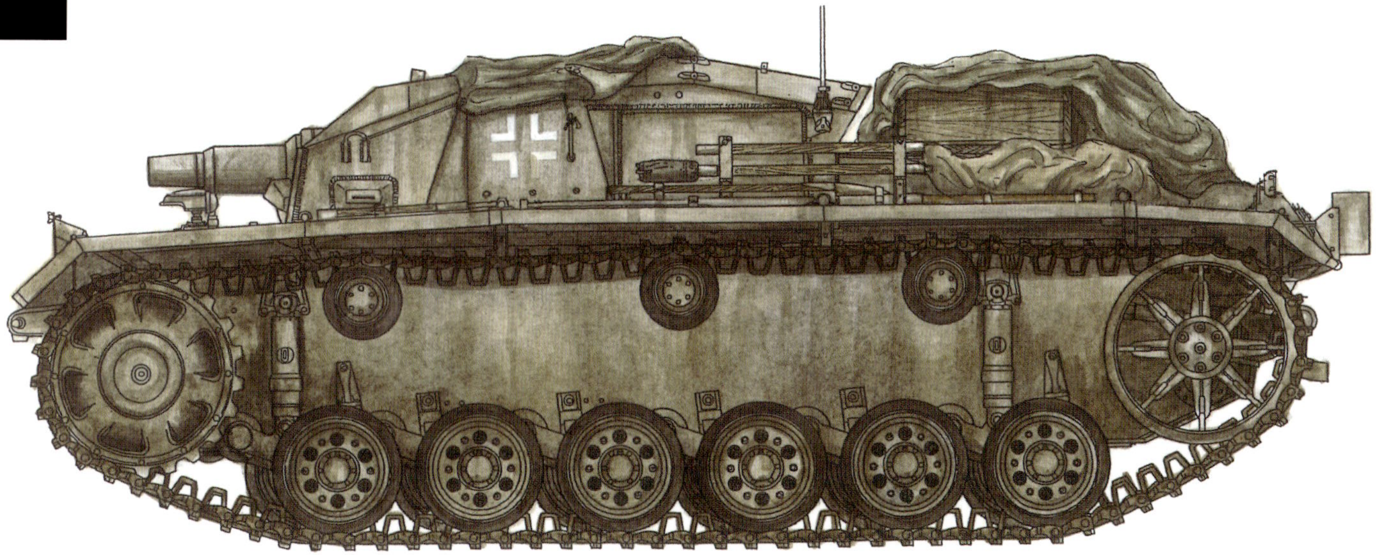

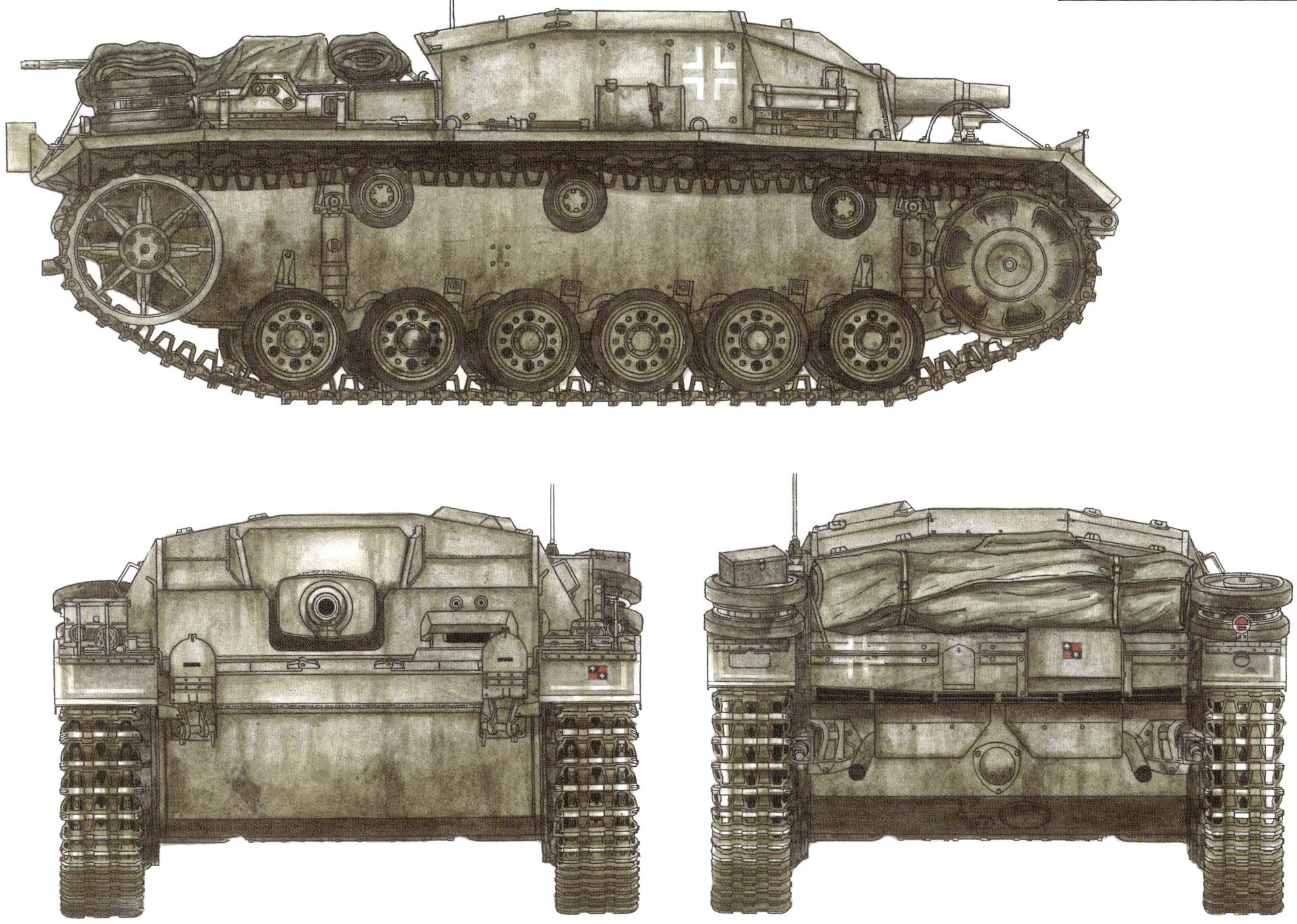

Sturmgeschütz III Ausf.C or D
Unit Unknown
Summer of 1941 Eastern Front

〔図28〕

Ⅲ号突撃砲CまたはD型 所属部隊不明

1941 年夏　東部戦線

車体は、基本色 RAL7021 ドゥンケルグラウの単色塗装が施されている。戦闘室側面と車体後面上部左側に描かれた国籍標識バルケンクロイツは白縁のみのタイプ。左フェンダー前部のフロントマッドガードと車体後面上部の発煙装置装甲カバーに大隊マーク（黒/赤の塗り分けで、黒の中に白十字が描かれている）を記入。さらに左右フェンダーのフロント/リアマッドガードには白い二重線の車幅表示も描かれている。

〔図27〕

Ⅲ号突撃砲CまたはD型　所属部隊不明

StuG.III Ausf.C or D　Unit Unknown

車体各部の特徴

左フェンダー前部にハンマーが追加装備されたC型後期生産車あるいはD型初期生産車。履帯は400mm幅の中期タイプで、起動輪と誘導輪はともに新型を装着している。

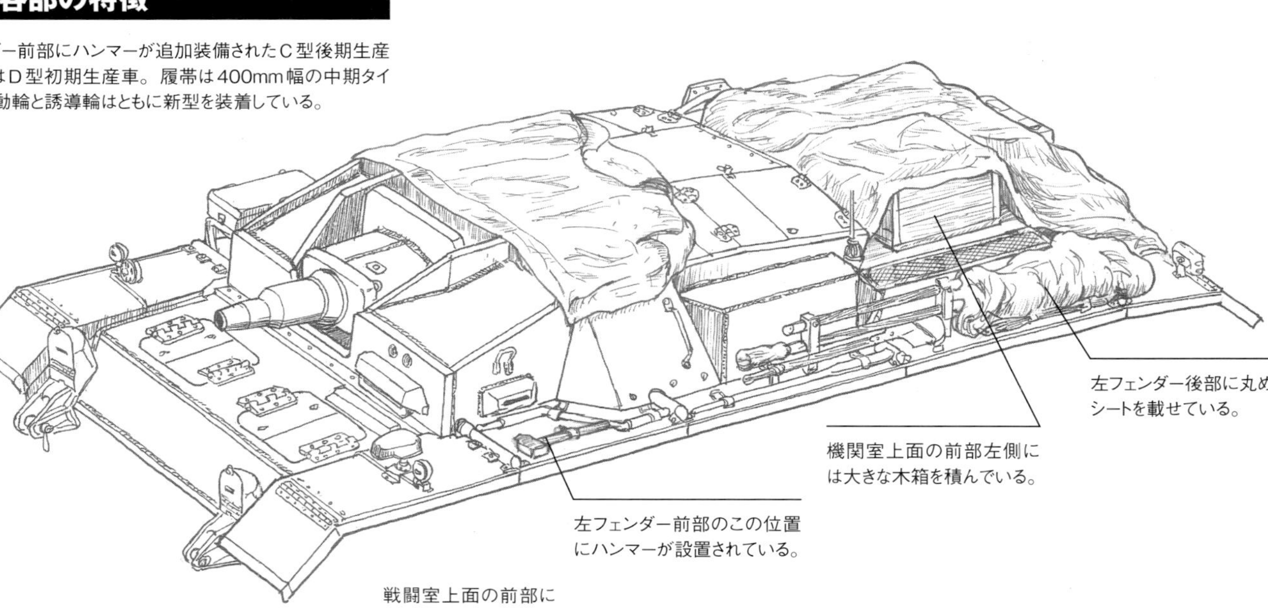
左フェンダー後部に丸めたシートを載せている。
機関室上面の前部左側には大きな木箱を積んでいる。
左フェンダー前部のこの位置にハンマーが設置されている。

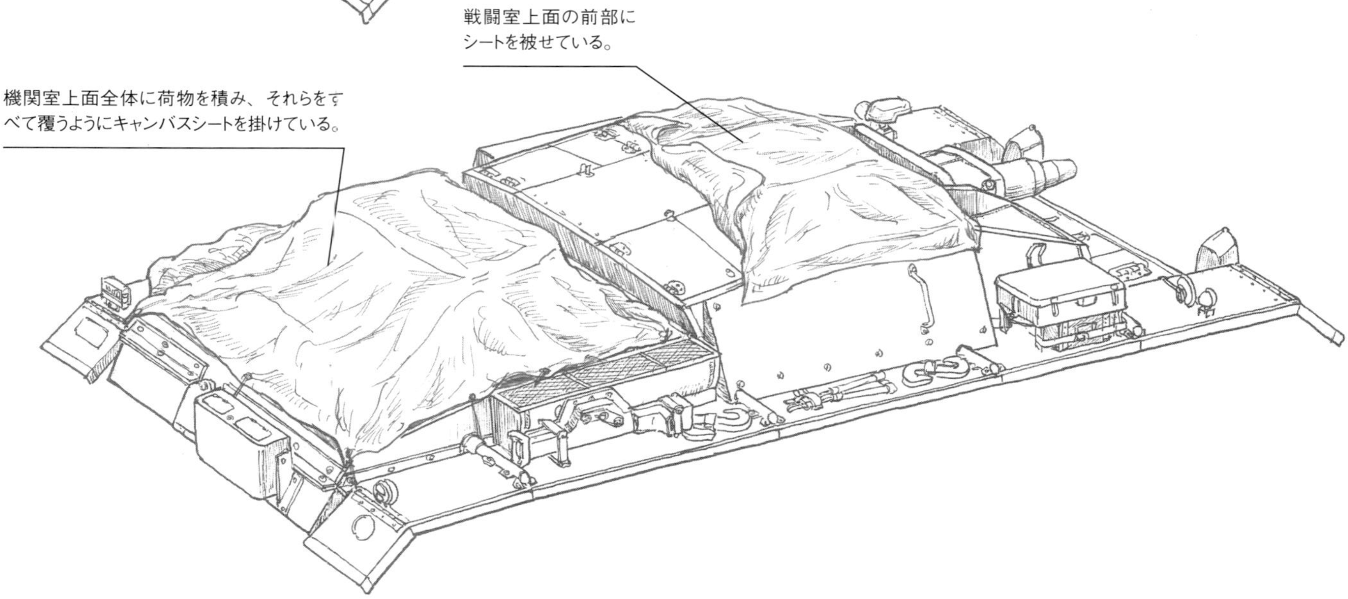
戦闘室上面の前部にシートを被せている。
機関室上面全体に荷物を積み、それらをすべて覆うようにキャンバスシートを掛けている。

C型/D型の戦闘室

C型では、新型のSfl.ZF.1照準器の採用に伴い、戦闘室前部の形状が変更された。上面左前部にあった砲隊鏡用/砲手用ハッチは、C型では照準器用開口部と跳弾ブロック付きの1枚開き式砲手用ハッチに改められた。D型も同じ形状である。

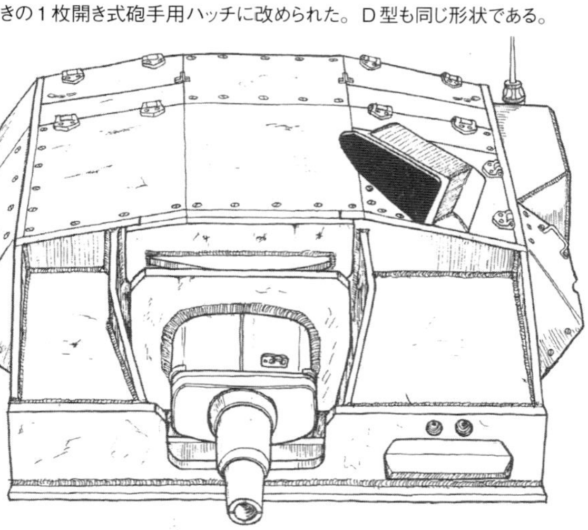

C型/D型の戦闘室内の砲手周り

Sfl. ZF.1照準器を覗く砲手。その後方には、折り畳み式の支持架に取り付けられた車長用の砲隊鏡がある。

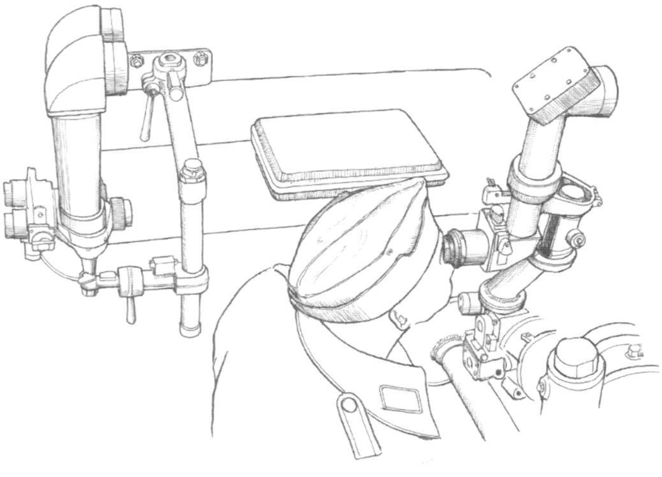

〔図28〕

Ⅲ号突撃砲CまたはD型　所属部隊不明

StuG.III Ausf.C or D Unit Unknown

車体各部の特徴

標準的な仕様のＣまたはＤ型。履帯は400mm幅の中期タイプで、起動輪と誘導輪ともに新型を装着している。

右フェンダー前部の車幅表示ライトとホーンにガードを追加している。

予備転輪の上に木箱を載せている。

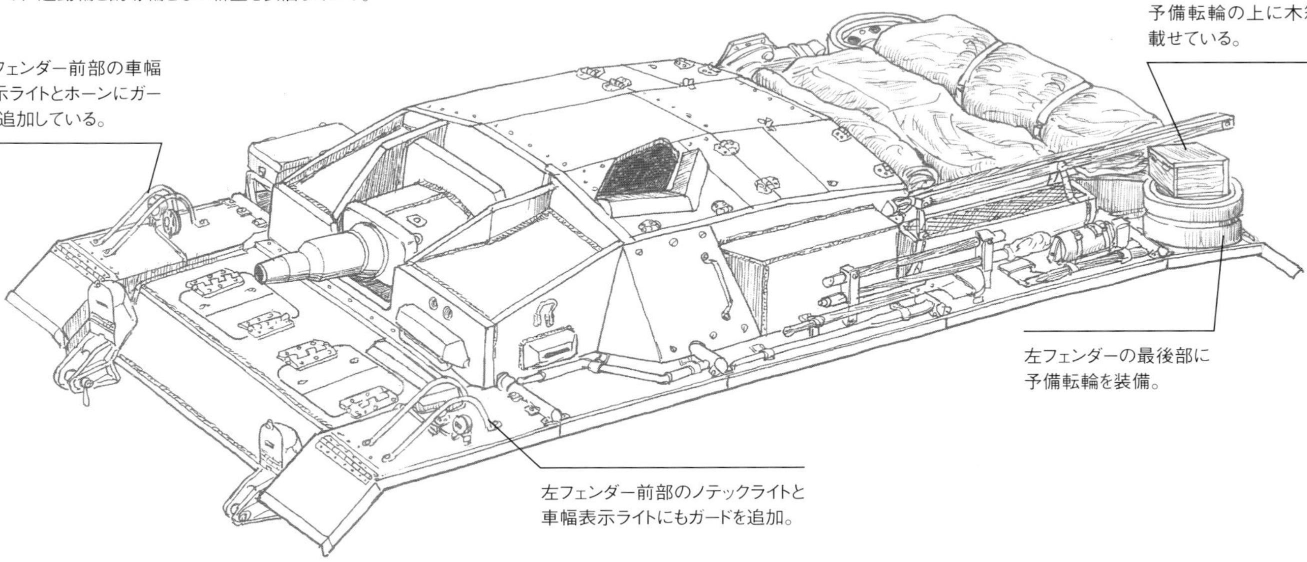

左フェンダーの最後部に予備転輪を装備。

左フェンダー前部のノテックライトと車幅表示ライトにもガードを追加。

積み荷の上にキャンバスシートを被せている。

戦闘室後方の機関室上面にシートを丸めて携行。

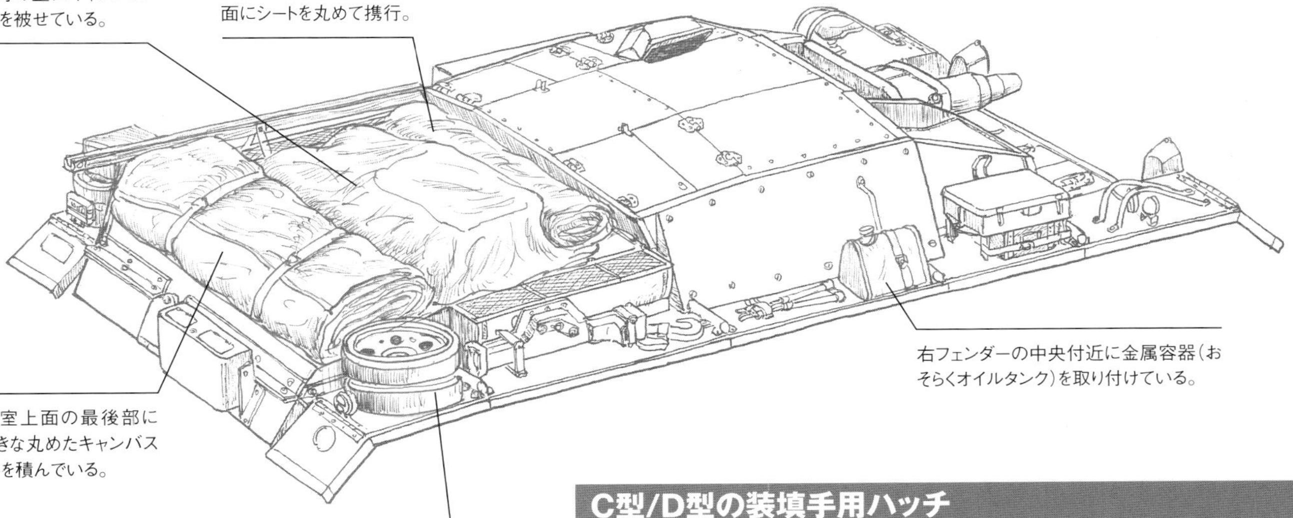

右フェンダーの中央付近に金属容器（おそらくオイルタンク）を取り付けている。

機関室上面の最後部には大きな丸めたキャンバスシートを積んでいる。

右フェンダーの最後部に予備転輪を装備。

C型/D型の装填手用ハッチ

ロック機構（後部ハッチに設置）を除いて、Ａ型/Ｂ型と基本的に同じ作り。

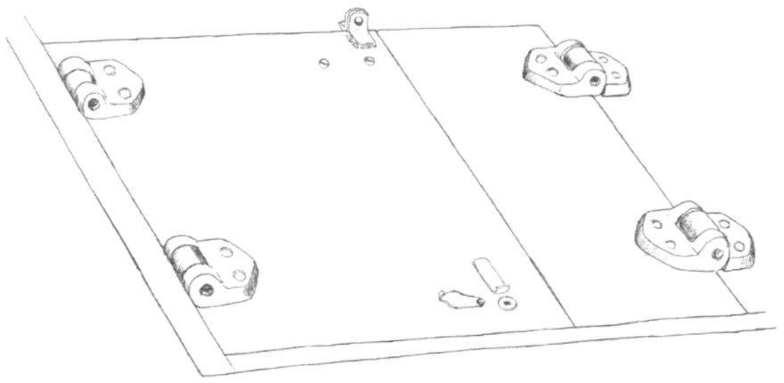

ハッチを開けた状態。ロック機構がＡ型/Ｂ型とは異なっている。

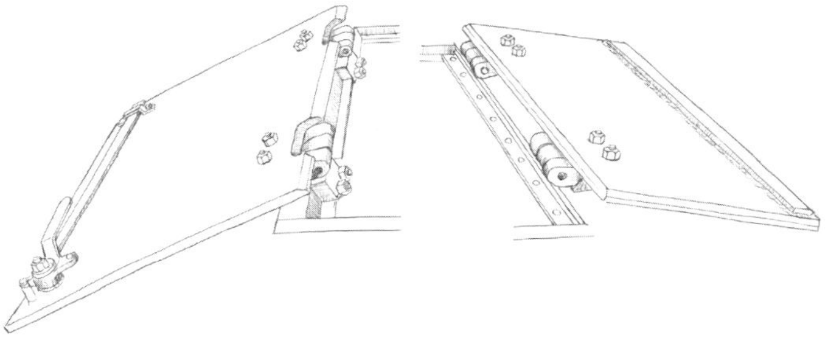

左右のフェンダー前部

上図の車両の左右フェンダー。車幅表示ライト、ノテックライト、ホーンのそれぞれに金属棒を加工・ボルト留めしたガードを追加。

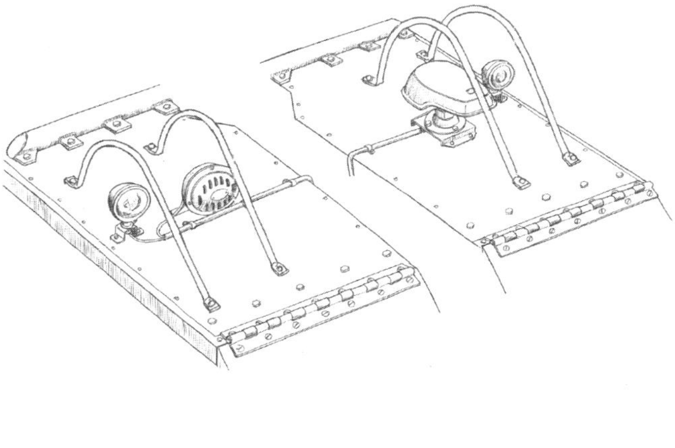

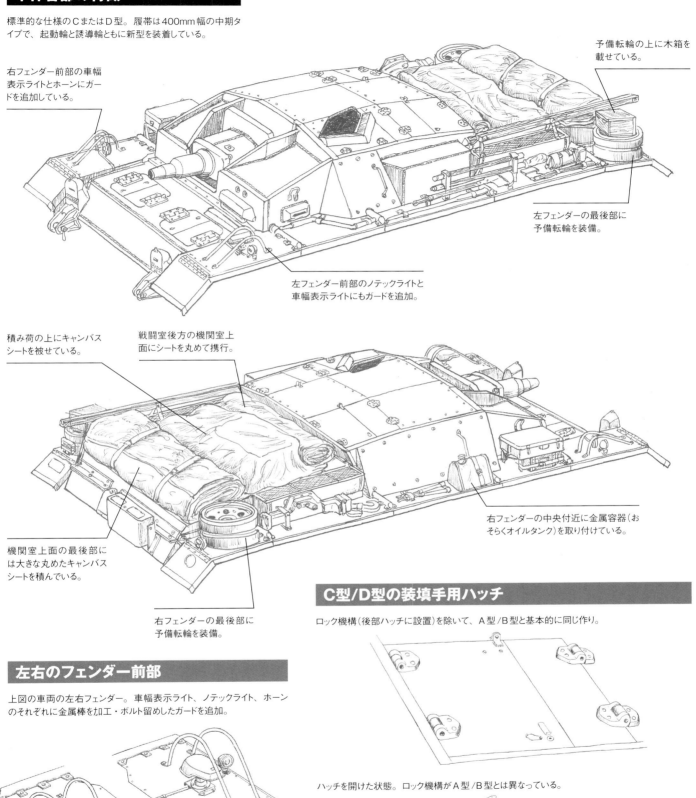

Sturmgeschütz III Ausf.C or D
Sturmgeschütz Abteilung 244
Summer of 1941 Eastern Front

〔図29〕

Ⅲ号突撃砲CまたはD型
第244突撃砲大隊所属車

1941 年夏　東部戦線

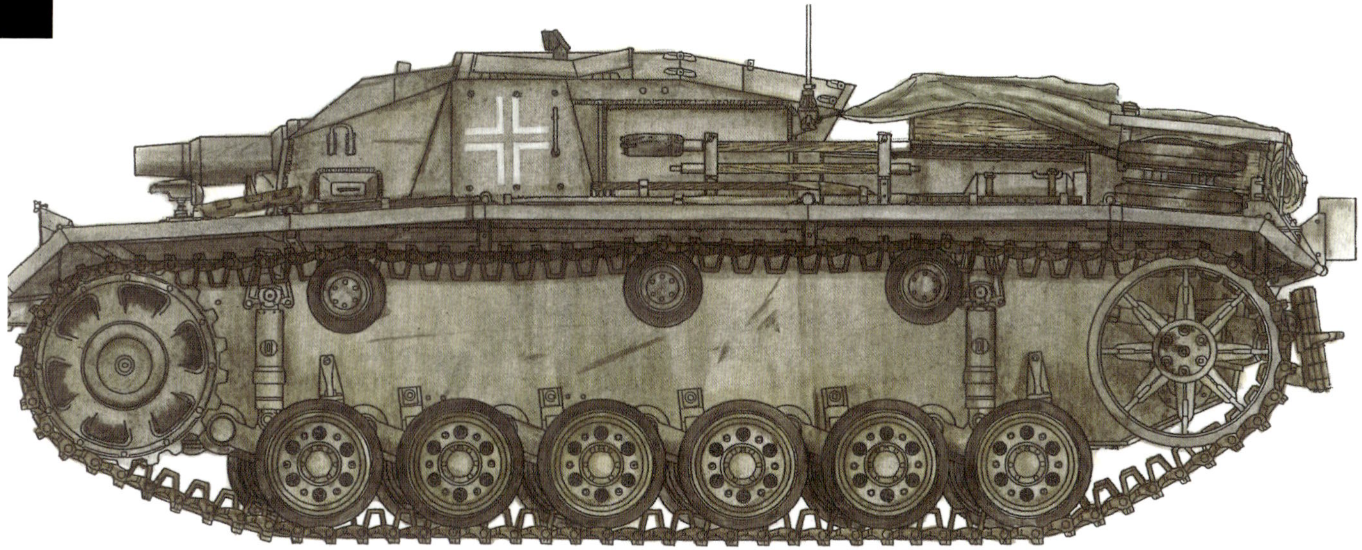

塗装は、基本色 RAL7021 ドゥンケルグラウの単色塗装で、戦闘室側面に大きく描かれた国籍標識バルケンクロイツは白縁のみのタイプ。車体前面上部の左側と車体後面上部左側に突撃砲部隊を示す白い戦術マーク、車体後面のエンジン始動クランク差し込み口カバーには砲番号の白い“A”を記入。さらに左右フェンダーのフロント / リアマッドガードには車幅表示の白い帯が塗装されている。

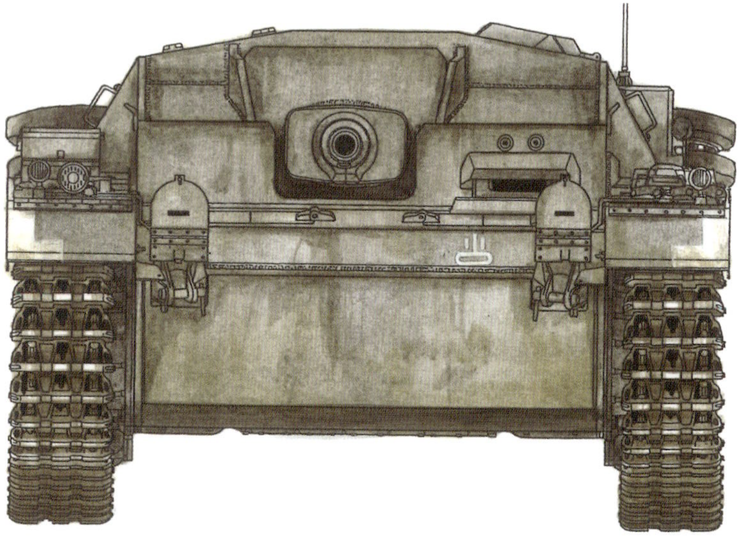

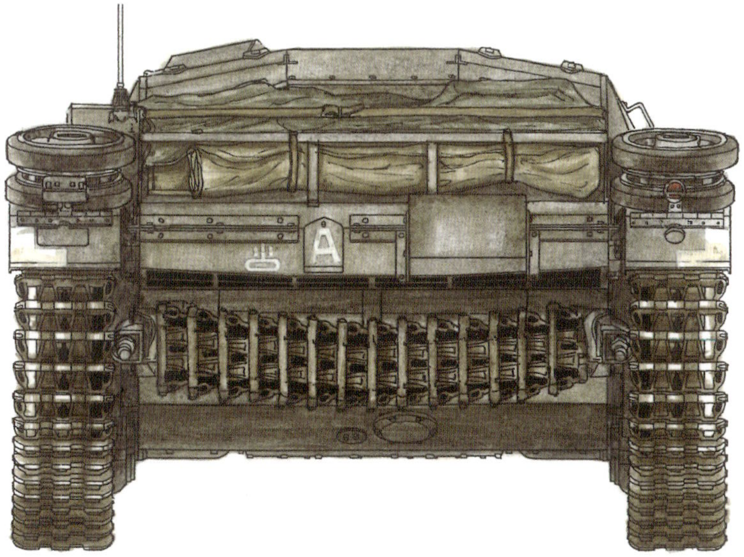

Sturmgeschütz III Ausf.C
Sturmgeschütz Abteilung 177
End of 1941 Eastern Front

〔図30〕

Ⅲ号突撃砲C型
第177突撃砲大隊所属車

1941年末　東部戦線

車体には、基本色RAL7021ドゥンケルグラウの単色塗装が施されている。戦闘室側面と車体後面上部の発煙装置装甲カバーに白縁のみの国籍標識バルケンクロイツを記入。さらに戦闘室側面には大隊マークの“グライフ”（白で縁取りされた黄色の盾の中に赤いグライフ＝英語名グリフォンを描いている）、その上に白のニックネーム（判読不可）が描かれている。また、車体前面上部にはシャシー番号を白で記入している。

〔図29〕

Ⅲ号突撃砲CまたはD型　第244突撃砲大隊所属車

StuG.III Ausf.C or D　StuG.Apt.244

車体各部の特徴

左フェンダーの前部にハンマーを追加装備したＣ型後期生産車あるいはＤ型初期生産車。履帯は400mm幅の中期タイプで、起動輪と誘導輪ともに新型を装着。また、車体後面下部の牽引ホールドに予備履帯を取り付けている。

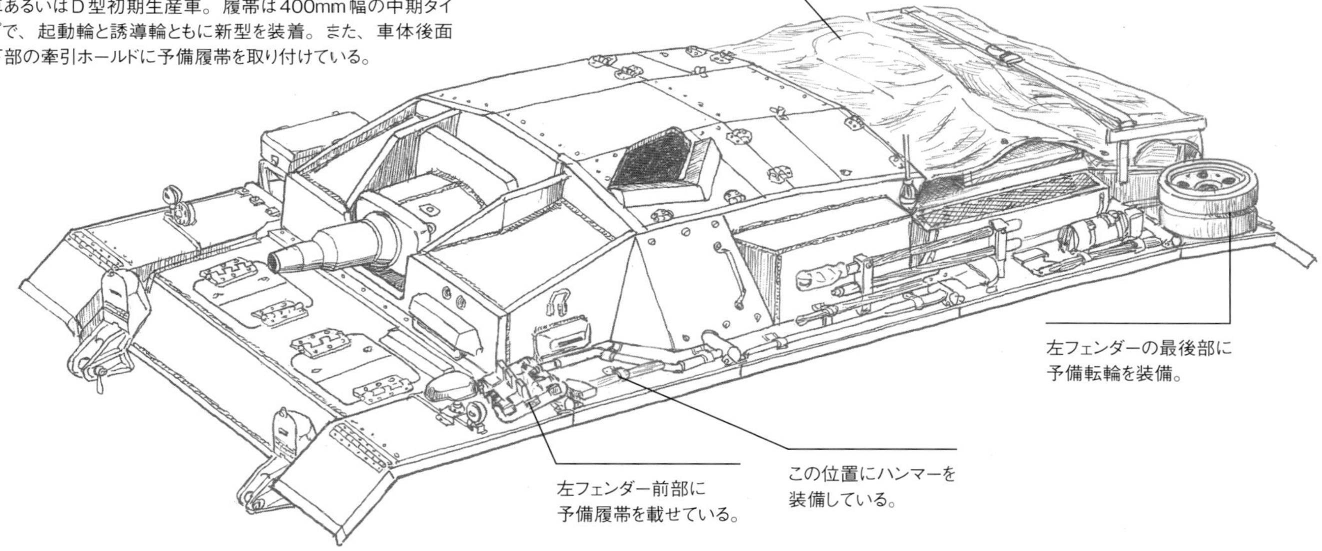
機関室上面の積み荷の上をキャンバスシートで覆っている。
左フェンダーの最後部に予備転輪を装備。
左フェンダー前部に予備履帯を載せている。
この位置にハンマーを装備している。

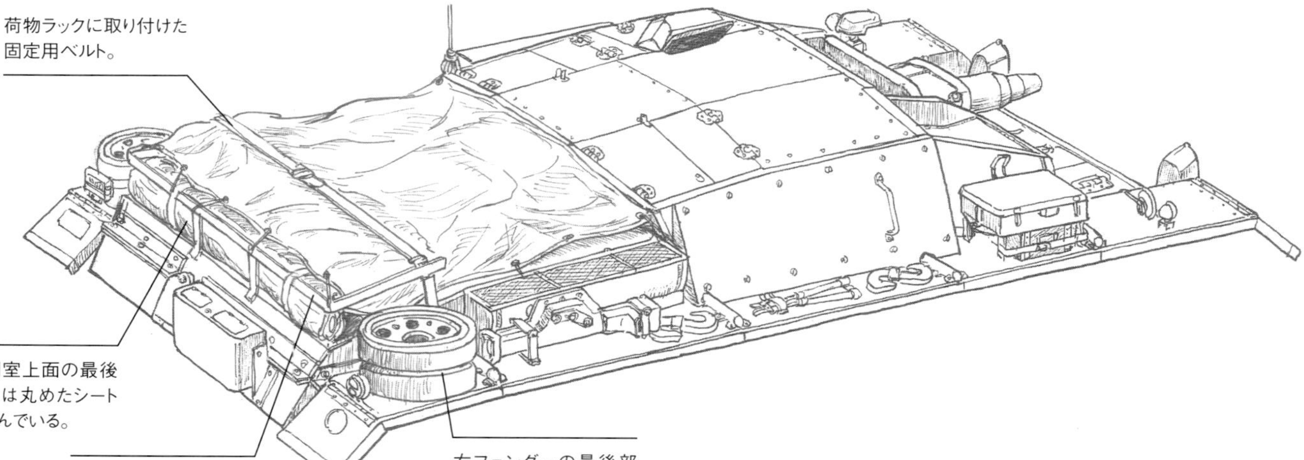
荷物ラックに取り付けた固定用ベルト。
機関室上面の最後部には丸めたシートを積んでいる。
機関室後部に増設された荷物ラック。
右フェンダーの最後部に予備転輪を装備。

機関室上面

上図の車両の機関室上面。後部に板金を加工・溶接した荷物ラックを増設している。上部フレームには荷物を固定するためのベルトを取り付けているのが珍しい。

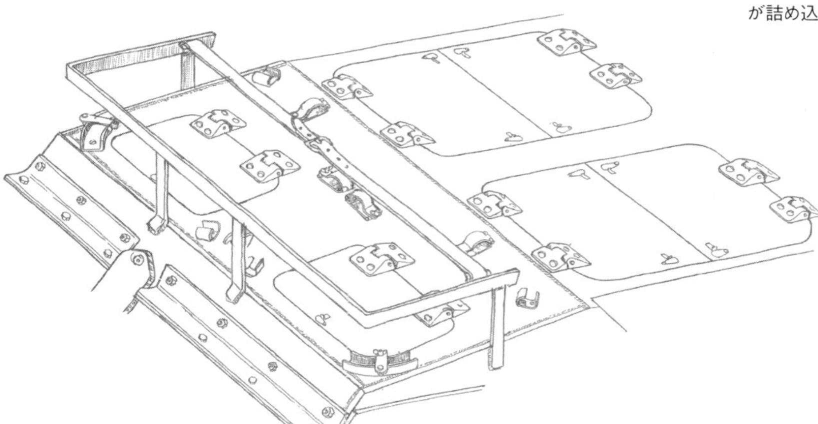

Ⅲ号突撃砲短砲身型の戦闘室内部

左側前部に操縦手、その後ろに砲手、車長が縦に並び、右側には装填手が位置する。装填手の前には弾薬収納箱が詰め込まれている。

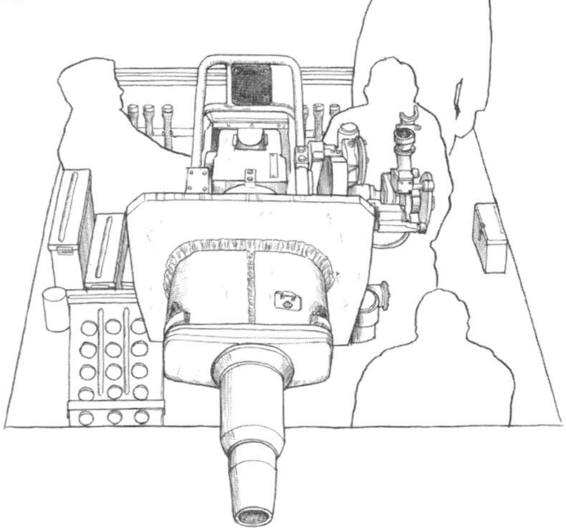

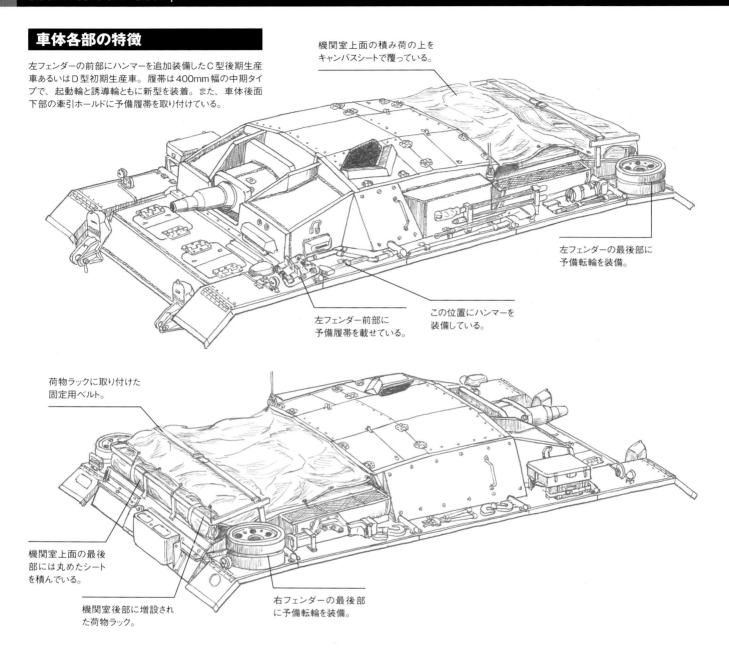

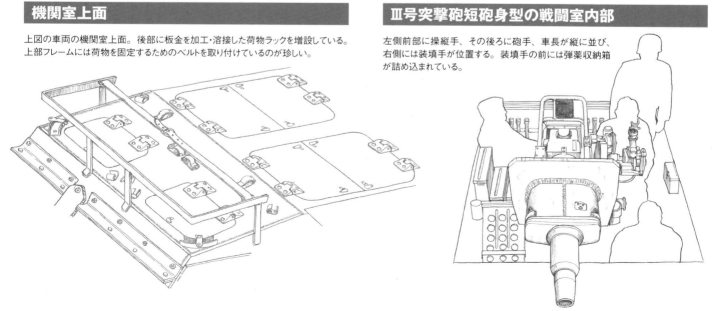

〔図30〕

Ⅲ号突撃砲C型　第177突撃砲大隊所属車

StuG.III Ausf.C　StuG.Apt.177

車体各部の特徴

C型後期生産車。左フェンダー前部にハンマーを装備し、機関室左側の吸気口上にはアンテナ収納ケースを設置。履帯は400mm幅の中期タイプ、起動輪と誘導輪ともに新型を装着。車体後面下部には生産後（E型量産中）に導入された排気整流板を取り付けている。

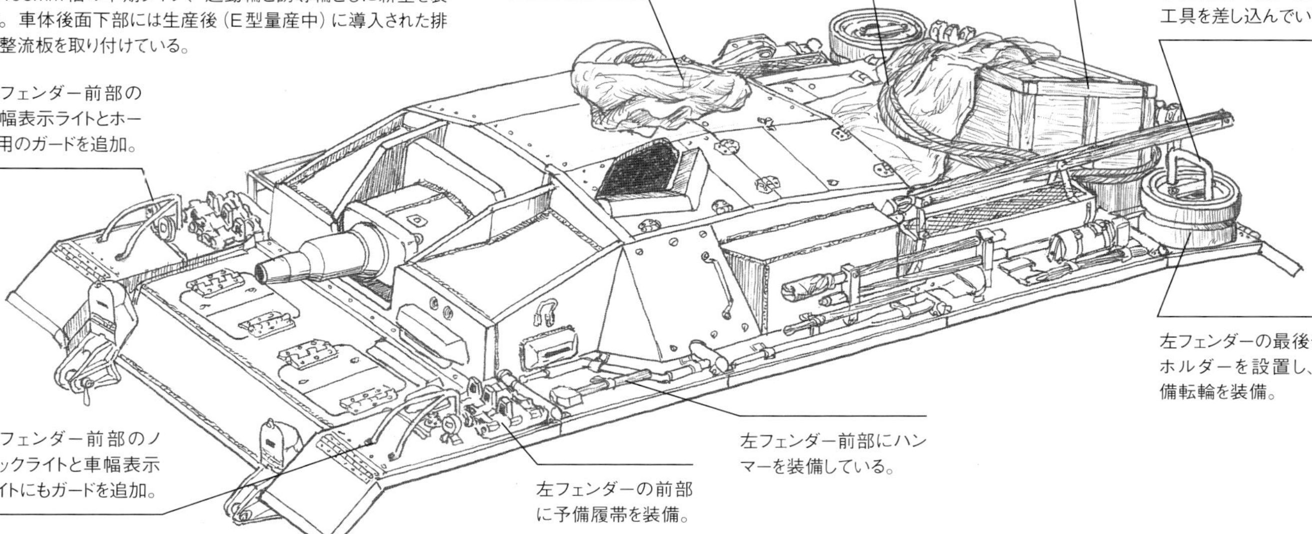

右フェンダー前部の車幅表示ライトとホーン用のガードを追加。
キャンバスシートで覆った機関銃。
牽引ケーブルをこのように携行。
機関室上面の後部左側に大きな木箱を積んでいる。
予備転輪の孔に転輪用工具を差し込んでいる。
左フェンダーの最後部にホルダーを設置し、予備転輪を装備。
左フェンダー前部のノテックライトと車幅表示ライトにもガードを追加。
左フェンダー前部にハンマーを装備している。
左フェンダーの前部に予備履帯を装備。

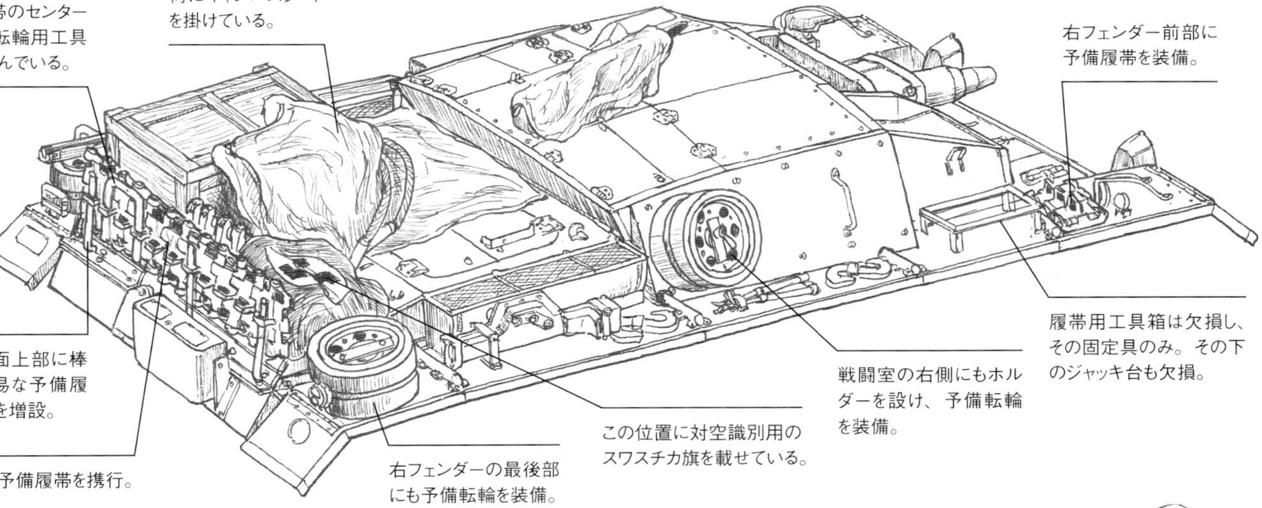

予備履帯のセンターガイドに転輪用工具を差し込んでいる。
機関室上面の積み荷にキャンバスシートを掛けている。
右フェンダー前部に予備履帯を装備。
車体後面上部に棒状の簡易な予備履帯ラックを増設。
予備履帯を携行。
右フェンダーの最後部にも予備転輪を装備。
この位置に対空識別用のスワスチカ旗を載せている。
戦闘室の右側にもホルダーを設け、予備転輪を装備。
履帯用工具箱は欠損し、その固定具のみ。その下のジャッキ台も欠損。

左右のフェンダー前部

上図の車両のフェンダー前部。金属棒を加工・溶接した二股形状のガードを追加。

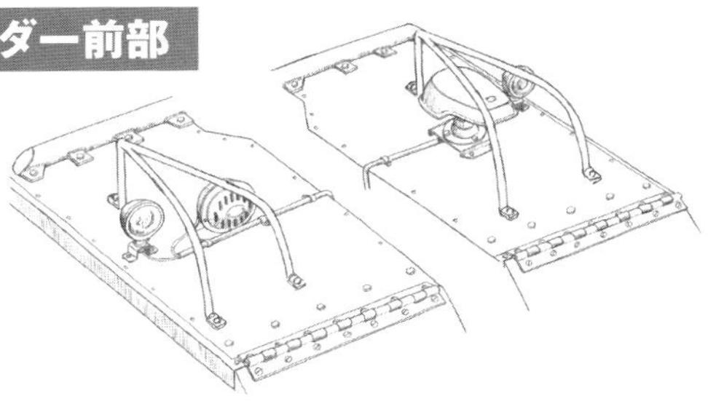

フェンダー後部の予備転輪

上図の車両は、左右フェンダー最後部にホルダーを設置し、予備転輪を携行。左フェンダー最後部の予備転輪には、このように転輪用工具を差し込んでいる。

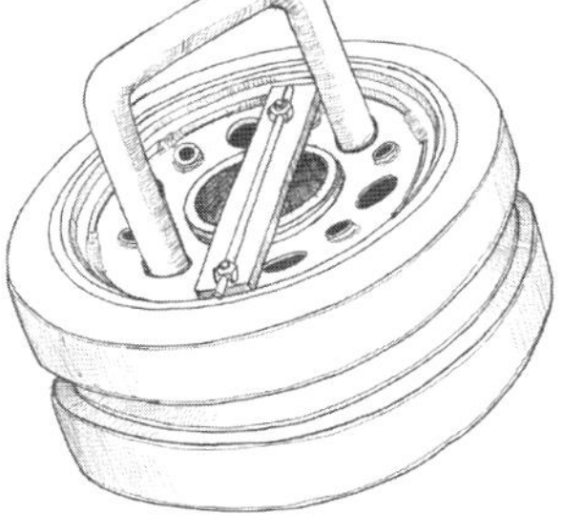

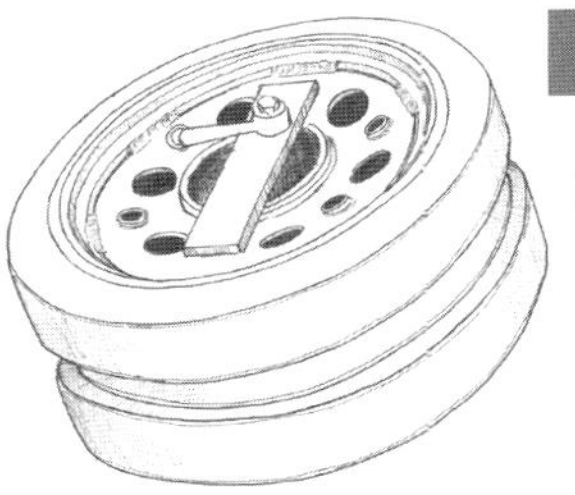

戦闘室右側の予備転輪

上図の車両の戦闘室右側に設置された予備転輪とホルダー。

機関室上面

上図の車両は、車体後面上部に金属棒で作製した予備履帯ラックを増設。履帯のセンターガイドの孔に通すだけの簡単な仕組み。

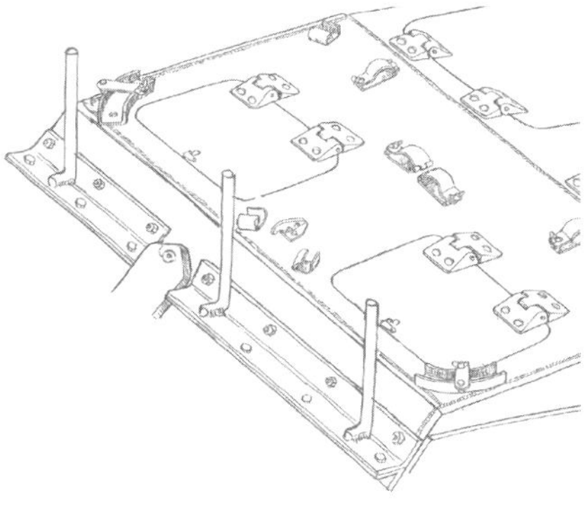

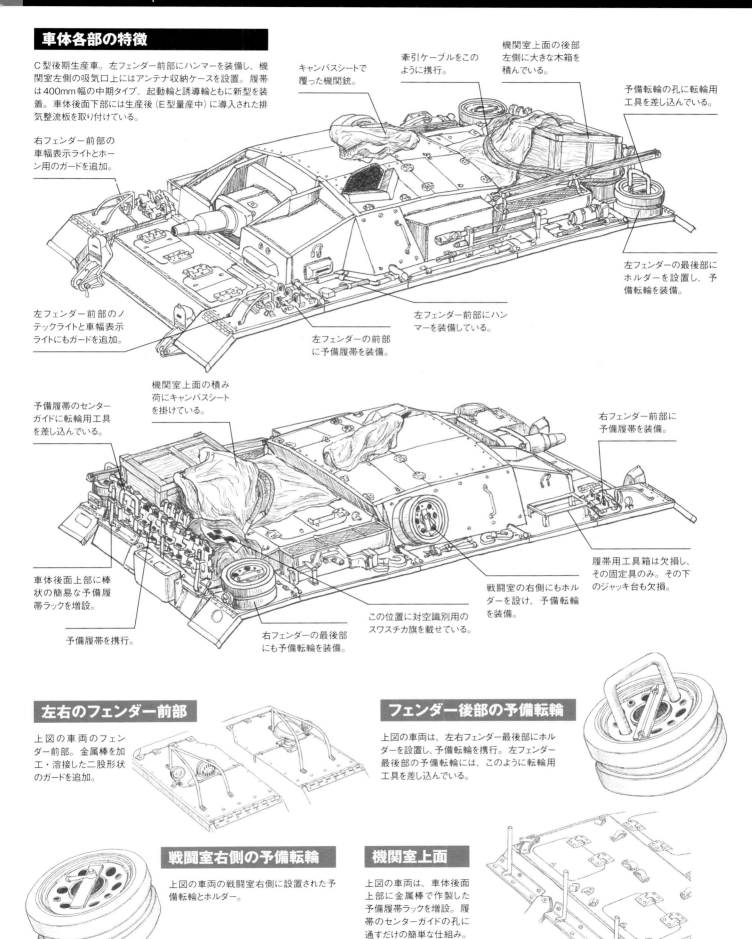

Sturmgeschütz III Ausf.D Trop version
Sonderverband 288
1942 North African Front

〔図31〕

Ⅲ号突撃砲D型 熱帯地仕様 第288特別部隊所属車

1942年　北アフリカ戦線

車体には、北アフリカ戦線向けの基本色RAL8000ゲルプブラウンの単色塗装、あるいは同色と迷彩色RAL7008グラウグリュンの２色迷彩が施されている。国籍標識のバルケンクロイツは、戦闘室側面と車体後面上部の発煙装置装甲カバーに描かれているが、白／黒２重縁のタイプ（中央の十字は車体色のまま）となっている。

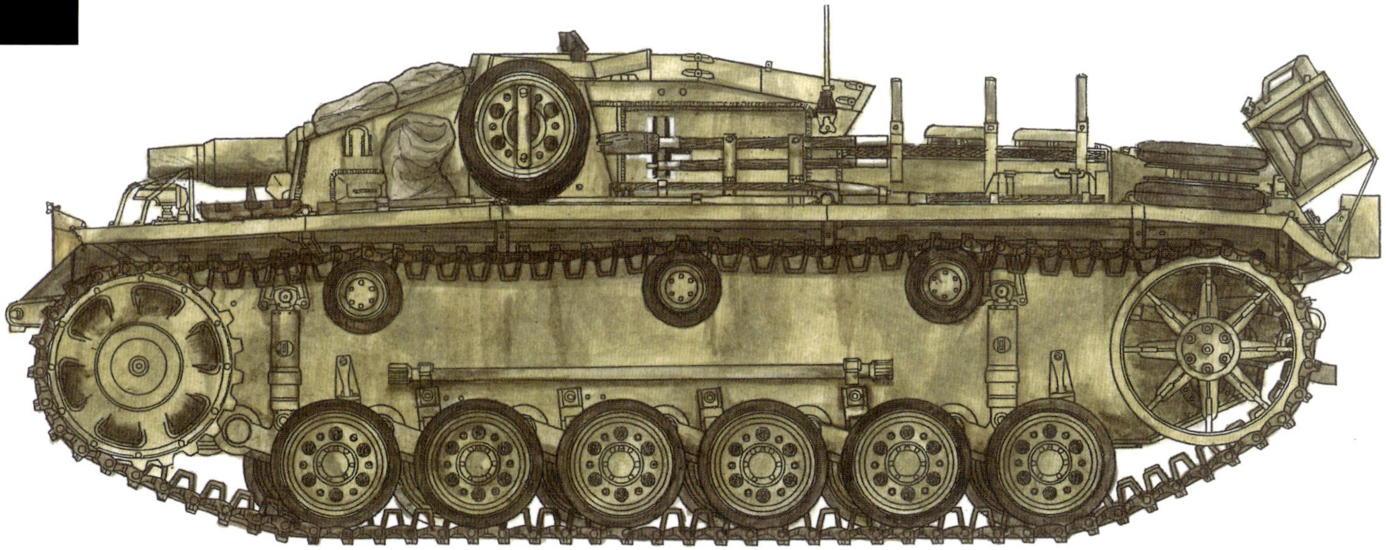

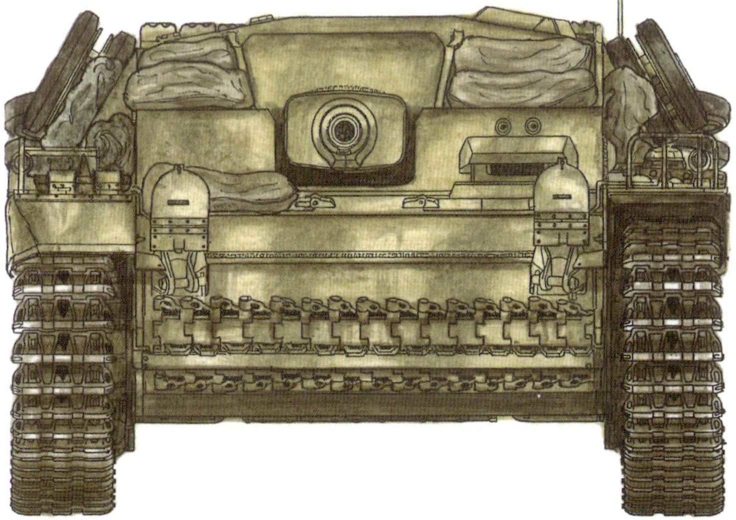

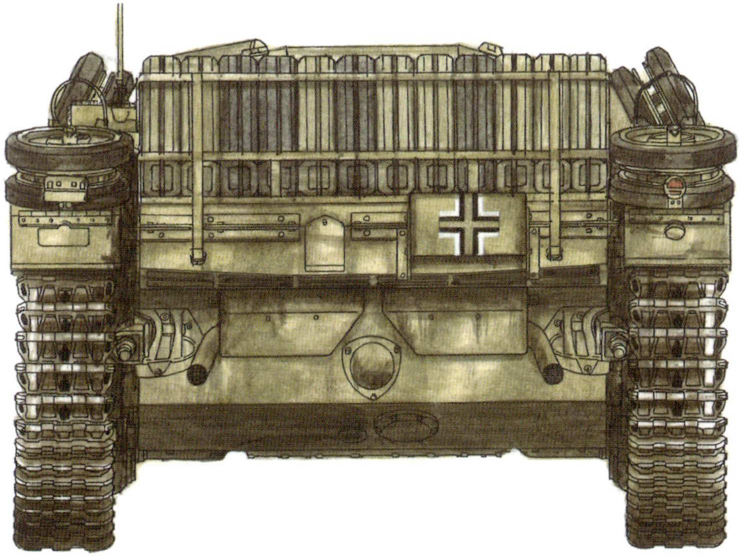

Sturmgeschütz III Ausf.C or D
Unit Unknown
Summer of 1941 Eastern Front

〔図32〕

Ⅲ号突撃砲CまたはD型
所属部隊不明

1941 年夏　東部戦線

基本色 RAL7021 ドゥンケルグラウを車体全面に塗布した大戦前期の標準塗装。戦闘室側面と車体後面上部の左側に白縁のみの国籍標識バルケンクロイツを描いている。その他のマーキング類は確認できない。

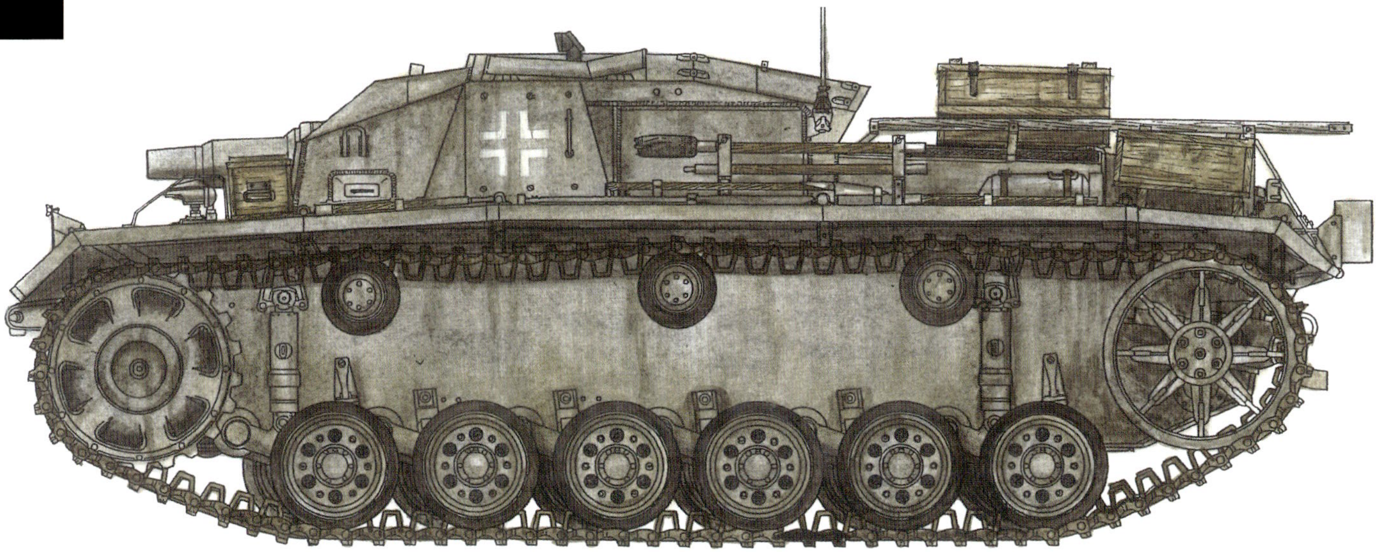

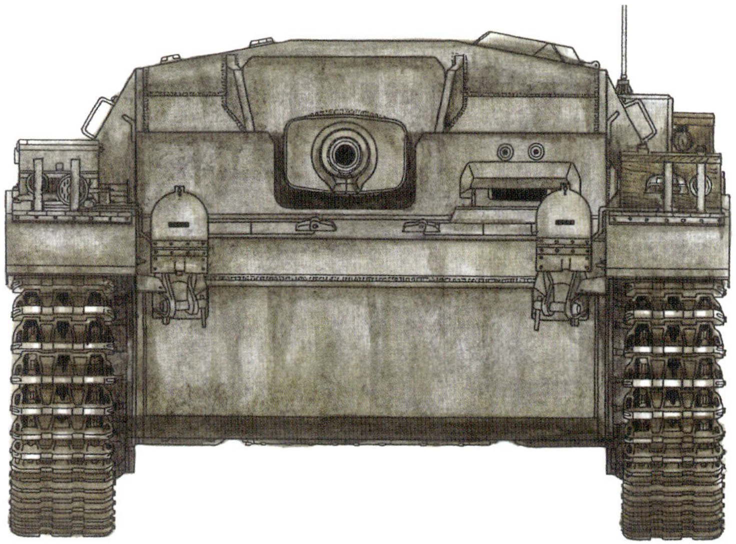

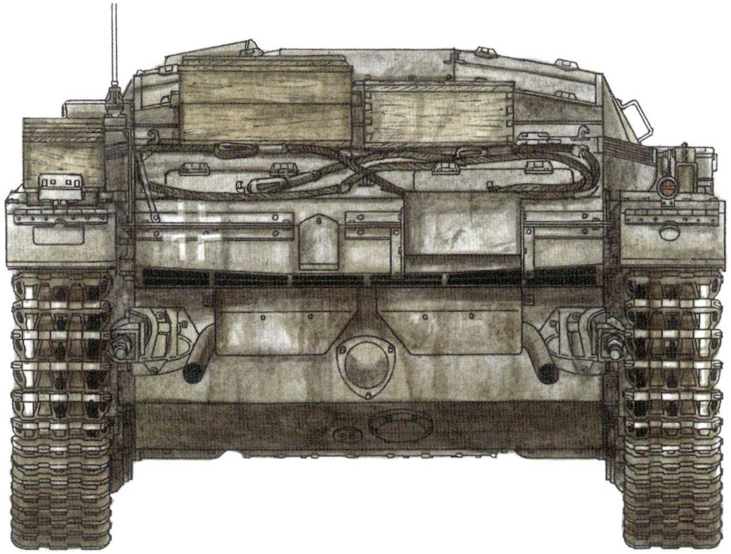

〔図31〕

Ⅲ号突撃砲D型 熱帯地仕様 第288特別部隊所属車

StuG.III Ausf.D Trop version Zbv.288

車体各部の特徴

D型の熱帯地仕様。機関室上面の点検ハッチに通気口を設け、その上に装甲カバーを設置。さらに吸気口横には外装式エアクリーナーの固定具も取り付けられている。履帯は400mm幅の中期タイプで、起動輪と誘導輪は新型を装着。また、車体前面にE型から標準化された予備履帯ラック、車体両側面には予備トーションバーのラックを取り付けている。

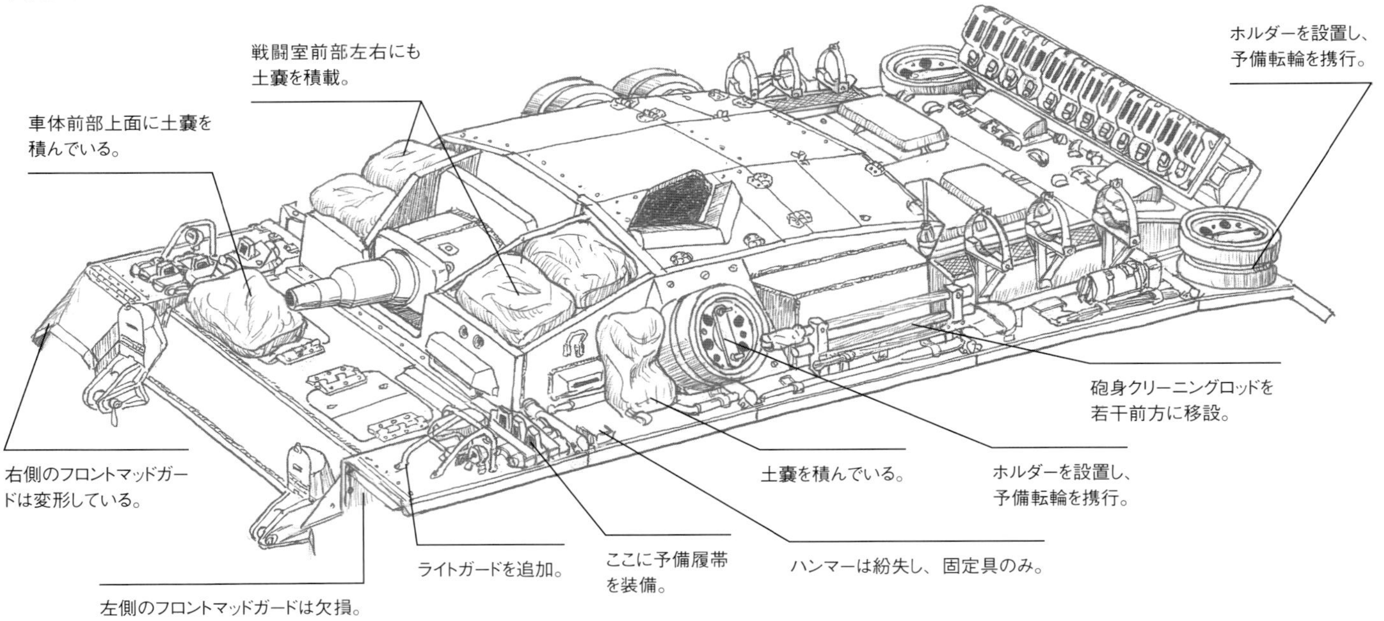

戦闘室前部左右にも土嚢を積載。
車体前部上面に土嚢を積んでいる。
ホルダーを設置し、予備転輪を携行。
砲身クリーニングロッドを若干前方に移設。
右側のフロントマッドガードは変形している。
土嚢を積んでいる。
ホルダーを設置し、予備転輪を携行。
ライトガードを追加。
ここに予備履帯を装備。
ハンマーは紛失し、固定具のみ。
左側のフロントマッドガードは欠損。

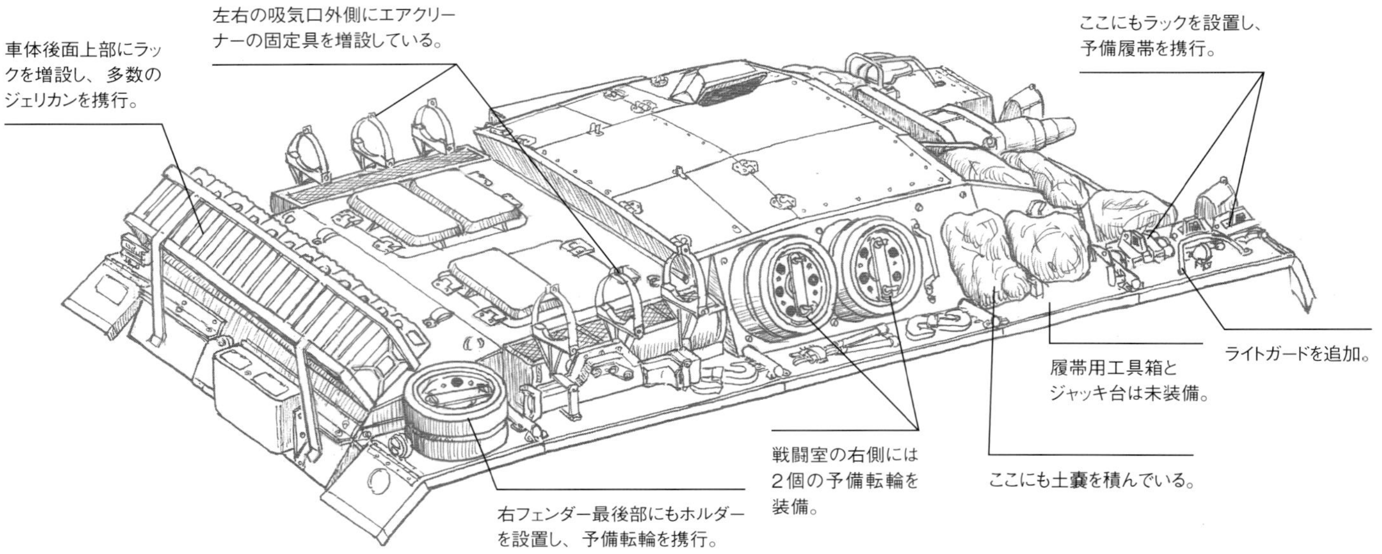

車体後面上部にラックを増設し、多数のジェリカンを携行。
左右の吸気口外側にエアクリーナーの固定具を増設している。
ここにもラックを設置し、予備履帯を携行。
ライトガードを追加。
履帯用工具箱とジャッキ台は未装備。
戦闘室の右側には2個の予備転輪を装備。
ここにも土嚢を積んでいる。
右フェンダー最後部にもホルダーを設置し、予備転輪を携行。

左右フェンダーの前部

第288特別部隊所属車は、右フェンダーのホーンを撤去、左右に金属棒を加工したライトガードを追加している。

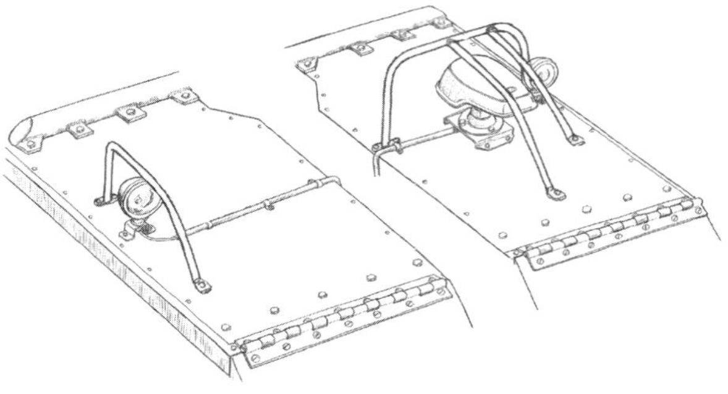

右フェンダー前部の予備履帯ホルダー

第288特別部隊所属車は、右フェンダーには履板1枚用のこのホルダーを3個設置。左フェンダーには3枚用が1個取り付けられている。

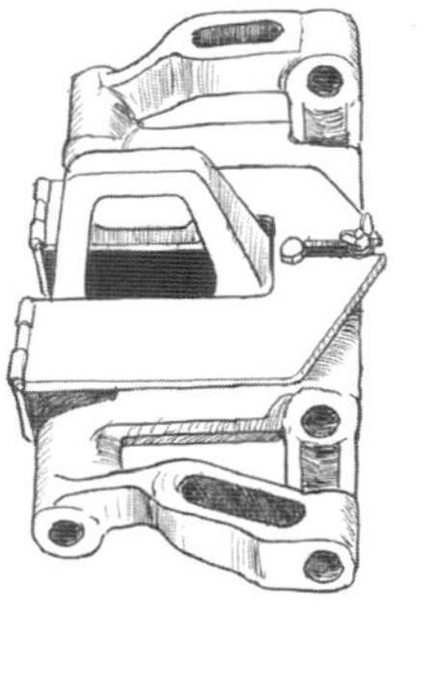

戦闘室側面の予備転輪ホルダー

第288特別部隊所属車は、戦闘室右側に2個、同左側に1個設置。円柱部分を転輪の孔に通し、上面の板で固定する構造。

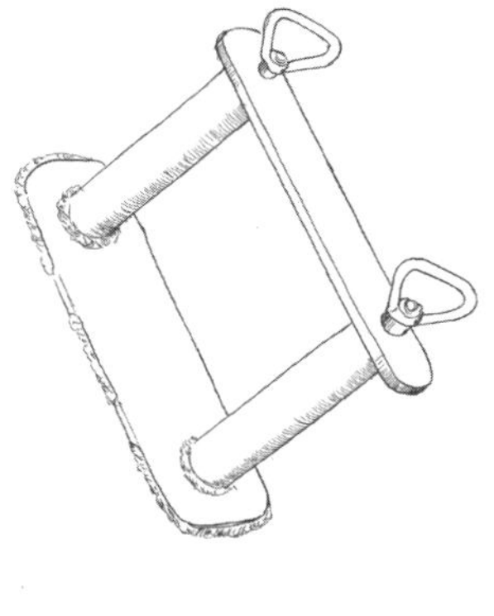

車体下部側面の予備トーションバー固定具

第288特別部隊所属車は、車体下部側面に予備のトーションバー固定具を設置している。

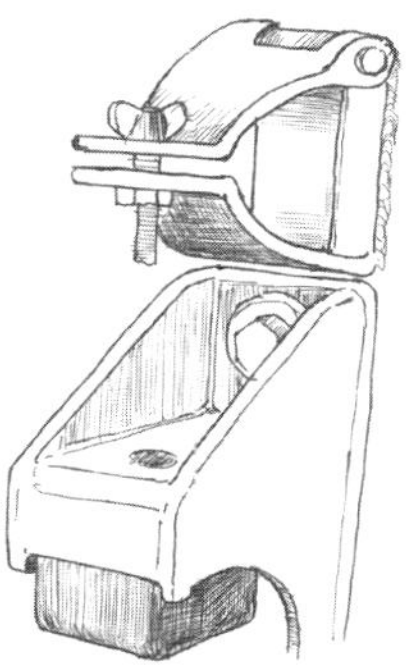

エアクリーナーの固定具

第288特別部隊所属車は、吸気口横にエアクリーナーの固定具のみを取り付けている。

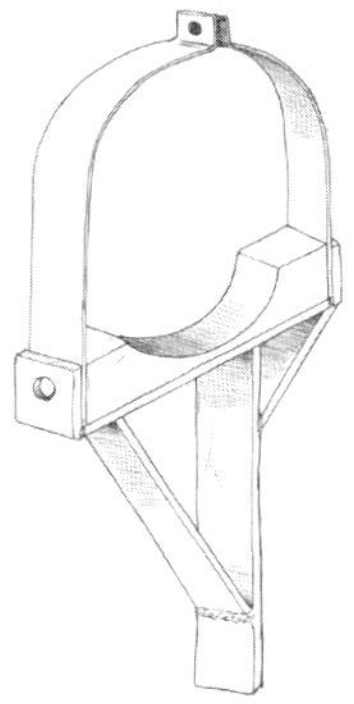

車体後面のジェリカンラック

第288特別部隊所属車の車体後面。後面上部には、かなりしっかりした作りのジェリカンラックが増設されている。

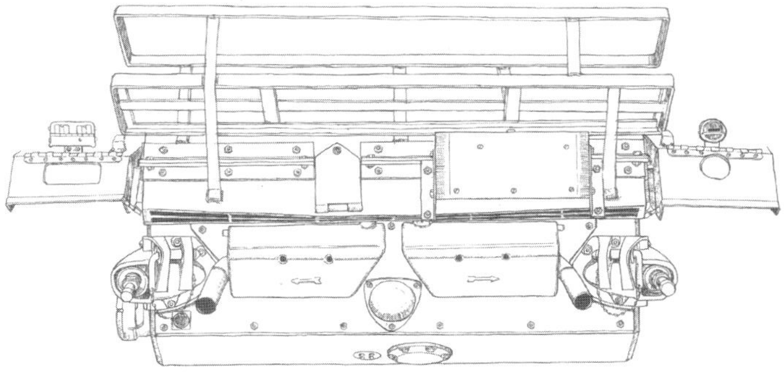

〔図32〕

Ⅲ号突撃砲CまたはD型　所属部隊不明

StuG.III Ausf.C or D　Unit Unknown

車体各部の特徴

左フェンダーの前部にハンマーを追加装備したC型後期生産車あるいはD型初期生産車。履帯は400mm幅の中期タイプで、起動輪と誘導輪ともに新型を装着している。

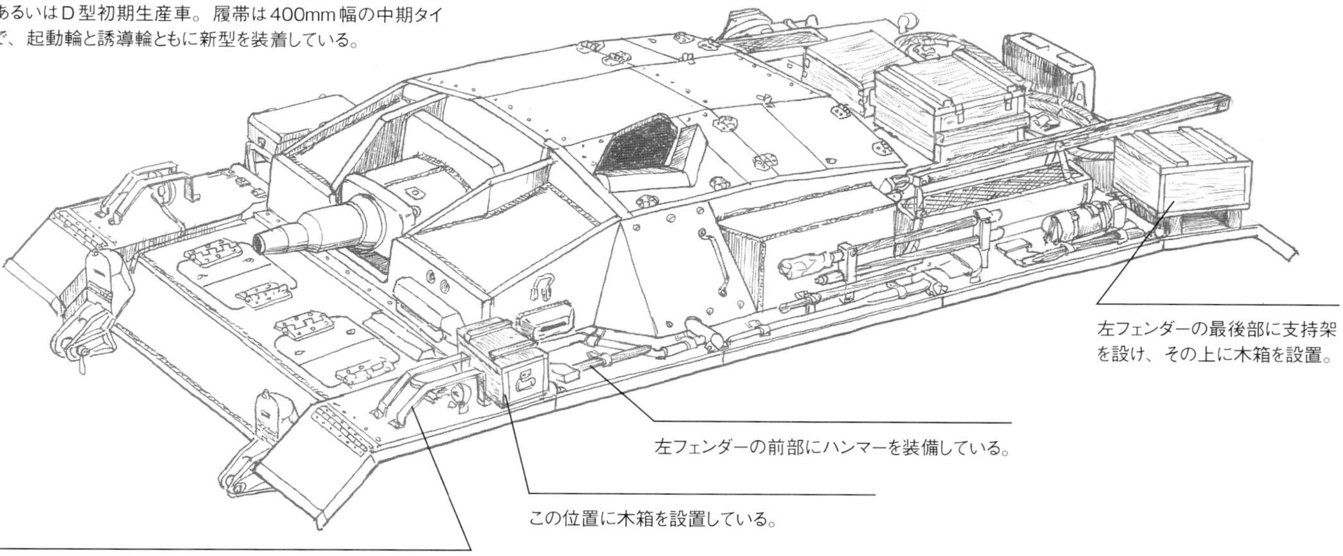

左フェンダーの最後部に支持架を設け、その上に木箱を設置。

左フェンダーの前部にハンマーを装備している。

この位置に木箱を設置している。

左フェンダー前部のノテックライト、車幅表示ライトにガードを追加。

機関室上面の前部左側に大きな木箱を積んでいる。

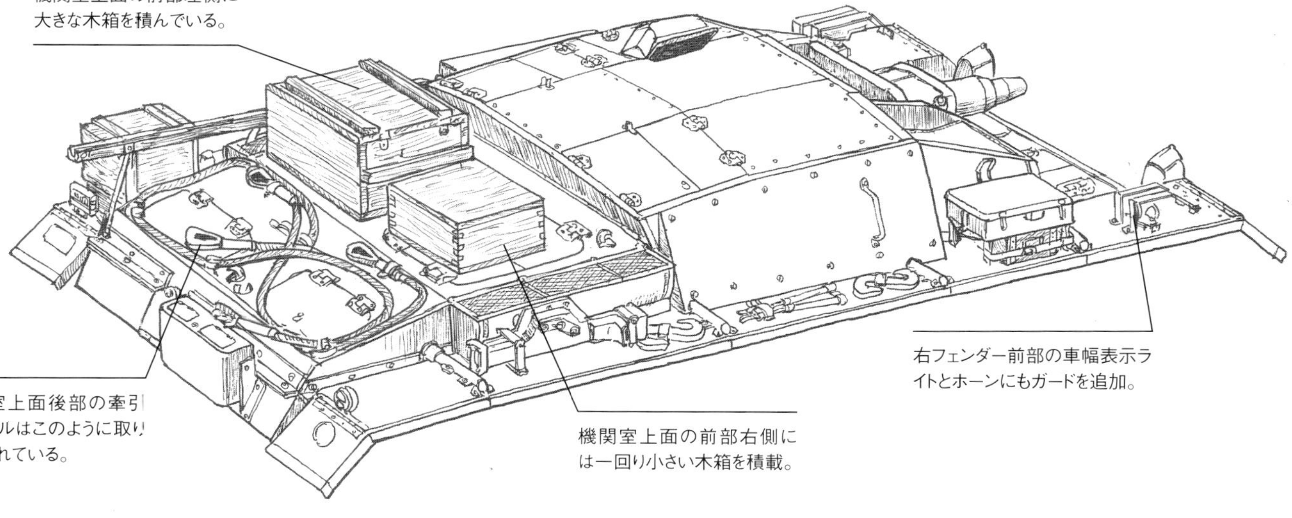

機関室上面後部の牽引ケーブルはこのように取り付けられている。

機関室上面の前部右側には一回り小さい木箱を積載。

右フェンダー前部の車幅表示ライトとホーンにもガードを追加。

Sturmgeschütz III Ausf.C or D
Unit Unknown
May 1945 Czech/Prague

〔図33〕

Ⅲ号突撃砲CまたはD型 所属部隊不明

1945年5月　チェコ/プラハ

車体は、大戦後期の基本色 RAL7028 ドゥンケルゲルプを用いた単色塗装が施されている。戦闘室側面と車体後面上部の発煙装置装甲カバーに描かれた国籍標識のバルケンクロイツは黒十字のみのタイプ。戦闘室側面前部には白で縁取られた黒い“8”の砲番号が描かれており、さらに赤いニックネーム“Blucher”の文字が同番号の上に重ね書きされている。

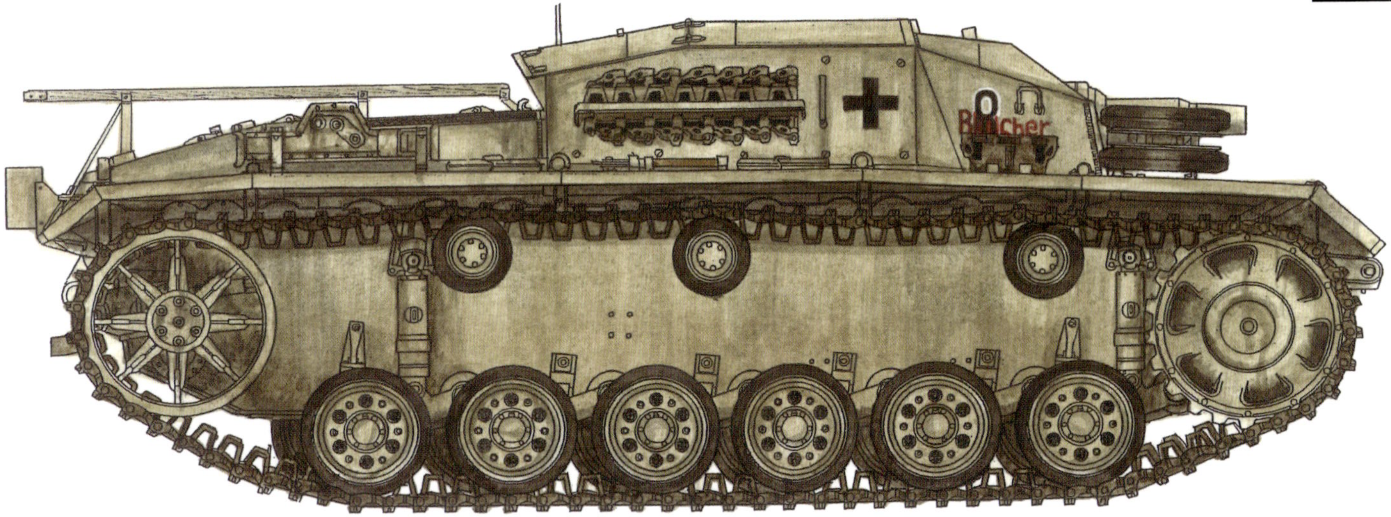

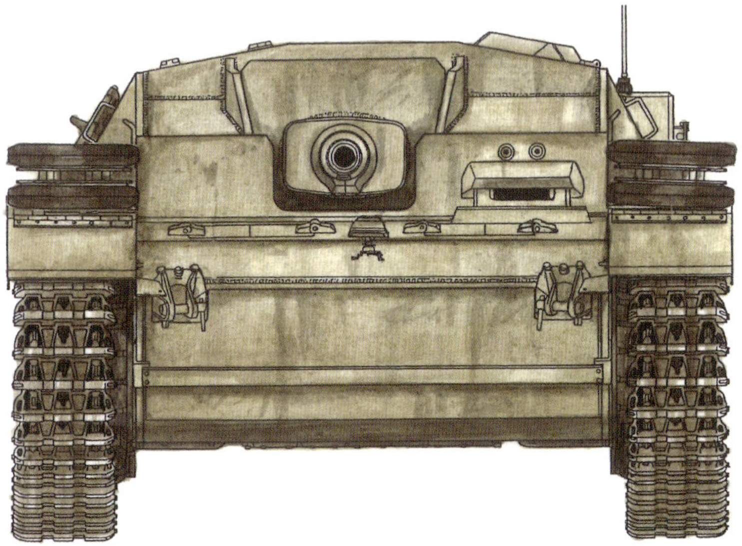

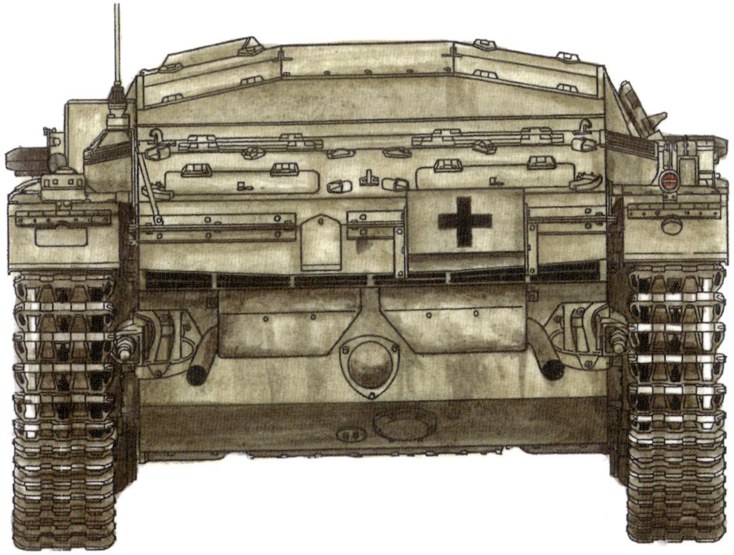

Sturmgeschütz III Ausf.C or D
Unit Unknown
1945 Western Front

〔図34〕

Ⅲ号突撃砲CまたはD型
所属部隊不明

1945年　西部戦線

車体には、RAL7028ドゥンケルゲルプの基本色の上にRAL6003オリーフグリュンとRAL8017ロートブラウンで迷彩を施した、大戦後期の標準的な3色迷彩が施されている。国籍標識バルケンクロイツは白縁付きの黒十字で、戦闘室側面と車体後面上部の発煙装置装甲カバーの標準位置に記入。さらに戦闘室左側の前部に突撃砲部隊を示す白い戦術マーク、戦闘室側面と車体後面の発煙装置装甲カバーには白で縁取りされた赤い砲番号“2”も描かれている。

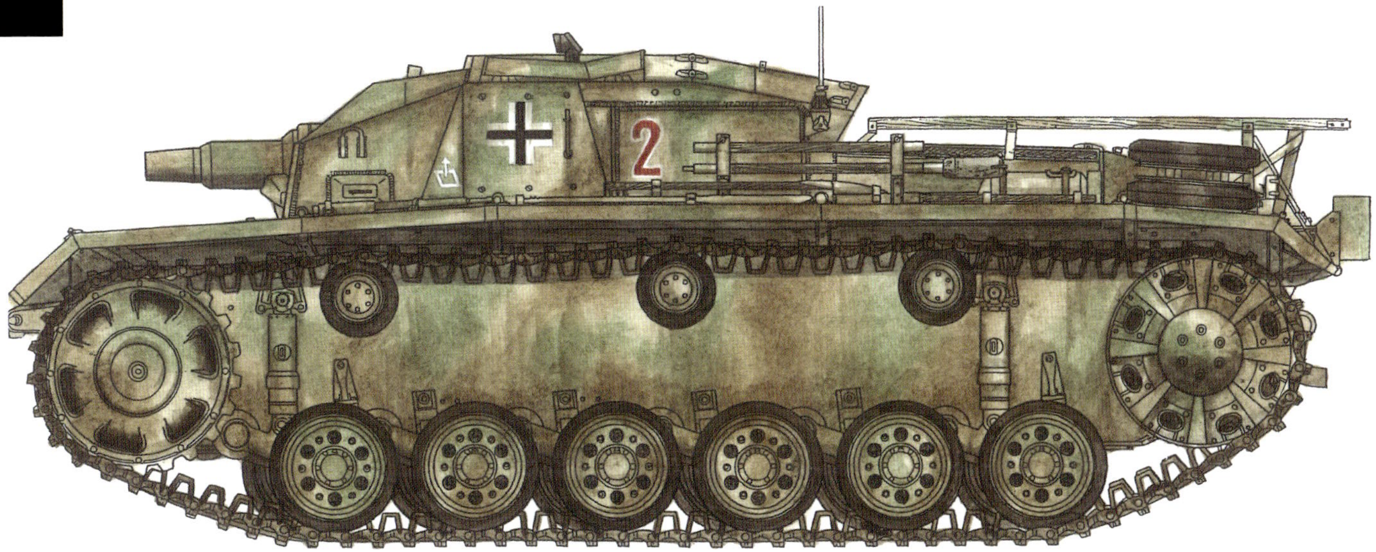

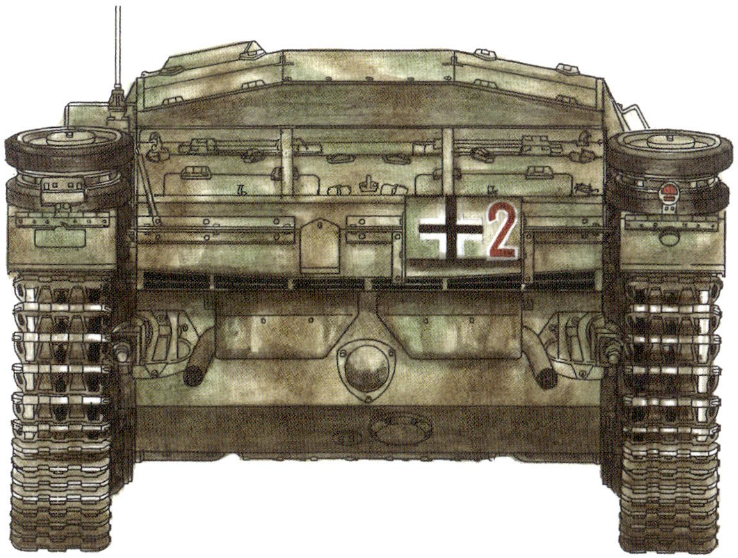

〔図33〕

Ⅲ号突撃砲CまたはD型　所属部隊不明

StuG.III Ausf.C or D Unit Unknown

車体各部の特徴

400mm幅の中期タイプ履帯、新型の起動輪と誘導輪を装着したCまたはD型。車体前面には生産終了後に導入された標準仕様の予備履帯ラックを取り付けている。

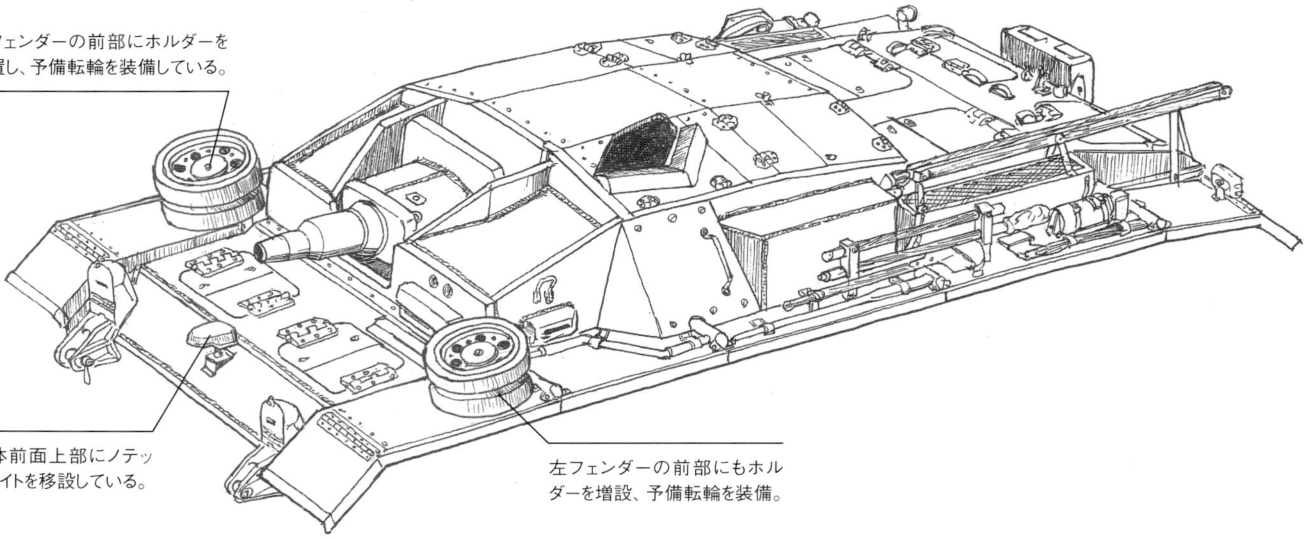

右フェンダーの前部にホルダーを設置し、予備転輪を装備している。
車体前面上部にノテックライトを移設している。
左フェンダーの前部にもホルダーを増設、予備転輪を装備。

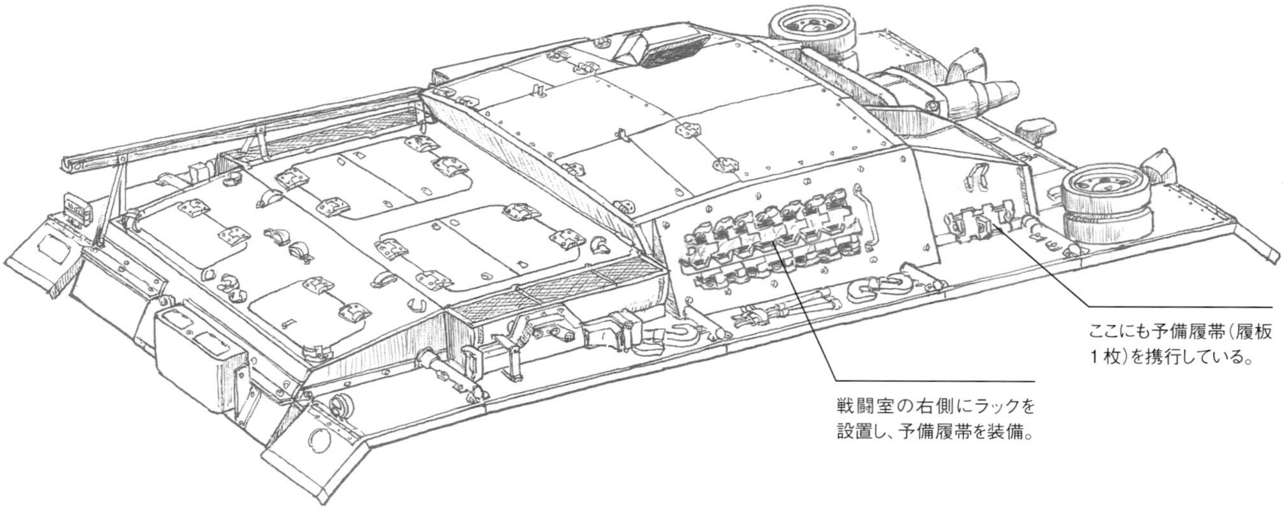

ここにも予備履帯（履板1枚）を携行している。
戦闘室の右側にラックを設置し、予備履帯を装備。

車体前部

上図の車両の前部。フェンダー上の車幅表示ライトとホーンを撤去、ノテックライトを左フェンダー上から前面上部に移設。また、車体前面にはE型から標準化された予備履帯ラックをレトロフィットしている。

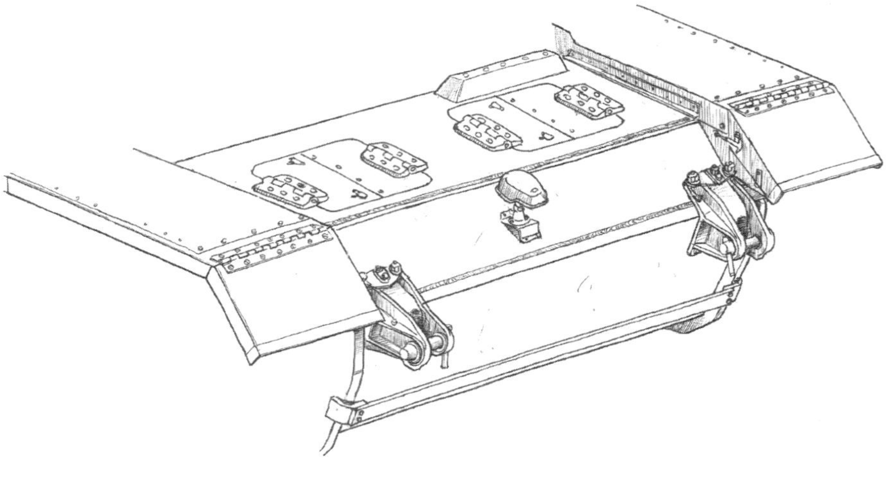

予備転輪ホルダー

上図の車両は、左右フェンダー前部にこのような専用ホルダーを取り付け、予備転輪を携行している。

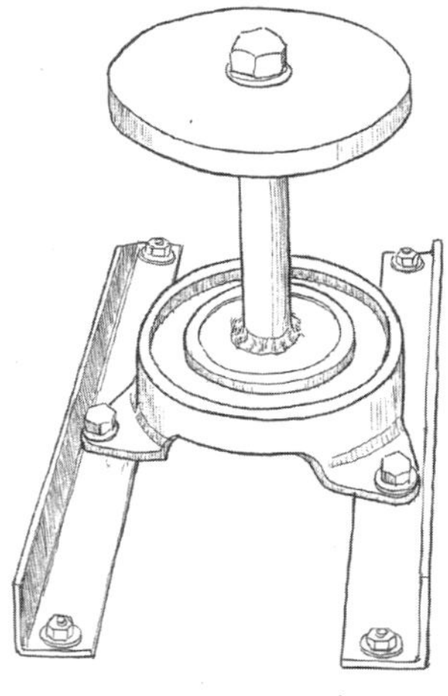

〔図34〕

Ⅲ号突撃砲CまたはD型　所属部隊不明

StuG.III Ausf.C or D Unit Unknown

車体各部の特徴

履帯は400mm幅の中期タイプで、起動輪と誘導輪ともに新型を装着した標準的なCまたはD型だが、車体前面には生産終了後に標準化された予備履帯ラックが取り付けられている。

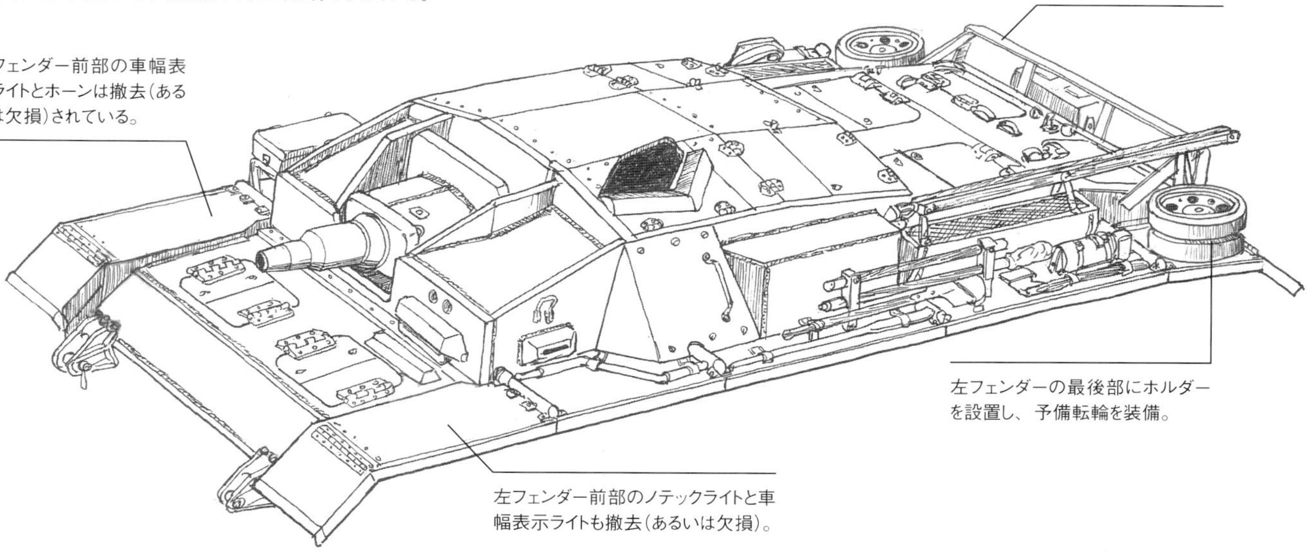
機関室上面の後部に荷物ラックを増設している。
右フェンダー前部の車幅表示ライトとホーンは撤去（あるいは欠損）されている。
左フェンダーの最後部にホルダーを設置し、予備転輪を装備。
左フェンダー前部のノテックライトと車幅表示ライトも撤去（あるいは欠損）。

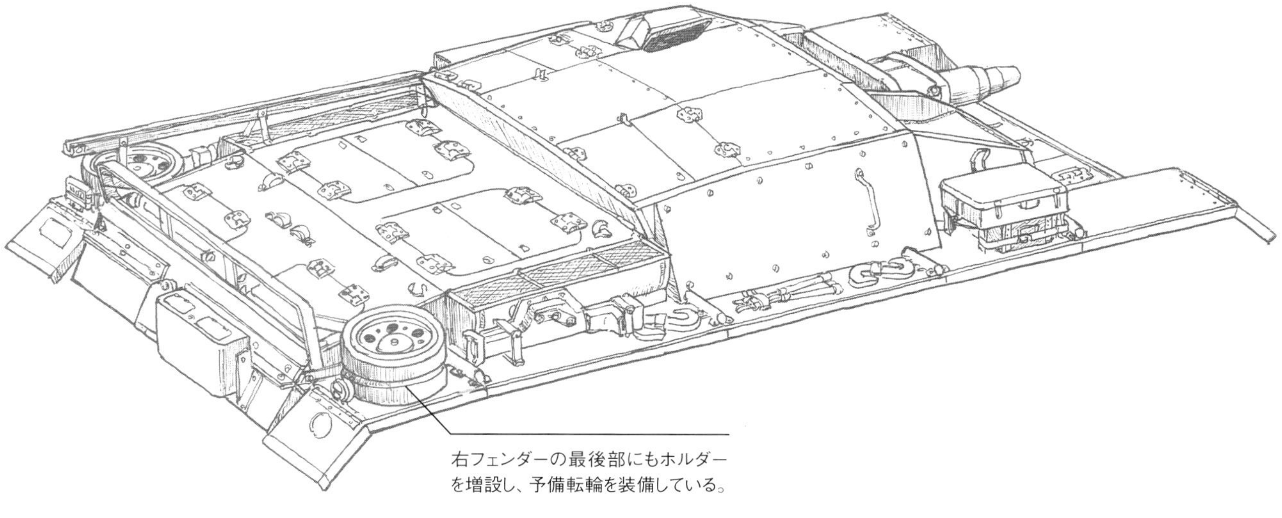
右フェンダーの最後部にもホルダーを増設し、予備転輪を装備している。

機関室上面

上図の車両は、機関室上面後部に板金を加工・溶接留めした荷物ラックを増設している。

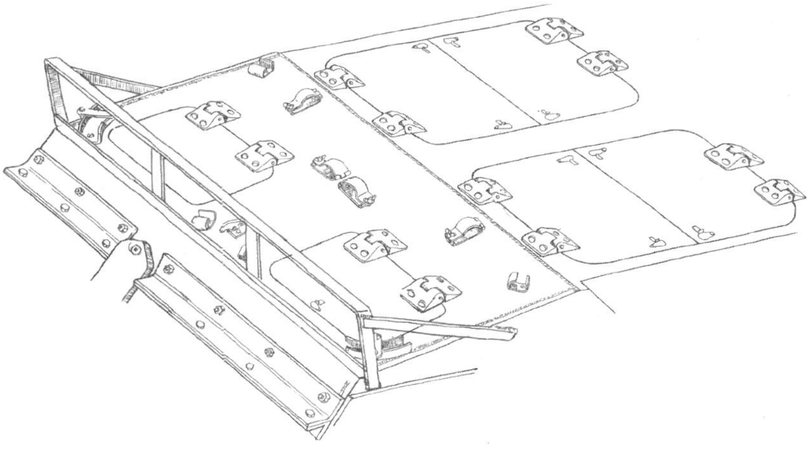

サスペンションの構造

トーションバー式サスペンションとサスペンションアームの構造及びそれらの内部はイラストのようになっている。

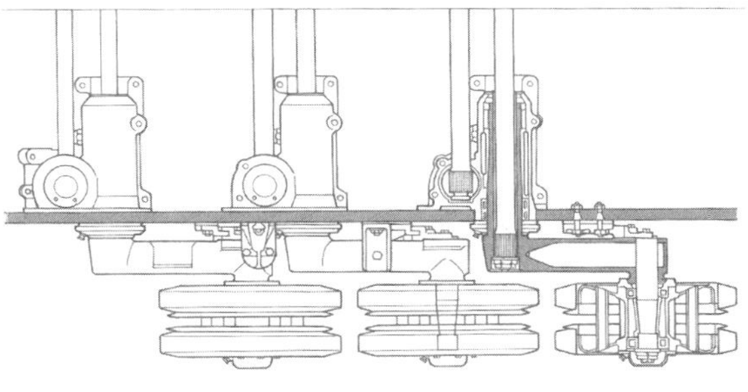

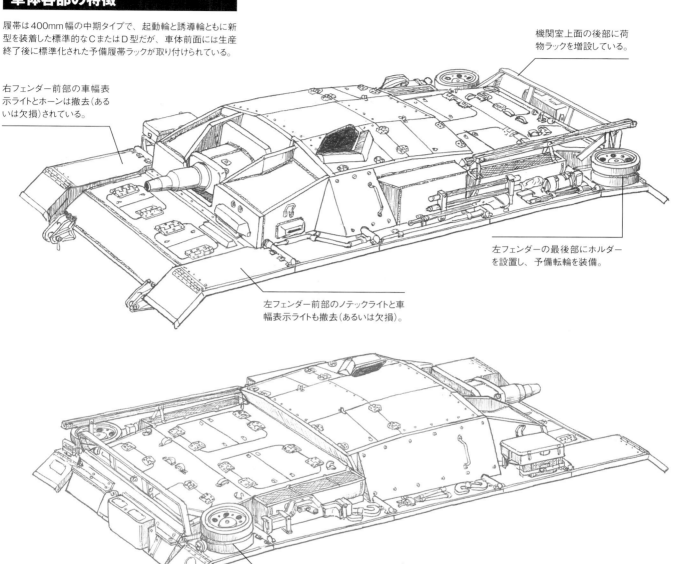

Sturmgeschütz III Ausf.C or D Trop version
Unit Unknown
1945 Western Front

〔図35〕

Ⅲ号突撃砲CまたはD型 熱帯地仕様 所属部隊不明

1945年　西部戦線

塗装は、基本色RAL7028ドゥンケルゲルプの上にRAL6003オリーフグリュンとRAL8017ロートブラウンで迷彩を施した標準的な3色迷彩。マーキング類は、戦闘室側面と車体後面上部の発煙装置装甲カバーに描かれた白縁付き黒十字の国籍標識バルケンクロイツのみ。

Sturmgeschütz III Ausf.C or D
Unit Unknown
1945 Berlin suburbs

〔図36〕

Ⅲ号突撃砲CまたはD型
所属部隊不明

1945年　ベルリン近郊

この車両も大戦後期の標準的な３色迷彩だが、基本色のRAL7028ドゥンケルゲルプの上に迷彩色のRAL6003オリーフグリュンとRAL8017ロートブラウンを刷毛で乱雑に塗りたくったような迷彩が施されている。戦闘室側面には砲番号が黒で描かれているが、最初の数字“1”のみ判読可能。国籍標識のバルケンクロイツは未記入である。

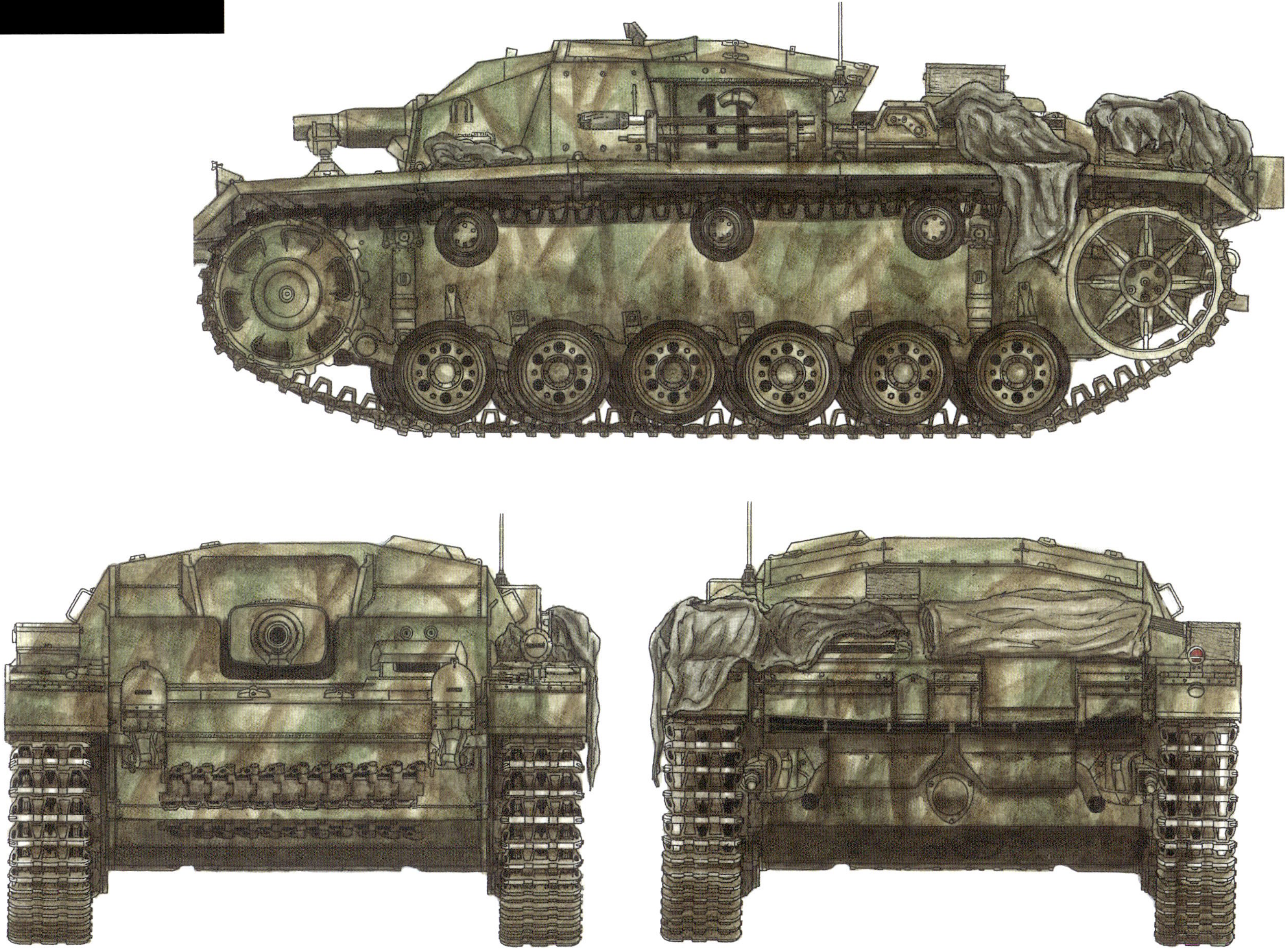

〔図35〕

Ⅲ号突撃砲CまたはD型 熱帯地仕様　所属部隊不明

StuG.III Ausf.C or D Trop versin Unit Unknown

車体各部の特徴

CまたはD型の熱帯地仕様。機関室上面の点検ハッチに通気口を設け、その上に装甲カバーを設置。さらに機関室側面の吸気口外側にはエアクリーナーが増設されている。履帯は400mm幅の中期タイプで、起動輪と誘導輪ともに新型を装着。また、車体前面には生産終了後に標準化された予備履帯ラックを取り付けている。

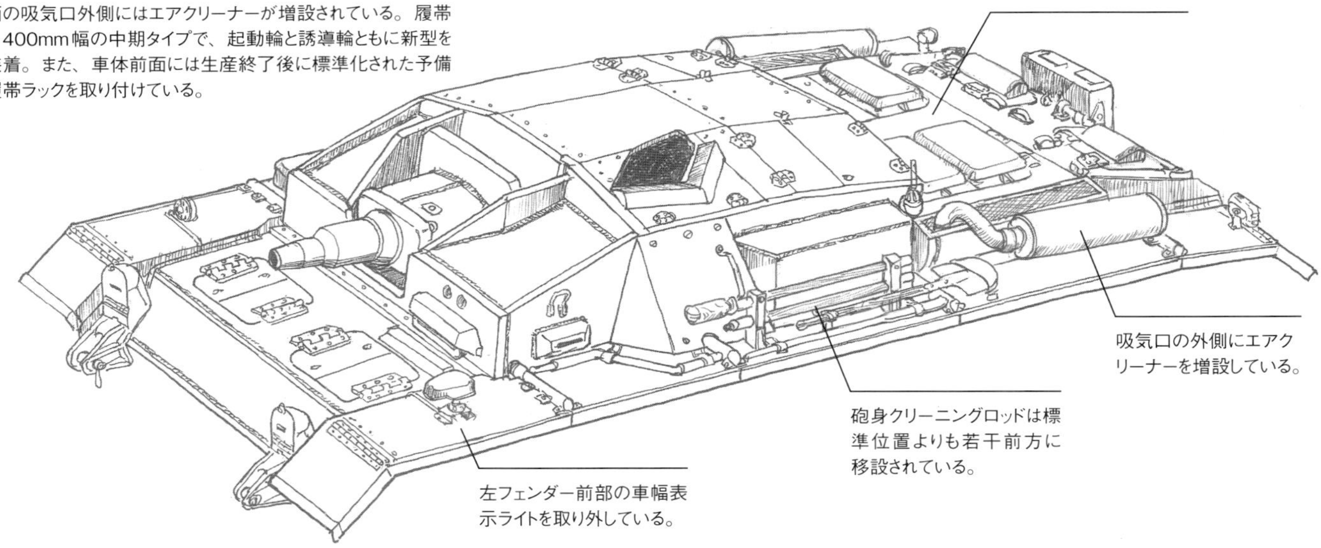

機関室上面パネルは、“熱帯地仕様”になっている。
吸気口の外側にエアクリーナーを増設している。
砲身クリーニングロッドは標準位置よりも若干前方に移設されている。
左フェンダー前部の車幅表示ライトを取り外している。

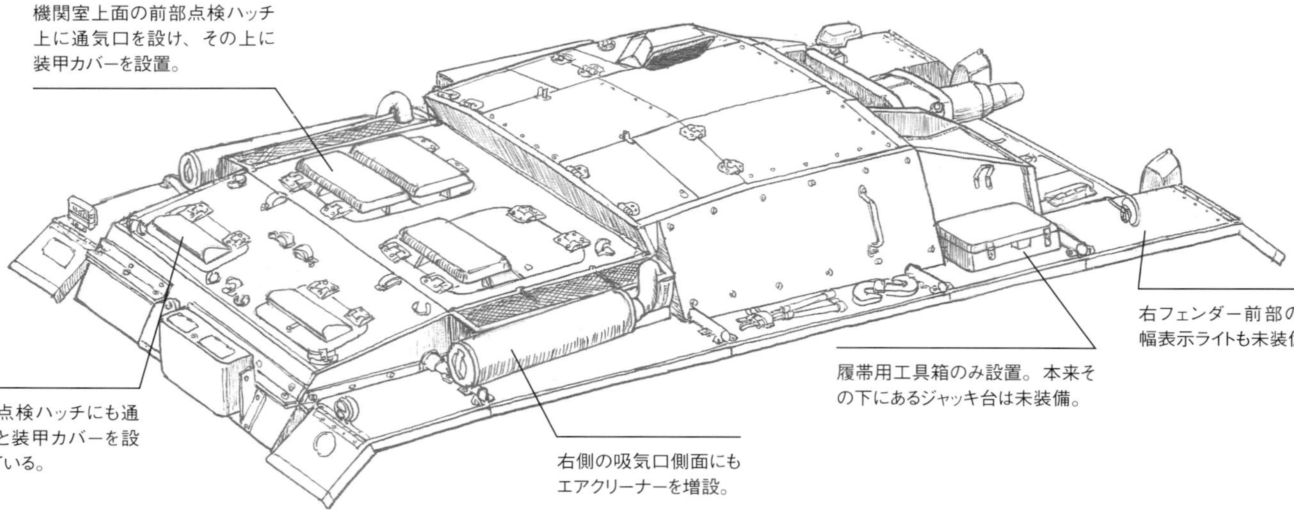

機関室上面の前部点検ハッチ上に通気口を設け、その上に装甲カバーを設置。
右フェンダー前部の車幅表示ライトも未装備。
履帯用工具箱のみ設置。本来その下にあるジャッキ台は未装備。
後部点検ハッチにも通気口と装甲カバーを設置している。
右側の吸気口側面にもエアクリーナーを増設。

熱帯地仕様の機関室上面

各点検ハッチには通気口を設け、その上に装甲カバーを取り付けている。

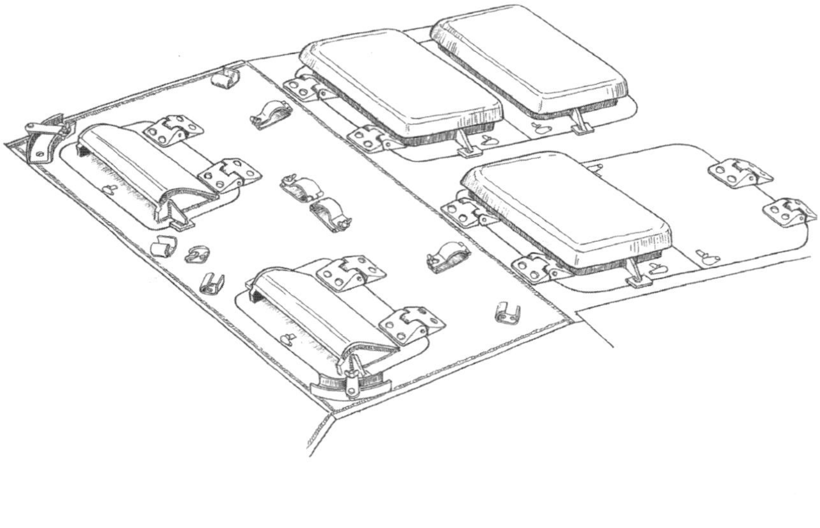

熱帯地仕様のエアクリーナー

熱帯地仕様では、機関室側面の吸気口外側にエアクリーナーも増設されている。上図はエアクリーナーの前部、下図は同装置の後部。

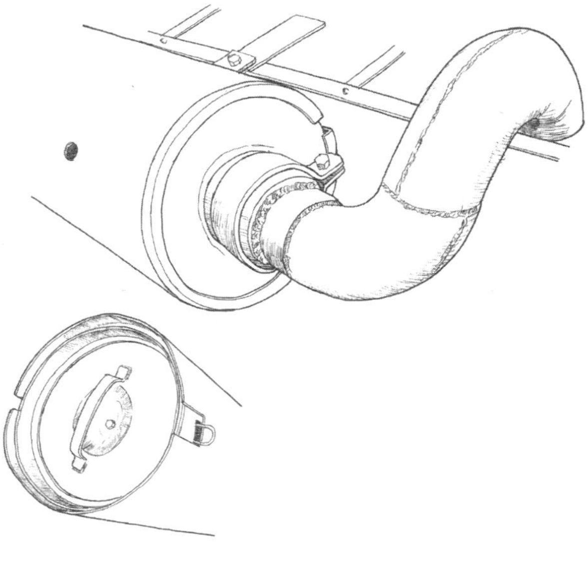

〔図36〕

Ⅲ号突撃砲CまたはD型　所属部隊不明

StuG.III Ausf.C or D　Unit Unknown

車体各部の特徴

CまたはD型だが、機関室上面の前部点検ハッチは標準仕様とは異なり、F/8型から採用された通気口及び通気口装甲カバーが縦配置となった前方1枚開きタイプにレトロフィットされている。また、車体前面には生産終了後に標準化された予備履帯ラックも取り付けている。

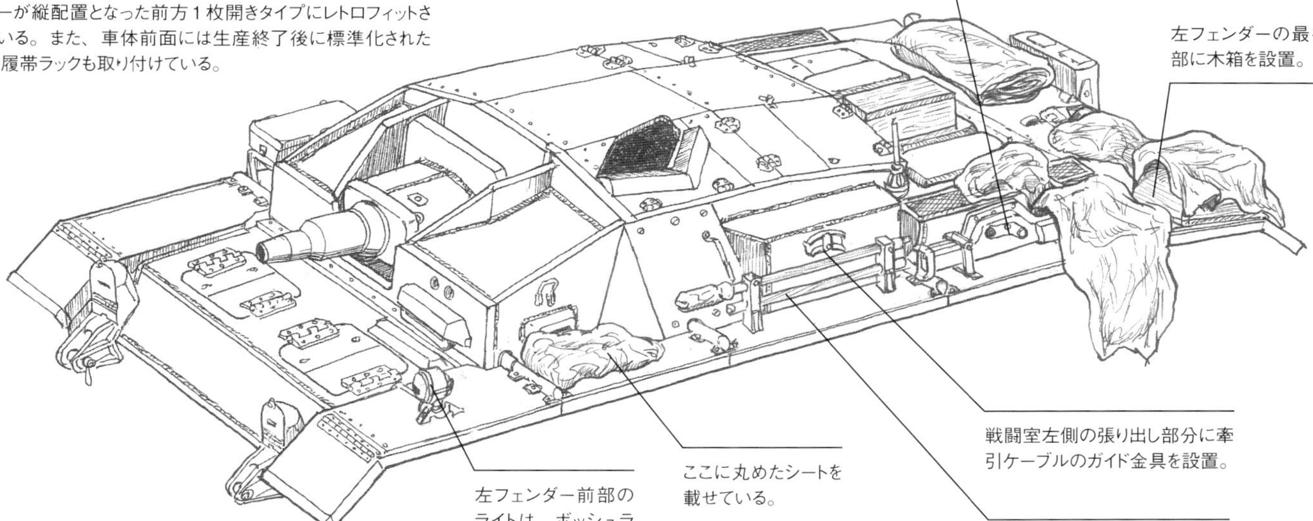
ジャッキをこの位置に移設（標準位置は右側吸気口の横）。
左フェンダーの最後部に木箱を設置。
戦闘室左側の張り出し部分に牽引ケーブルのガイド金具を設置。
ここに丸めたシートを載せている。
左フェンダー前部のライトは、ボッシュライトに変更。
砲身クリーニングロッドは、標準位置よりも若干前方に移設。

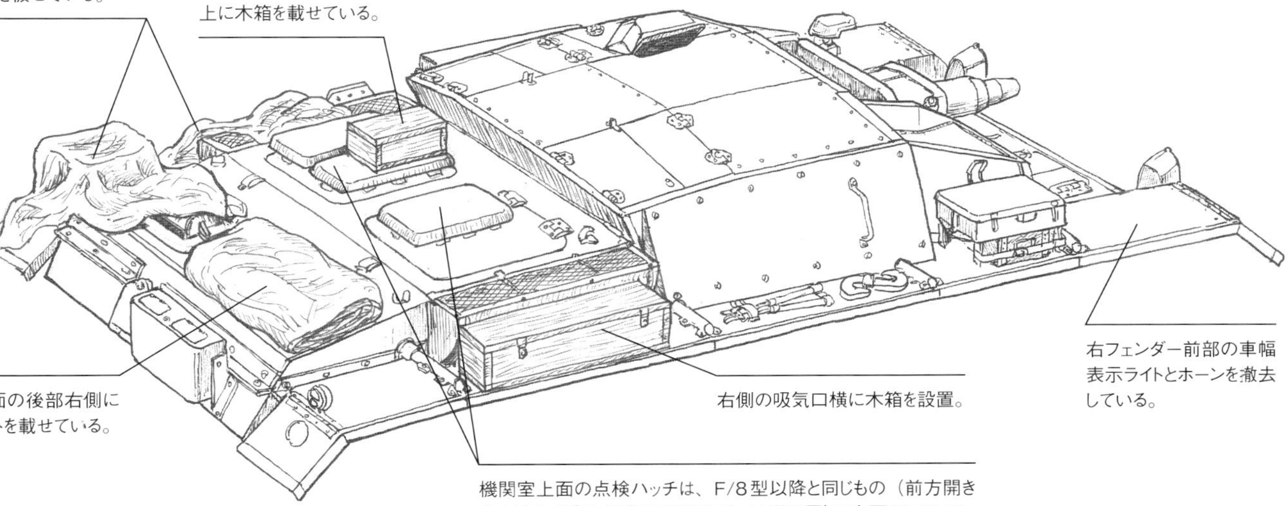
吸気口や木箱にシートを被せている。
機関室上面前部左側の通気口装甲カバーの上に木箱を載せている。
右フェンダー前部の車幅表示ライトとホーンを撤去している。
機関室上面の後部右側に丸めたシートを載せている。
右側の吸気口横に木箱を設置。
機関室上面の点検ハッチは、F/8型以降と同じもの（前方開きの1枚タイプで、通気口装甲カバーは縦配置）に変更されている。

改修型の機関室上面

上図の車体は、機関室上面の前部点検ハッチをF/8型以降と同じ通気口装甲カバーを縦に配置した1枚タイプに変更している。

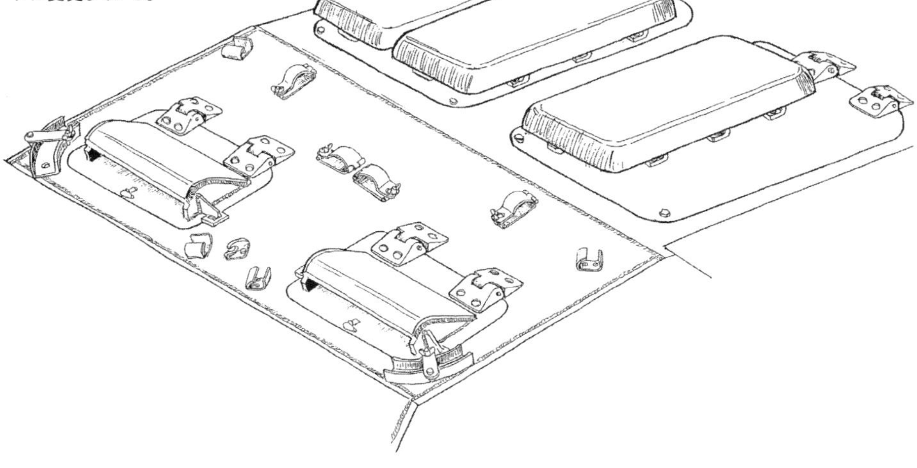

機関室上面の前部点検ハッチ

通気口が設置された1枚式のハッチを開けたところ。長方形の開口部の周囲に見えるボルトは、外側に取り付けられた装甲カバーの固定ボルト。

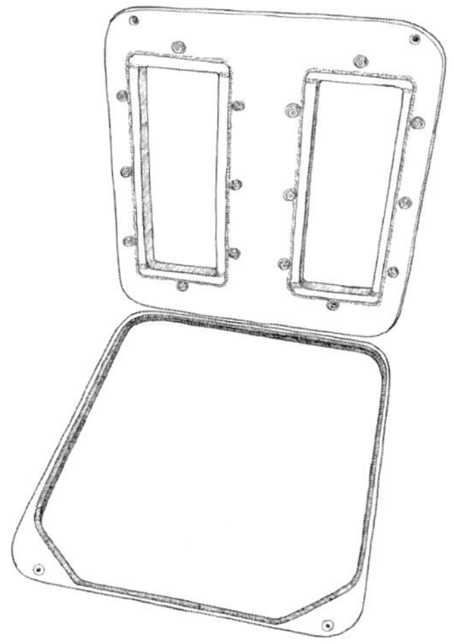

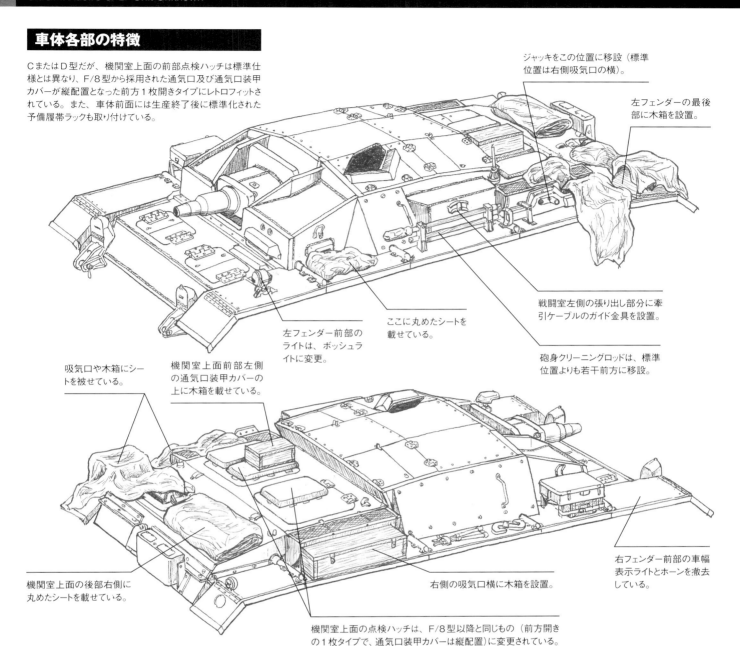

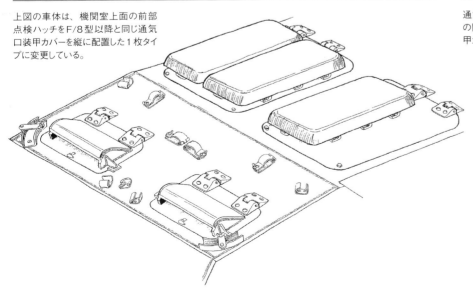

Sturmgeschütz III Ausf.E
Unit Unknown
Winter of 1941-1942 Eastern Front

〔図37〕

Ⅲ号突撃砲E型
所属部隊不明

1941～1942年冬　東部戦線

基本色RAL7021ドゥンケルグラウ単色塗装の上に白色塗料を塗布し、冬季迷彩を施しているが、白色塗料の色落ちが激しく、かなり下地色のドゥンケルグラウが見えている。戦闘室側面に白縁付き黒十字の国籍標識バルケンクロイツを描き、その後方に砲番号の“G”も白で記入している。

Sturmgeschütz III Ausf.E
Sturmgeschütz Abteilung 202
Early of 1942 Eastern Front

〔図38〕

Ⅲ号突撃砲E型
第202突撃砲大隊所属車

1942 年初頭　東部戦線

車体には、基本色 RAL7021 ドゥンケルグラウの単色塗装の上に白色塗料を塗布した冬季迷彩が施されている。国籍標識のバルケンクロイツは標準的な白縁付き黒十字タイプで、戦闘室側面と車体後面上部の発煙装置装甲カバーに描かれている。

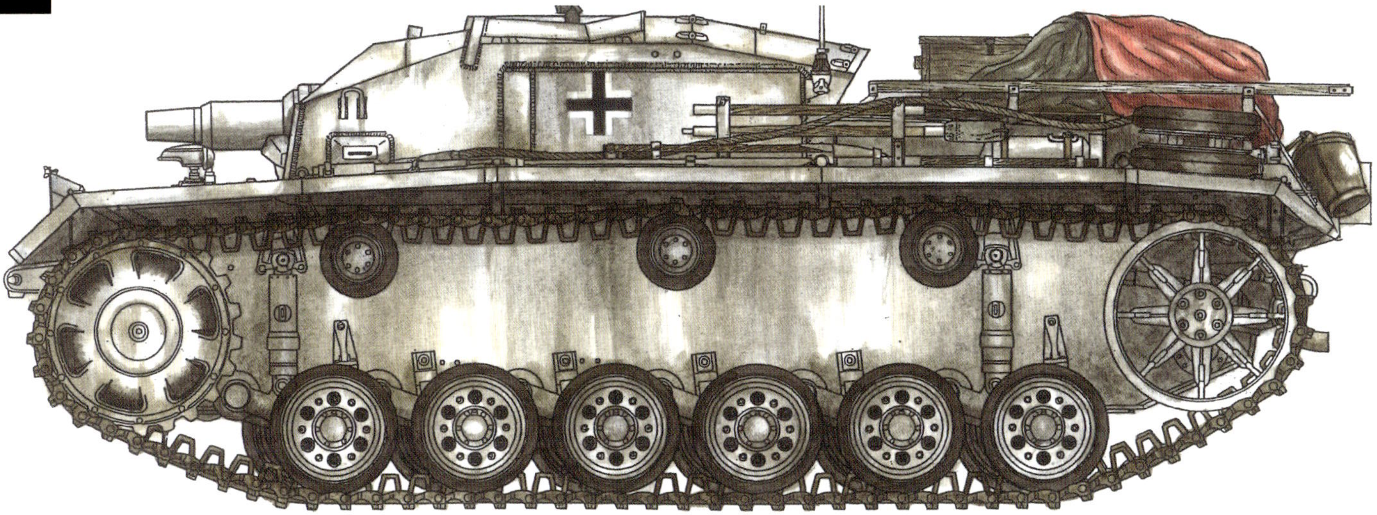

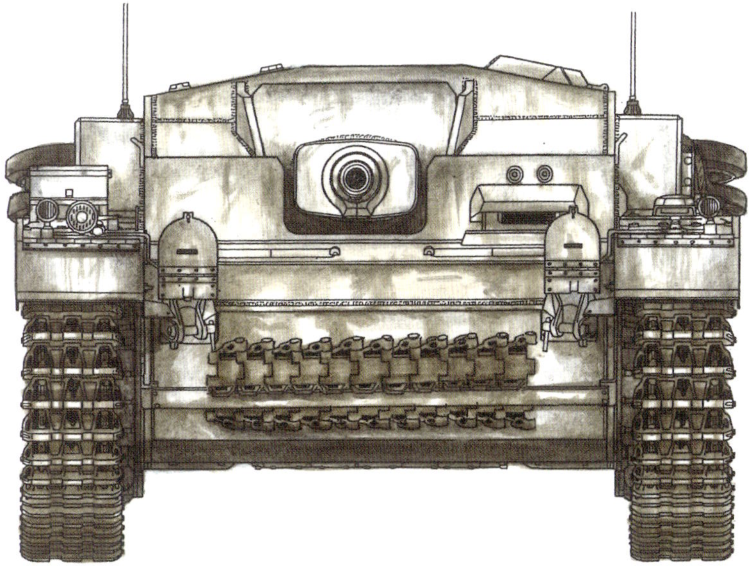

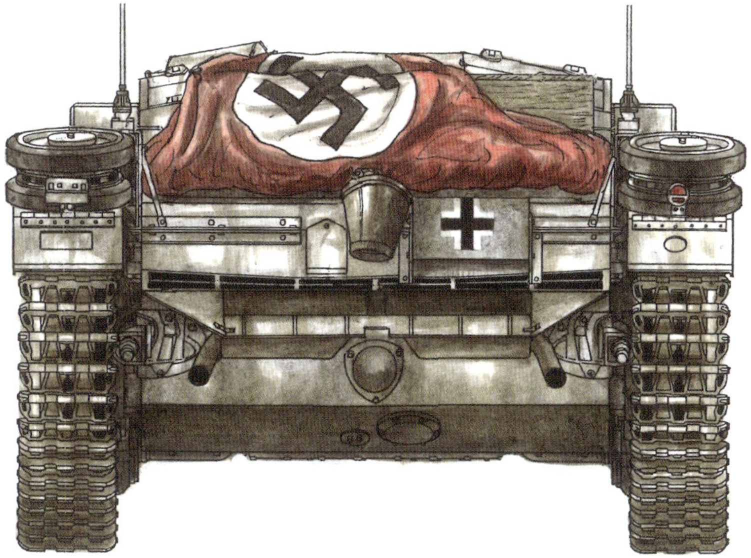

〔図37〕

Ⅲ号突撃砲E型　所属部隊不明

StuG.III Ausf.E Unit Unknown

車体各部の特徴

1941年9月のE型生産開始後、少し経った頃の生産車。左右のフェンダー後部に予備転輪ホルダー、車体後面下部に排気整流板を追加しているが、車体前面の予備履帯ラックは取り付けられておらず、その代わりに前面左右の牽引ホールドに予備履帯を取り付けている。

右側のフロントマッドガードは上げた状態に。

この位置に丸めたシートを積んでいる。

機関室上面の後部には大型の木箱を設置。

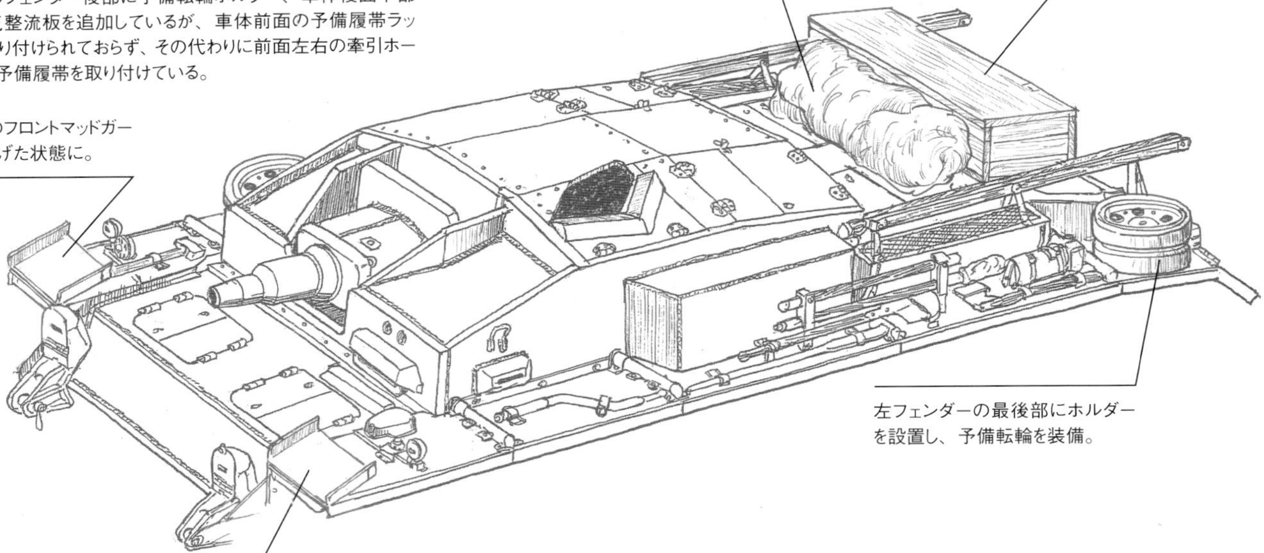

左フェンダーの最後部にホルダーを設置し、予備転輪を装備。

左側のフロントマッドガードも上げている。

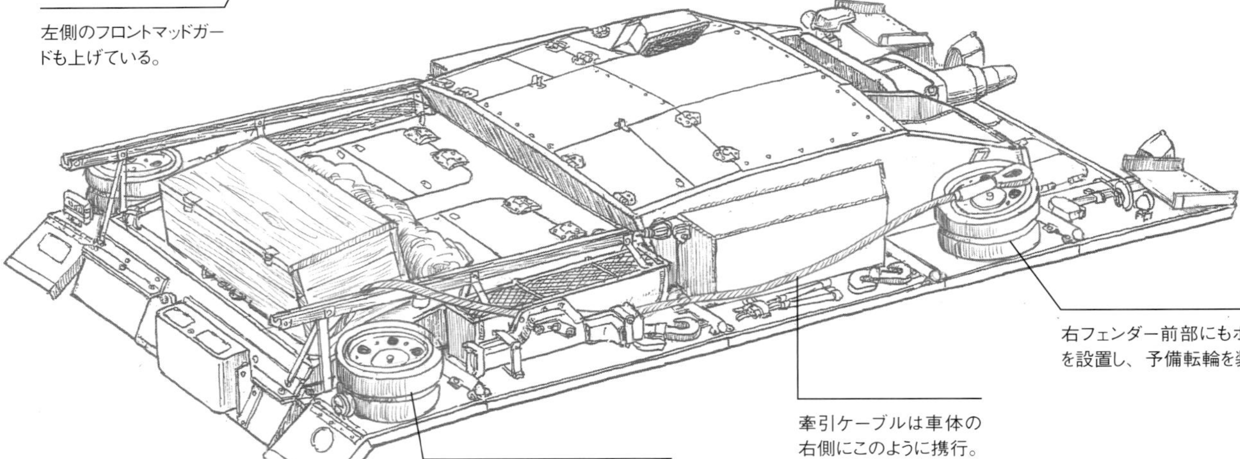

右フェンダー前部にもホルダーを設置し、予備転輪を装備。

牽引ケーブルは車体の右側にこのように携行。

右フェンダーの最後部にもホルダーを設置し、予備転輪を装備。

E型の戦闘室

戦闘室右側にも大きな張り出しを増設し、その内側にFu16送受信無線機を装備。また、戦闘室左側の張り出しも右側と同じ長さに拡大し、内部に弾薬収納スペースを設けている。アンテナ基部は後部左右の2カ所に設置。

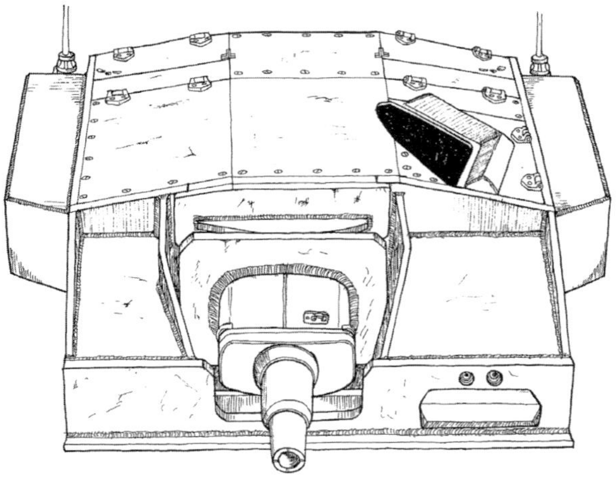

戦闘室右側張り出し部分の内部

E型で新たに増設された戦闘室右側の張り出し部分にはFu16送受信無線機セットが収められている。

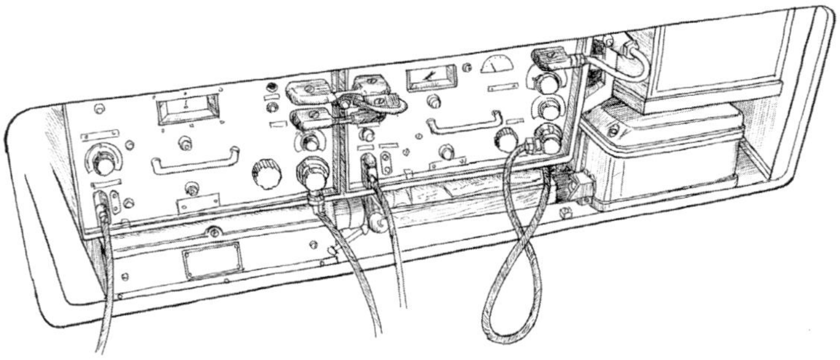

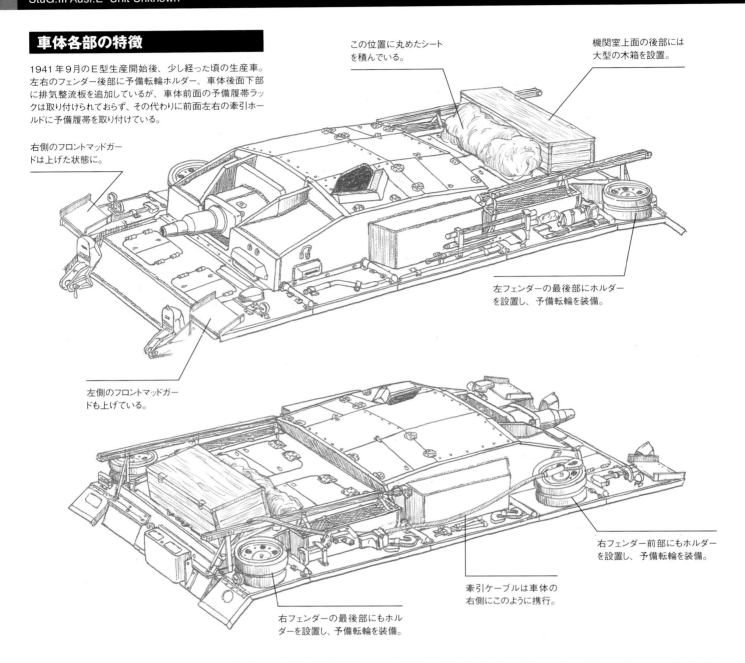

〔図38〕

Ⅲ号突撃砲E型　第202突撃砲大隊所属車

StuG.III Ausf.E　StuG.Apt.202

車体各部の特徴

1941年後期以降に造られた標準的なE型。車体前面に予備履帯ラック、左右フェンダー後部に予備転輪ホルダー、車体後面下部に排気整流板を取り付けている。

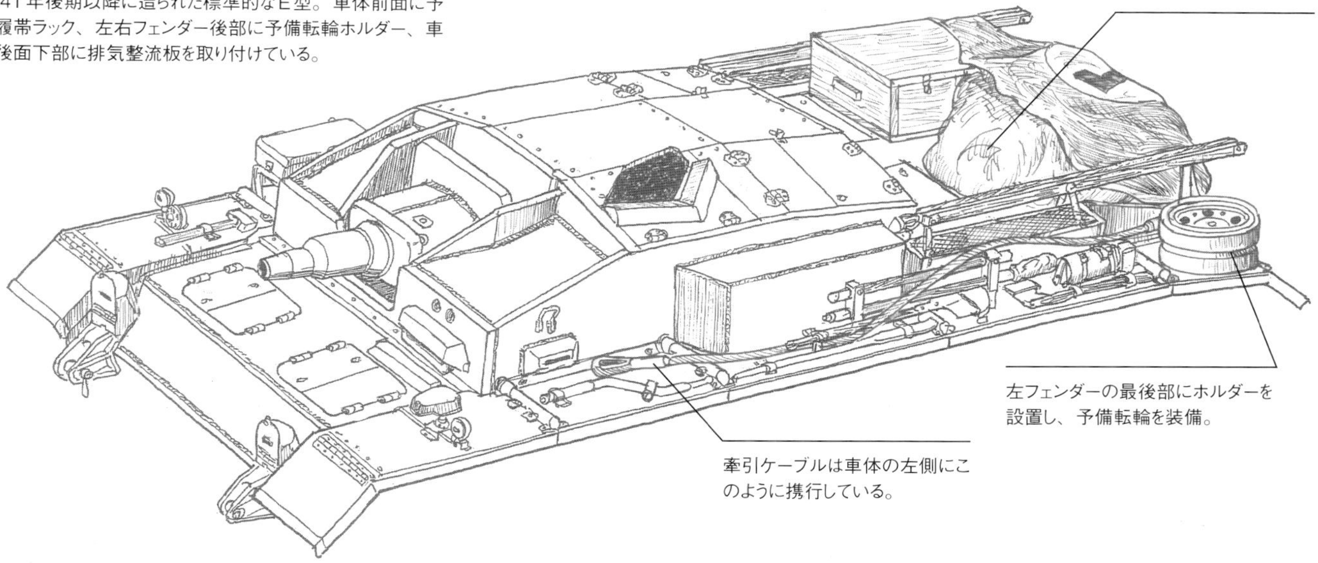

機関室上面の左側にキャンバスシートで覆った荷物らしきものを積んでいる。

左フェンダーの最後部にホルダーを設置し、予備転輪を装備。

牽引ケーブルは車体の左側にこのように携行している。

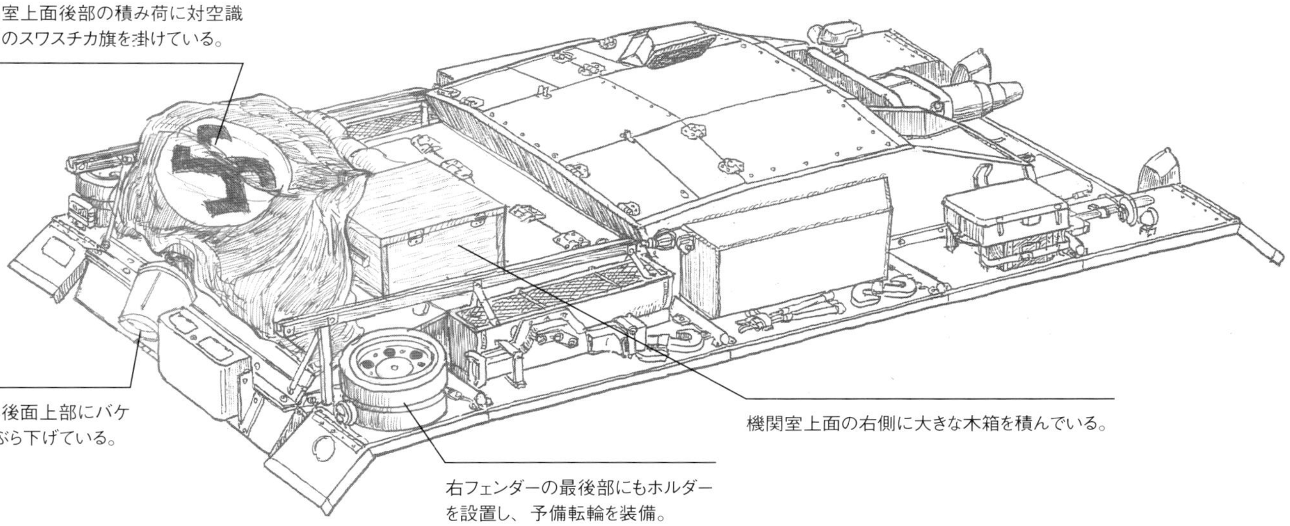

機関室上面後部の積み荷に対空識別用のスワスチカ旗を掛けている。

車体後面上部にバケツをぶら下げている。

右フェンダーの最後部にもホルダーを設置し、予備転輪を装備。

機関室上面の右側に大きな木箱を積んでいる。

E型の車体前部

前部上面の点検ハッチのヒンジ及び開閉機構を改良。E型の量産を開始して間もなく車体前面の予備履帯ラックが標準化される。

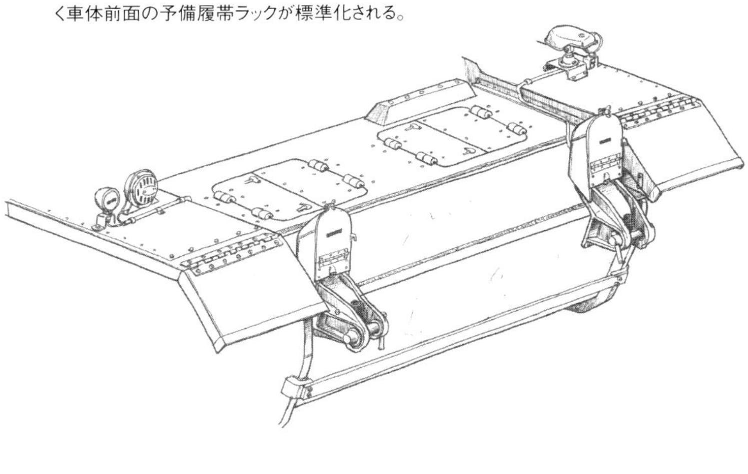

E型の車体前部上面点検ハッチ

被弾・破損しやすかったヒンジを小型化した。下図はハッチを開けた状態。ハッチの内側には開閉ロック操作ハンドルと開閉アームを設置。

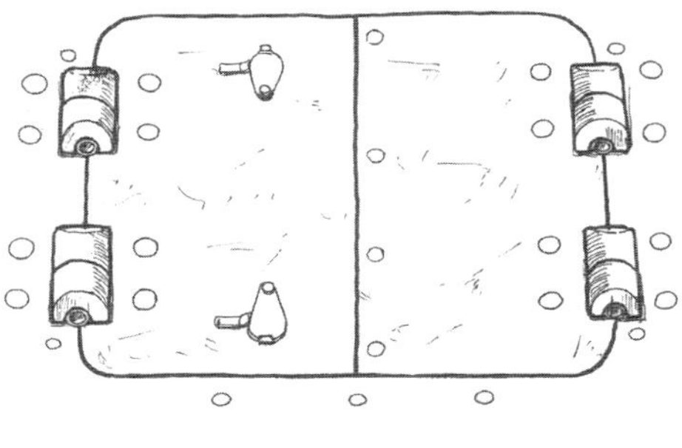

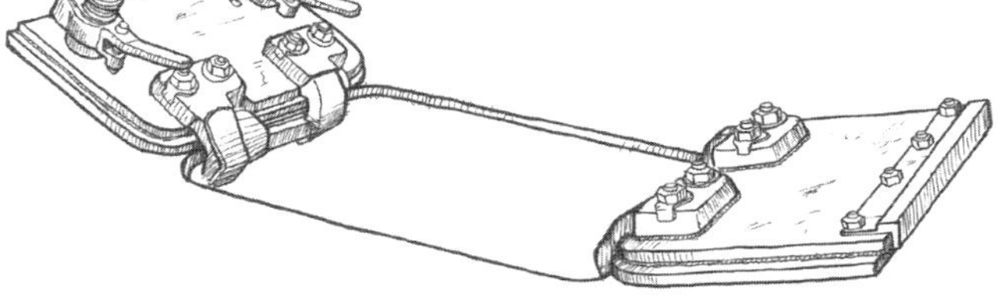

Sturmgeschütz III Ausf.E
Unit Unknown
Winter of 1941-1942 Eastern Front

〔図39〕

Ⅲ号突撃砲E型
所属部隊不明

1941～1942年冬　東部戦線

車体は、基本色RAL7021ドゥンケルグラウの単色塗装の上に白色塗料を塗布し、冬季迷彩を施している。戦闘室側面には白縁のみの国籍標識バルケンクロイツと白い砲番号“E”（下に白い横線が付く）が描かれており、それらの周囲には白色塗料が塗布されておらず、下地色ドゥンケルグラウのままになっている。

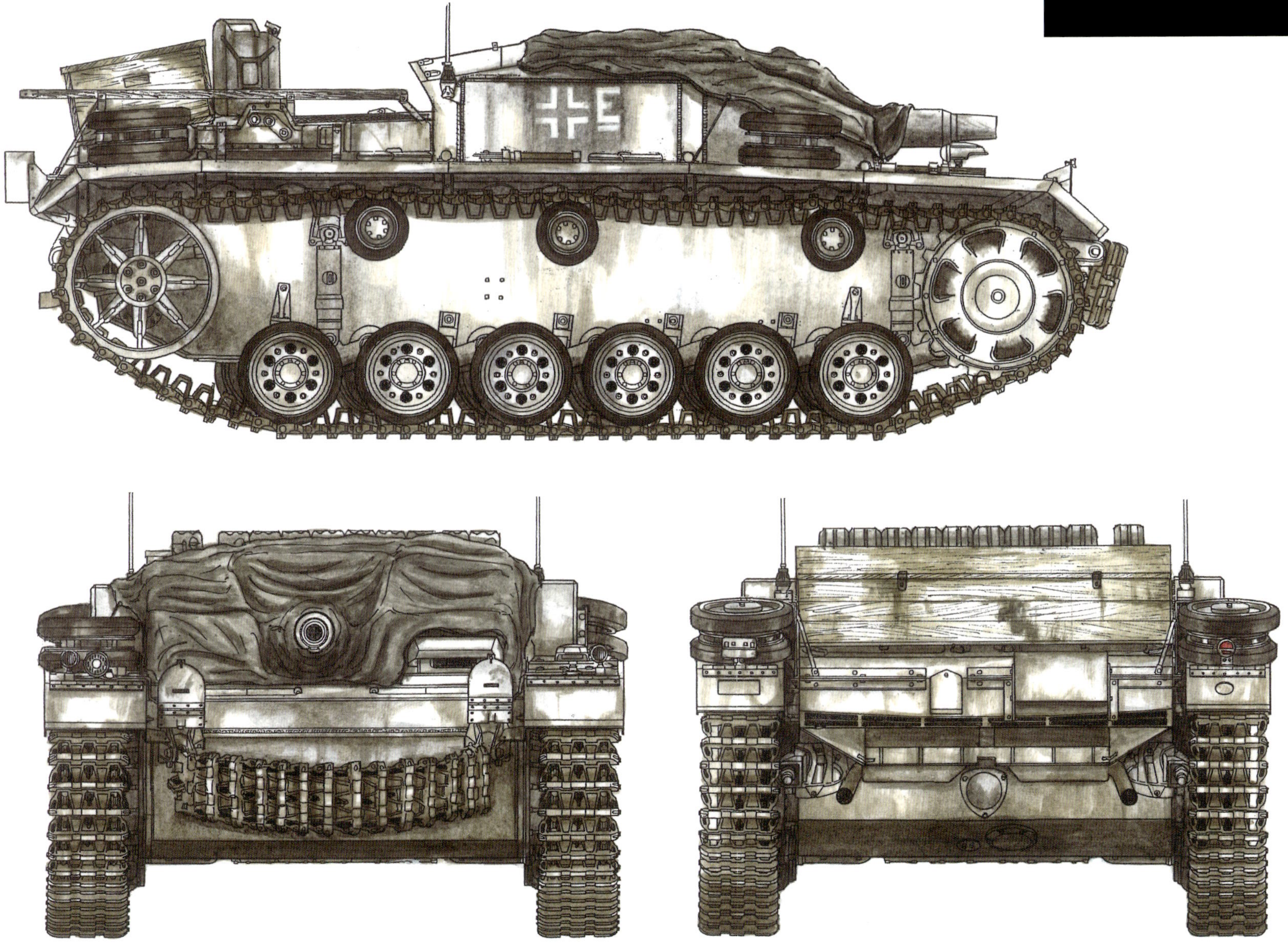

Sturmgeschütz III Ausf.E
Unit Unknown
Spring of 1942 Eastern Front

〔図40〕

Ⅲ号突撃砲E型
所属部隊不明

1942年春　東部戦線

車体は、基本色RAL7021ドゥンケルグラウを全面に塗布した大戦前期の標準的な単色塗装である。国籍標識のバルケンクロイツ、部隊マーク、戦術マークなどのマーキング類は一切描かれていない。

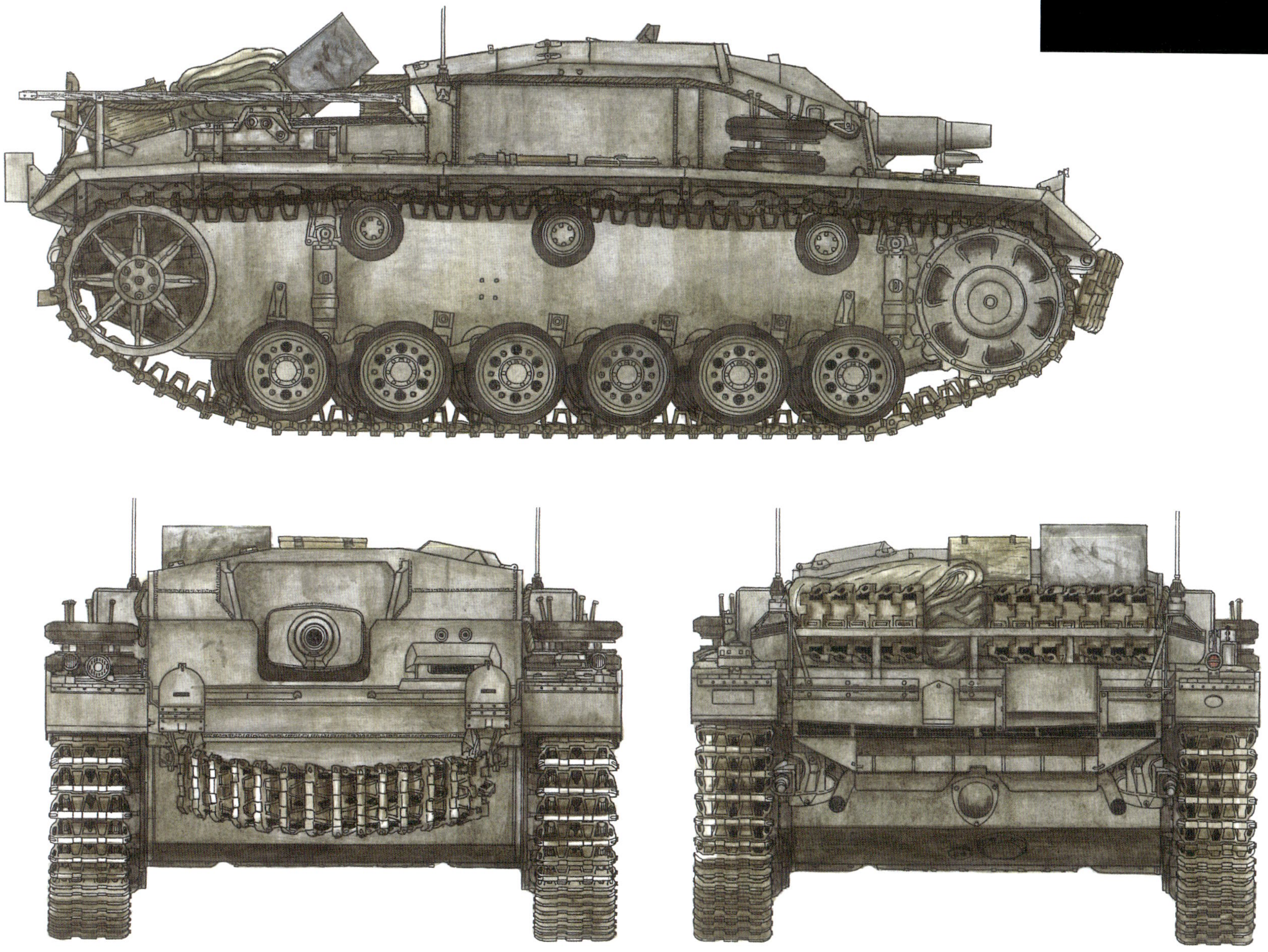

〔図39〕

Ⅲ号突撃砲E型　所属部隊不明

StuG.III Ausf.E Unit Unknown

車体各部の特徴

1941年9月の生産開始から少し経った頃のE型。左右フェンダー後部に予備転輪ホルダー、車体後面下部に排気整流板が追加されているが、車体前面の予備履帯ラックはまだ取り付けられておらず、前面左右の牽引ホールドに予備履帯を装着している。

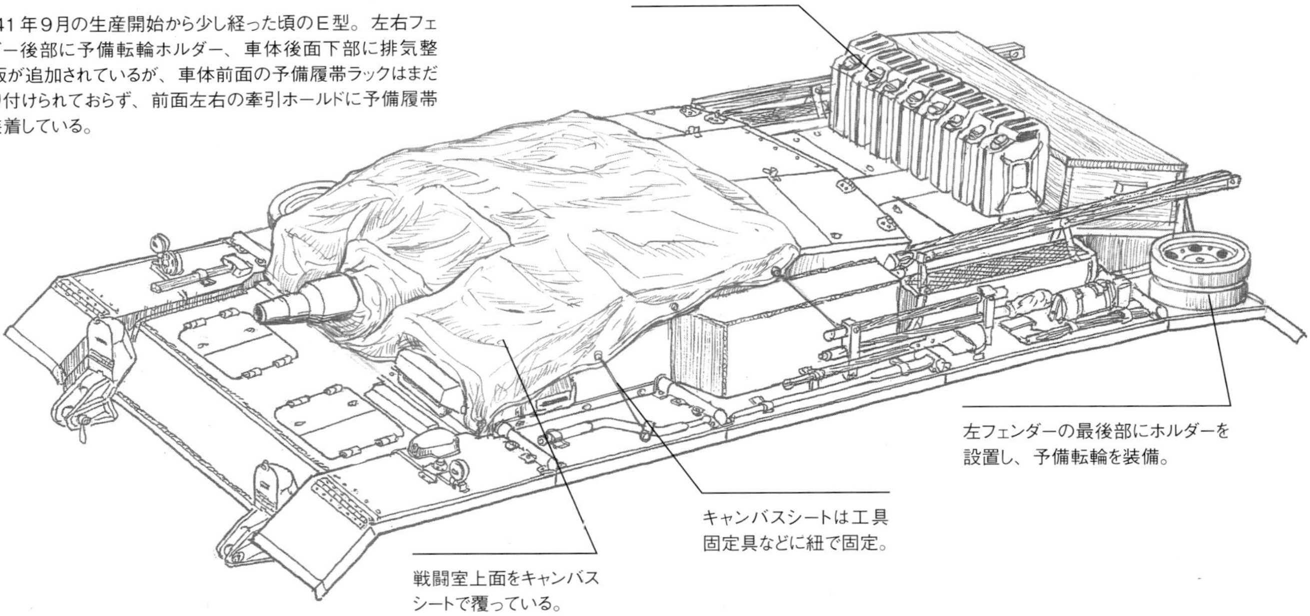

機関室上面に多数のジェリカンを携行。
左フェンダーの最後部にホルダーを設置し、予備転輪を装備。
キャンバスシートは工具固定具などに紐で固定。
戦闘室上面をキャンバスシートで覆っている。

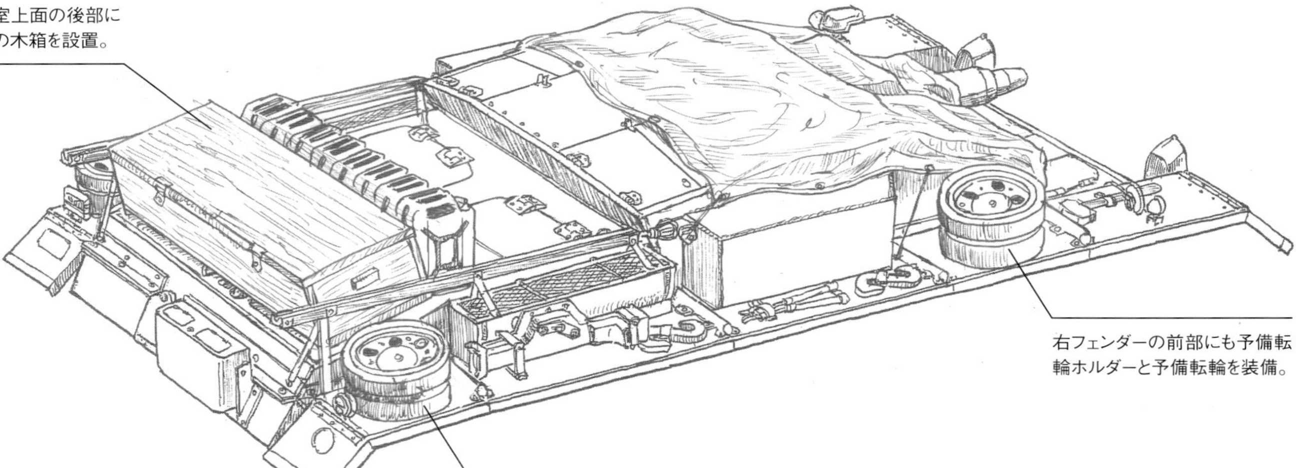

機関室上面の後部に大型の木箱を設置。
右フェンダーの前部にも予備転輪ホルダーと予備転輪を装備。
右フェンダーの最後部にもホルダーを設置し、予備転輪を装備。

7.5cm Stuk.37の砲尾付近

砲尾の後方を完全に囲むような形で後座ガードを設置。砲架の右側には弾薬収納箱が置かれている。

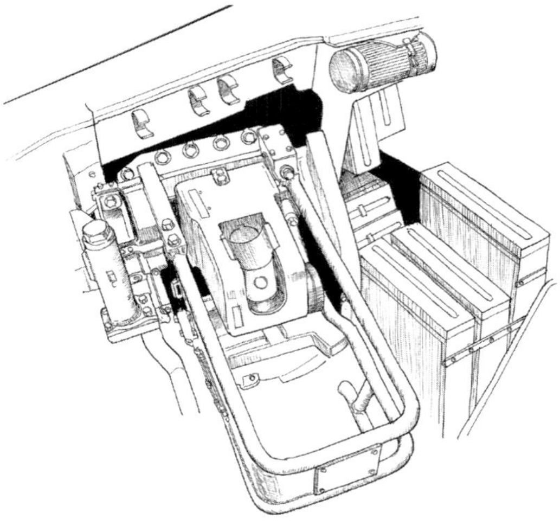

戦闘室内後壁の弾薬収納箱

戦闘室内後壁に設置された長方形の弾薬収納箱。前面には手榴弾用のラック（12本装備）が取り付けられている。

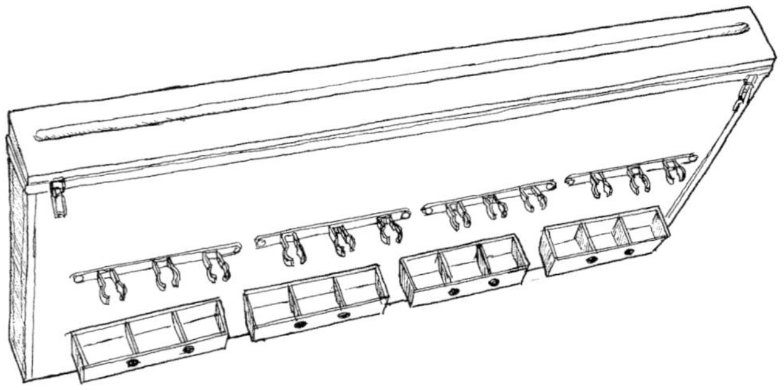

〔図40〕

Ⅲ号突撃砲E型　所属部隊不明

StuG.III Ausf.E　Unit Unknown

車体各部の特徴

車体後面下部に排気整流板を取り付けているが、車体前面の予備履帯ラックと左右フェンダー最後部の予備転輪ホルダーは装備していないので、E型の初期生産車と思われる。車体前面左右の牽引ホールドに予備履帯を装着している。

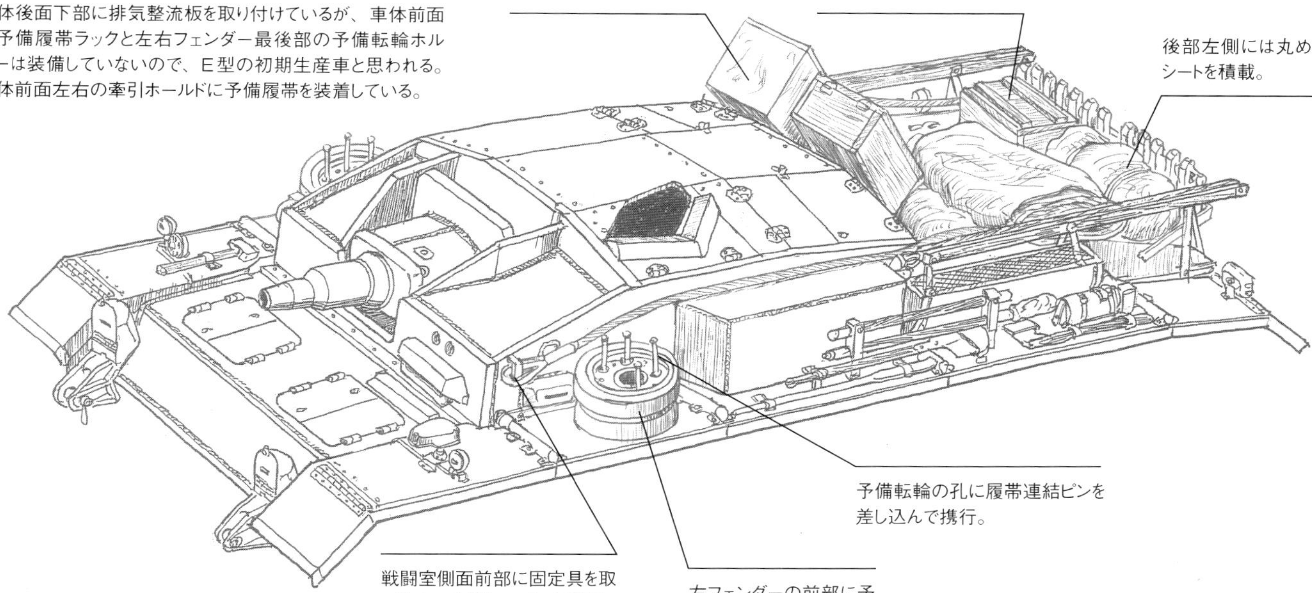
戦闘室の右後方に金属ケースを載せている。
機関室上面の後部右側に木箱を積んでいる。
後部左側には丸めたシートを積載。
予備転輪の孔に履帯連結ピンを差し込んで携行。
戦闘室側面前部に固定具を取り付け、牽引ケーブルを携行。
左フェンダーの前部に予備転輪を装備。

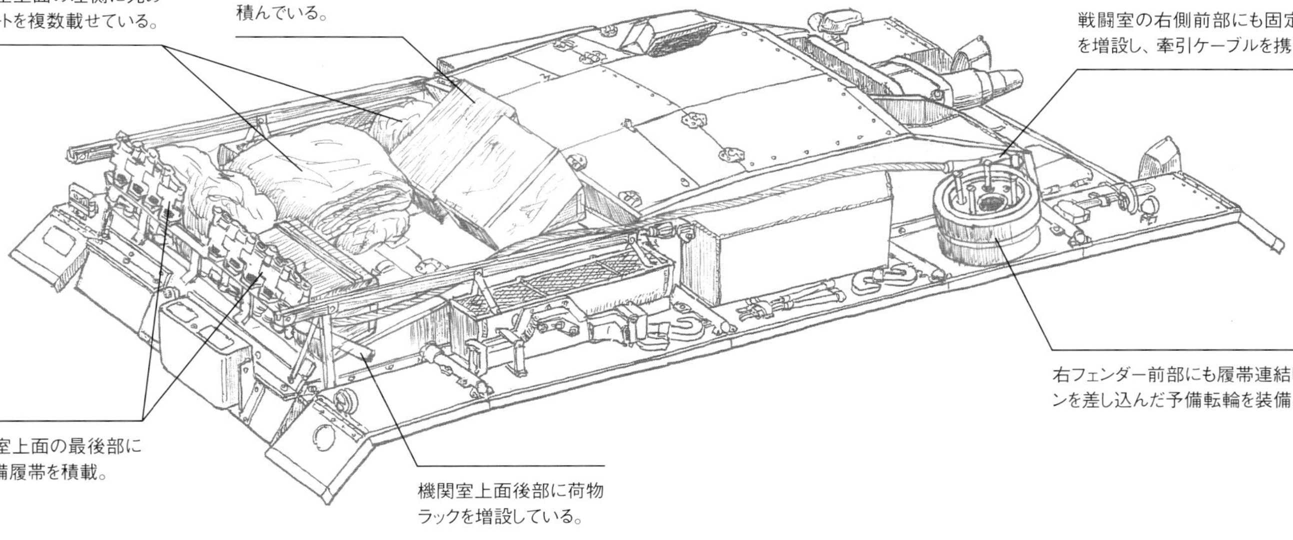
機関室上面の左側に丸めたシートを複数載せている。
戦闘室後方に木箱を積んでいる。
戦闘室の右側前部にも固定具を増設し、牽引ケーブルを携行。
右フェンダー前部にも履帯連結ピンを差し込んだ予備転輪を装備。
機関室上面の最後部には予備履帯を積載。
機関室上面後部に荷物ラックを増設している。

機関室上面

上図の車両は、機関室上面の後部に板金を加工・溶接留めした荷物ラックを増設している。

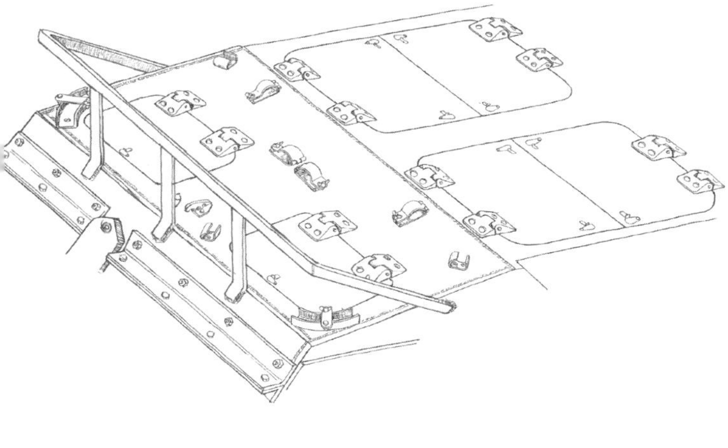

車体後面

E型では生産中に車体後面の排気口下部に排気整流板が設置されるようになる。上図の車両は、このような初期タイプの排気整流板が取り付けられている。

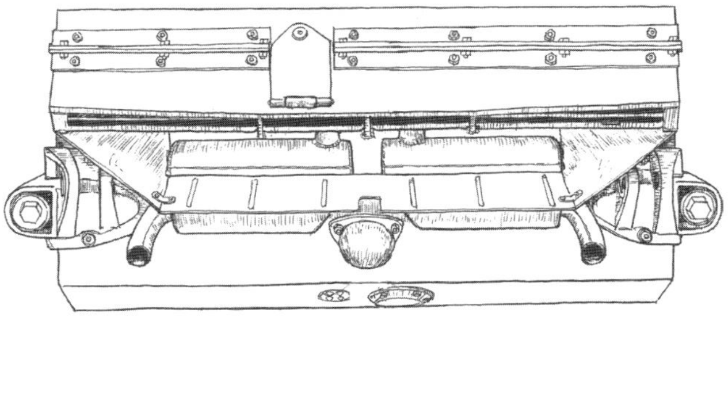

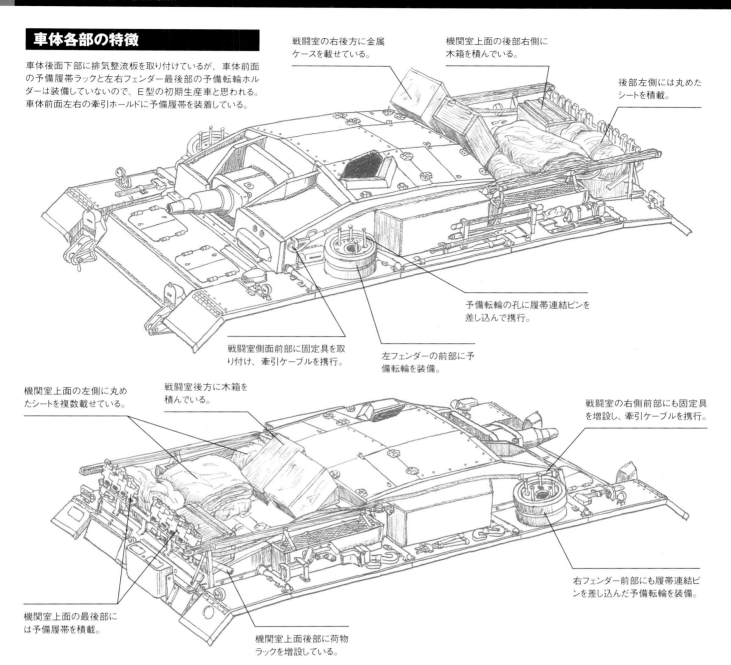

Sturmgeschütz III Ausf.E
SS Sturmgeschütz Abteilung 1
Spring of 1942 Eastern Front

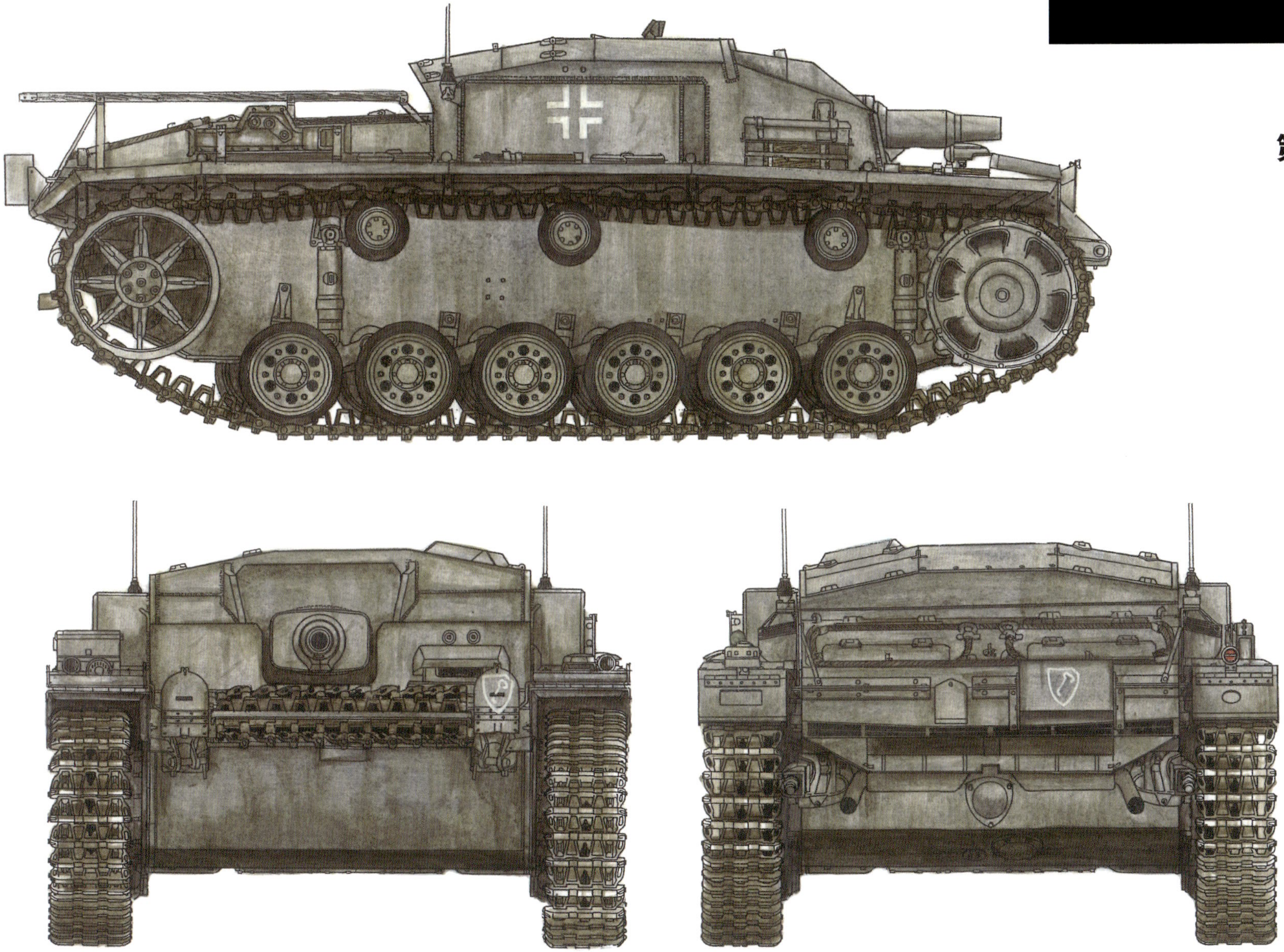

〔図41〕

Ⅲ号突撃砲E型
第1SS突撃砲大隊所属車

1942年春　東部戦線

車体は、基本色RAL7021ドゥンケルグラウの単色塗装。戦闘室側面に白縁のみの国籍標識バルケンクロイツを描き、さらに車体前面左側の前部ライトのカバーと車体後面上部の発煙装置装甲カバーに白い師団マークを描いている。

Sturmgeschütz III Ausf.E
Sturmgeschütz Abteilung 243
Summer of 1942 Eastern Front/Southern Sector

〔図42〕

Ⅲ号突撃砲E型
第243突撃砲大隊所属車

1942年夏　東部戦線 / 南部戦区

基本色RAL7021ドゥンケルグラウを車体全面に塗布した単色塗装。国籍標識のバルケンクロイツは白縁付き黒十字タイプで、戦闘室側面と車体後面上部の発煙装置装甲カバーに記入。戦闘室の右側後部には白で縁取りされた黒帯の中に戦死した戦友の記録が書き込まれており、また、国籍標識の前方と側面前部の吊り上げフックに差し込まれた黒いペナントにはニックネームが書かれている（文字は判読不能で、図は想像）。

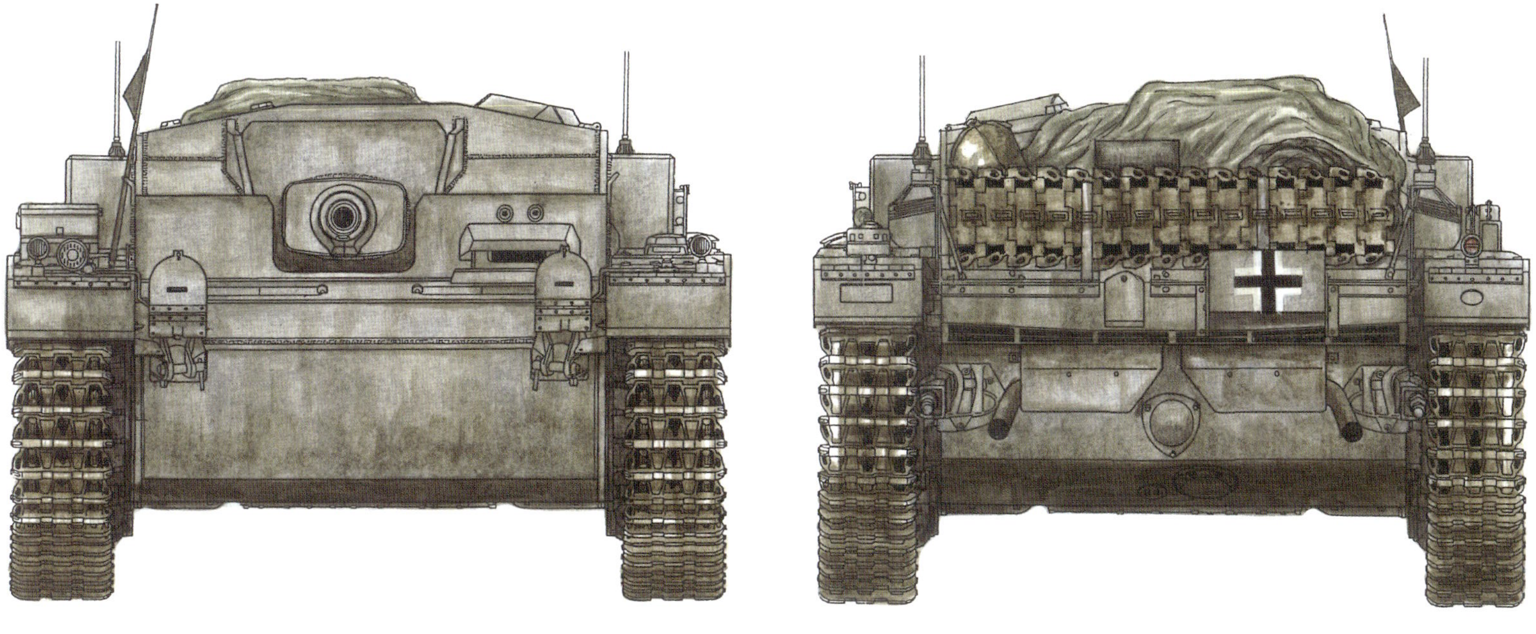

〔図41〕

Ⅲ号突撃砲E型　第1SS突撃砲大隊所属車

StuG.III Ausf.E　SS StuG.Apt.1

車体各部の特徴

おそらくE型の初期生産車と思われる。車体後面に排気整流板を装着しているが、後に標準化される車体前面の予備履帯ラックと左右フェンダー最後部の予備転輪ホルダーは未装備。

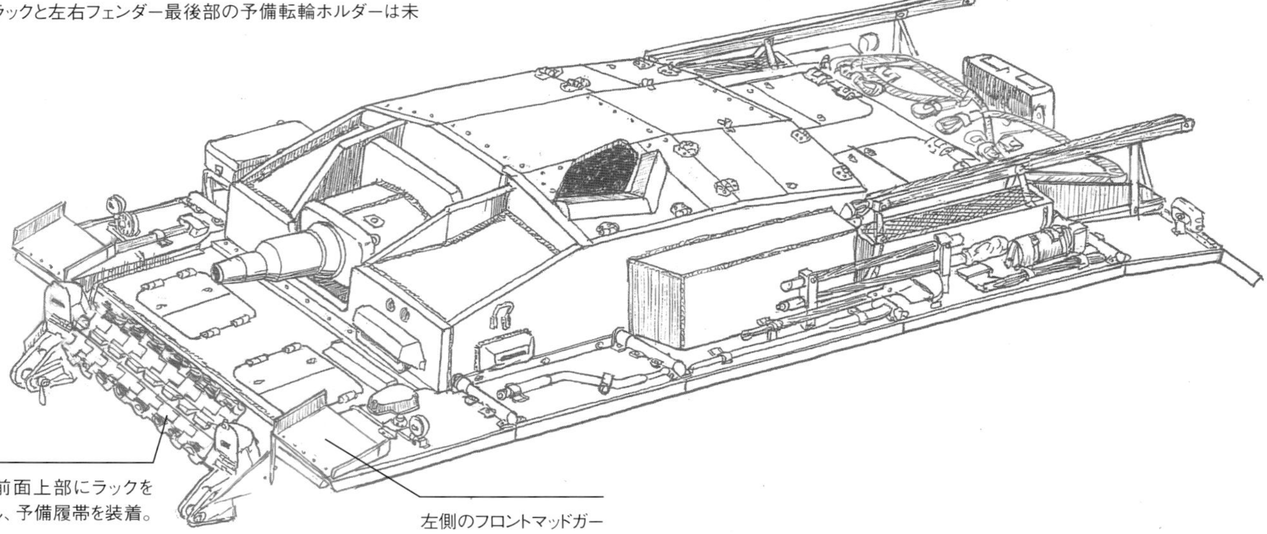

車体前面上部にラックを増設し、予備履帯を装着。

左側のフロントマッドガードを上げている。

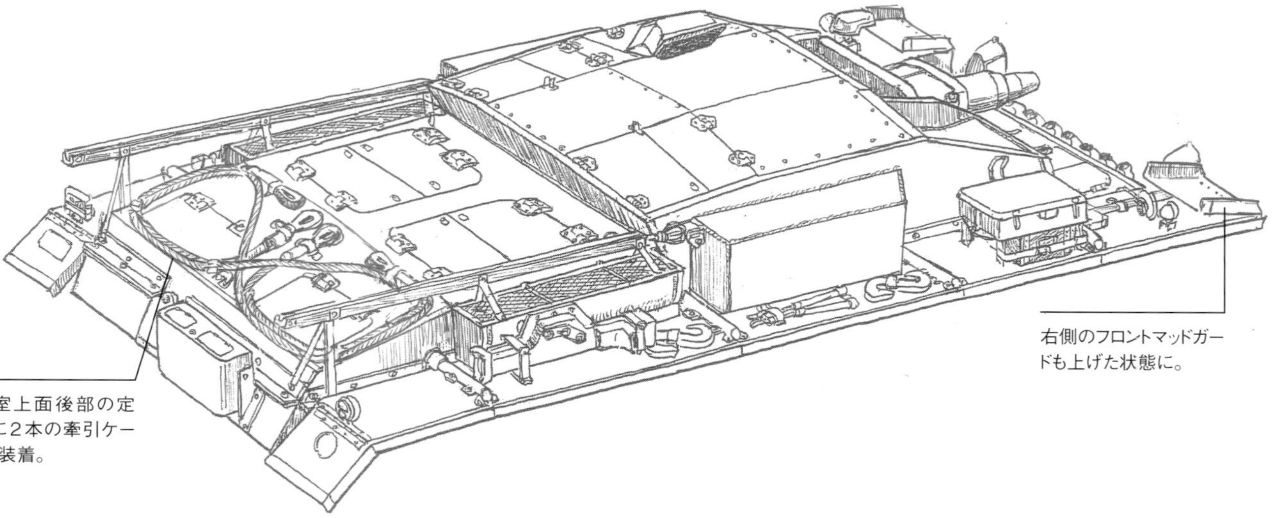

右側のフロントマッドガードも上げた状態に。

機関室上面後部の定位置に2本の牽引ケーブルを装着。

第2～第5転輪のサスペンションアーム

サスペンションアーム先端にはスイングガイドがあり、アーム上にはバンプストップが設置されている。

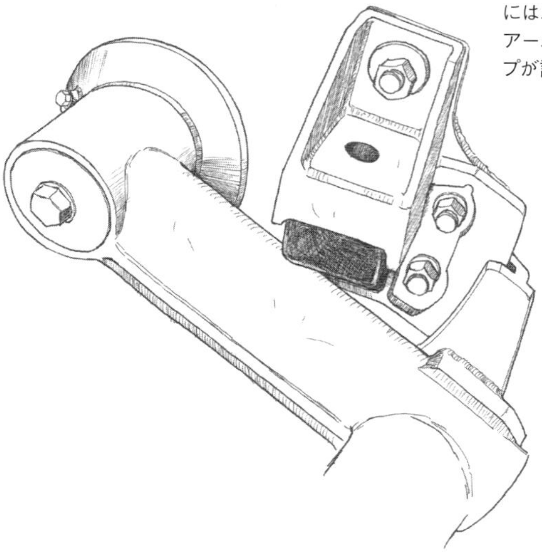

サスペンション構成

図は第1～第3転輪を示す。第1転輪(と第6転輪)のサスペンションアームにはショックアブソーバーを連結。さらに第1転輪（と第6転輪）用のバンプストップは、他の転輪よりも少し離れた位置に設置されており、アームのトラベル長を長く取れるようになっている。

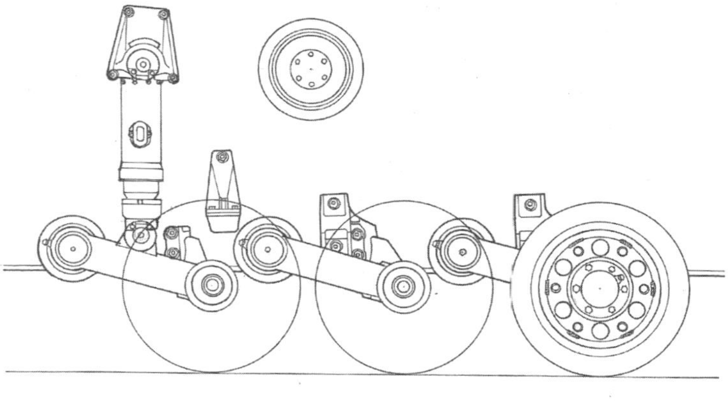

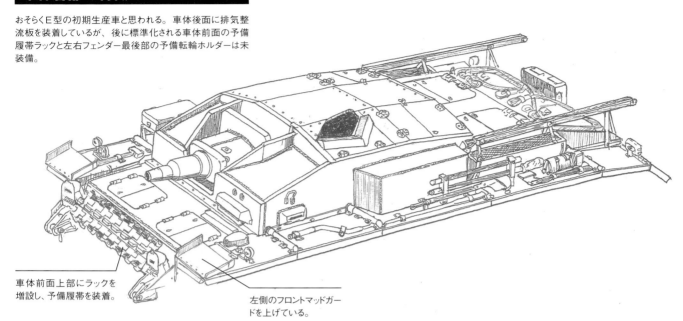

〔図42〕

Ⅲ号突撃砲E型　第243突撃砲大隊所属車

StuG.III Ausf.E　StuG.Apt.243

車体各部の特徴

車体前面の予備履帯ラック、左右フェンダー最後部の予備転輪ホルダー、車体後面の排気整流板がまだ取り付けられていないE型の初期生産車。

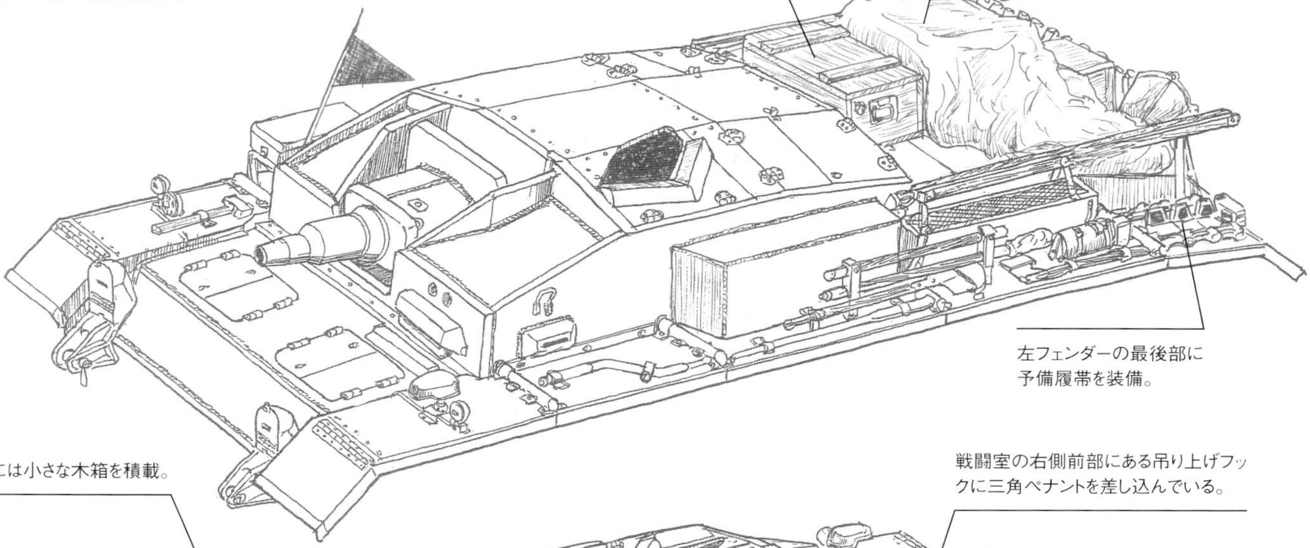

機関室上面の前部には木箱を積んでいる。
積み荷の上にキャンバスシートを掛けている。
左フェンダーの最後部に予備履帯を装備。

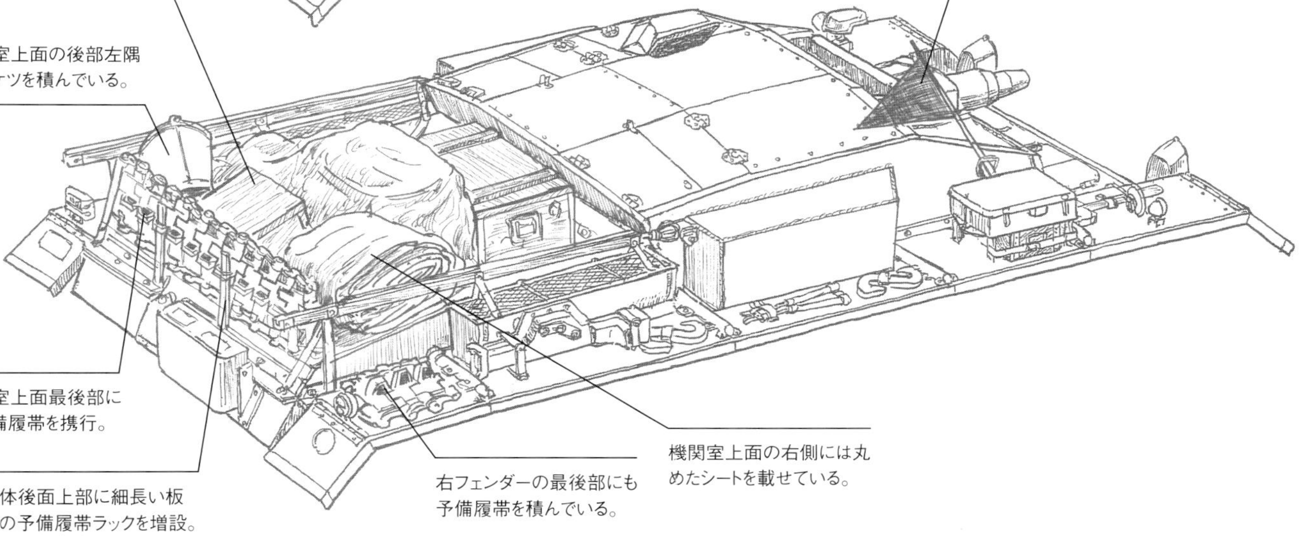

ここには小さな木箱を積載。
戦闘室の右側前部にある吊り上げフックに三角ペナントを差し込んでいる。
機関室上面の後部左隅にバケツを積んでいる。
機関室上面最後部には予備履帯を携行。
車体後面上部に細長い板状の予備履帯ラックを増設。
右フェンダーの最後部にも予備履帯を積んでいる。
機関室上面の右側には丸めたシートを載せている。

機関室上面

上図の車両は、車体後面上部に板金を加工した予備履帯ラックを設置。ラックは、予備履帯のセンターガイドの孔に差し込む簡易な作り。

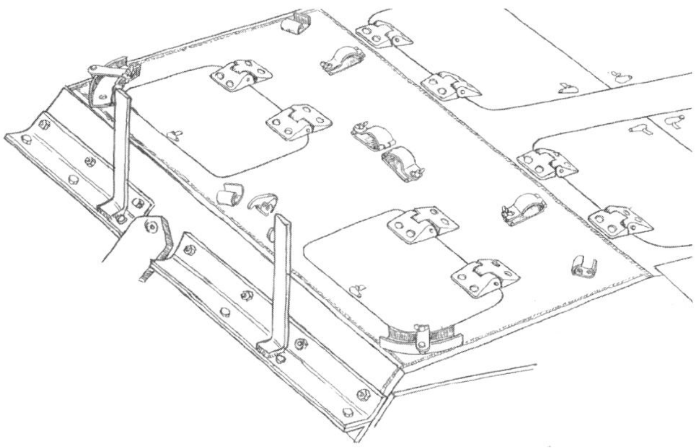

エンジン始動クランクの差し込み口

車体後面上部中央付近に設置。図はカバーを開けた状態。

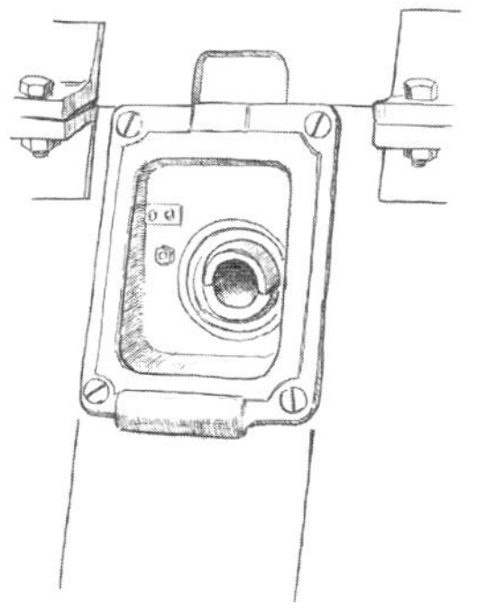

車体後面の牽引ホールド

車体後面下部の左右に設置。外側には履帯張度調整装置（六角ボルトの部分）が取り付けられている。図は車体左側。

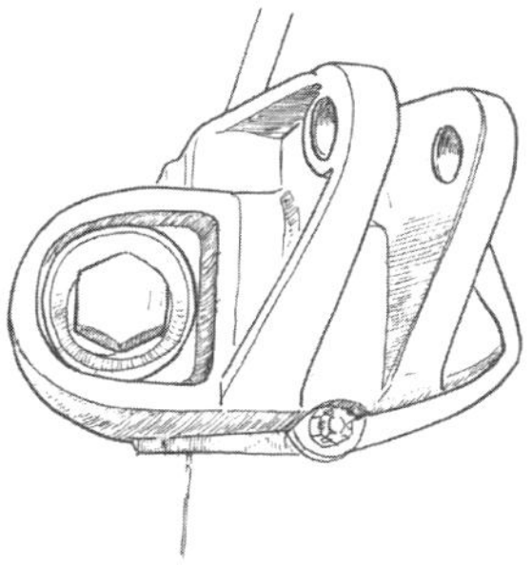

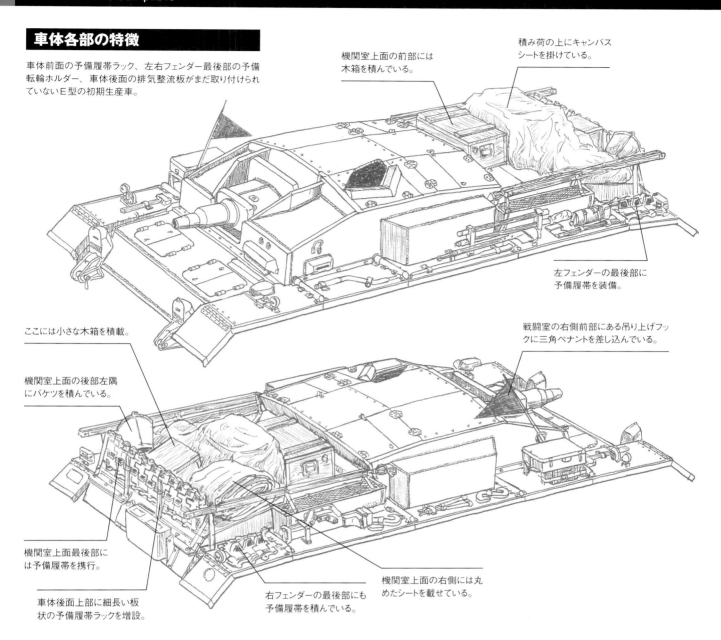

Sturmgeschütz III Ausf.E
Unit Unknown
Autumn of 1942 Eastern Front/Southern Sector

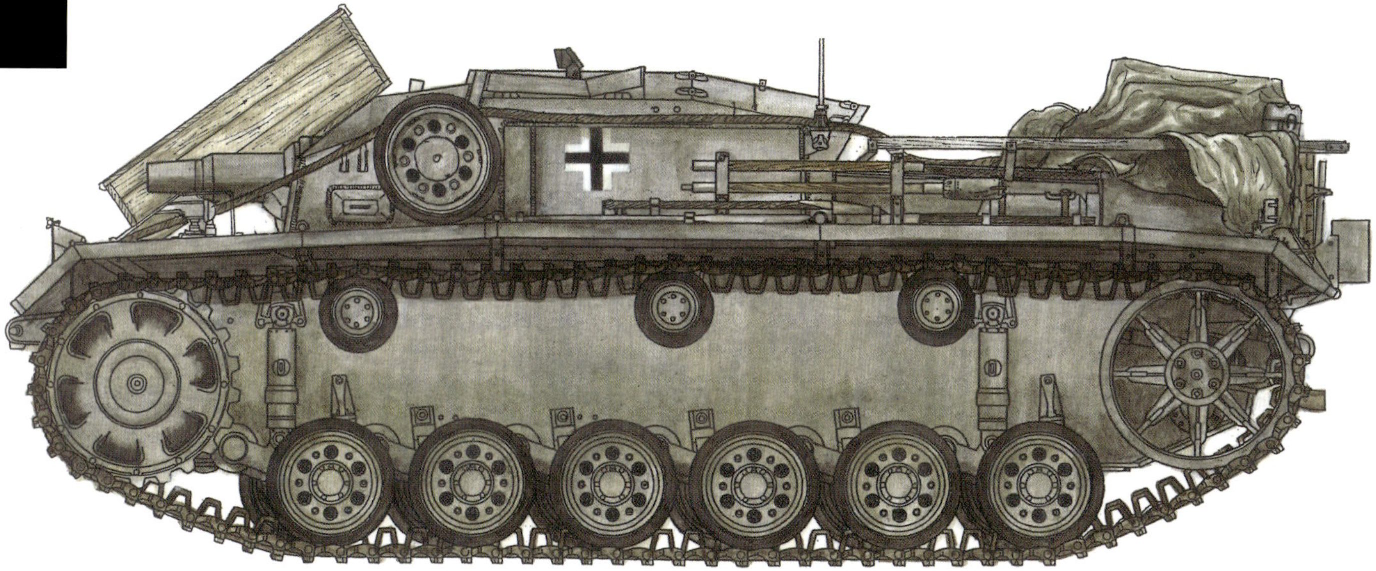

〔図43〕

Ⅲ号突撃砲E型 所属部隊不明

1942年秋　東部戦線 / 南部戦区

車体は、基本色RAL7021ドゥンケルグラウの単色塗装。白縁付き黒十字の国籍標識バルケンクロイツが標準位置の戦闘室側面と車体後面上部の発煙装置装甲カバーに描かれているが、それ以外のマーキング類はない。

Sturmgeschütz III Ausf.E
Sturmgeschütz Abteilung 222
Winter of 1942-1943 Eastern Front

〔図44〕

Ⅲ号突撃砲E型
第222突撃砲大隊所属車

1942～1943年冬　東部戦線

車体は、基本色RAL7021ドゥンケルグラウの単色塗装の上に白色塗料を塗り、冬季迷彩を施している。戦闘室側面には白縁付き黒十字の国籍標識バルケンクロイツ、その後ろには白文字で“Leopard”のニックネームが描かれているが、視認しやすいようにその周囲のみ白色を塗布せず、下地色のドゥンケルグラウを塗り残している。

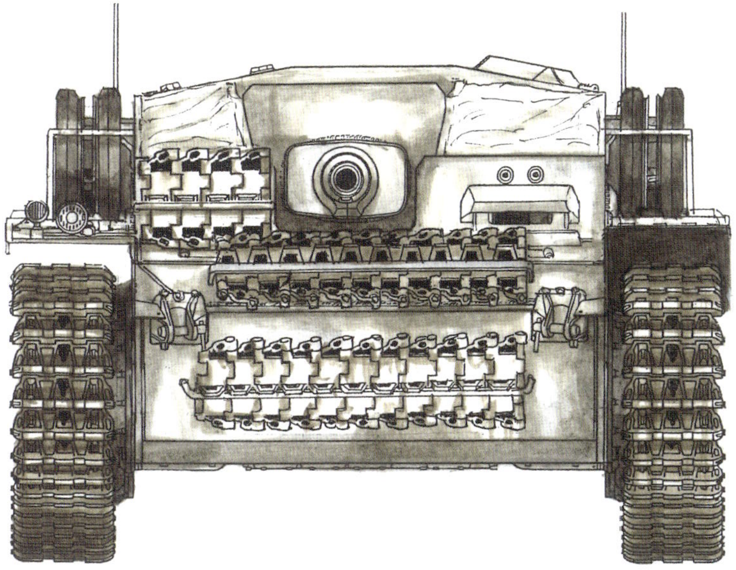

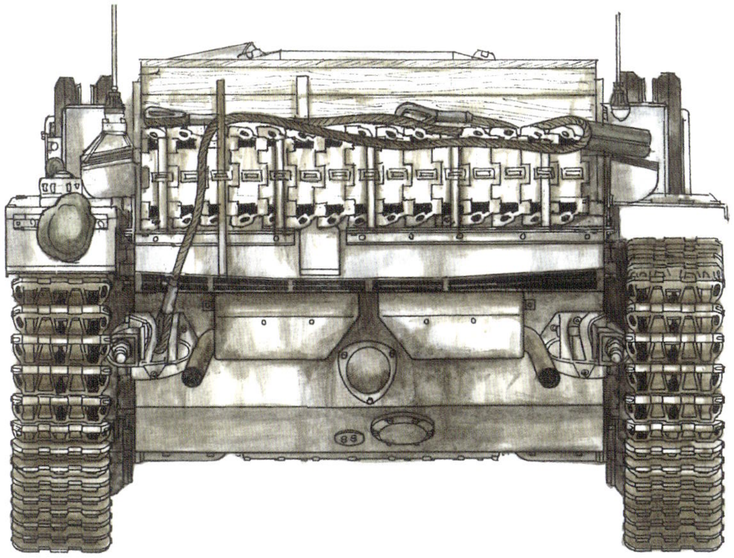

〔図43〕

Ⅲ号突撃砲E型　所属部隊不明

StuG.III Ausf.E Unit Unknown

車体各部の特徴

E型の初期生産車。車体前面に予備履帯ラックを取り付けているが、左右フェンダー最後部の予備転輪ホルダーと車体後面下部の排気整流板は、装備していない。

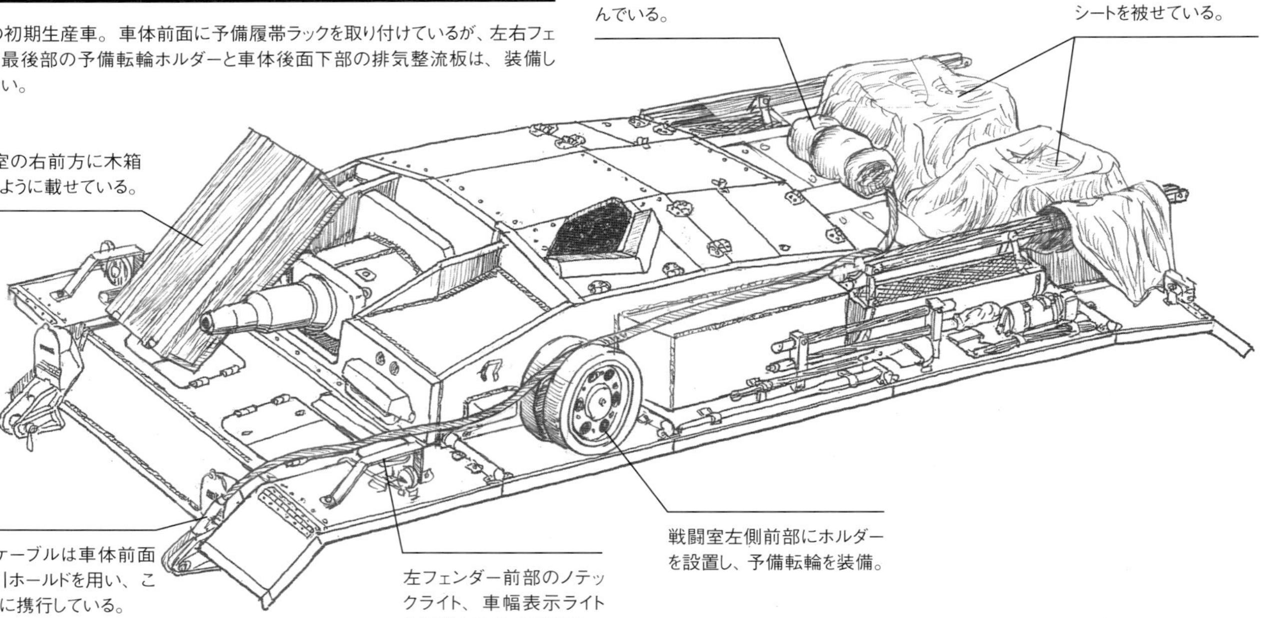
ここに丸めたシートを積んでいる。
機関室上面後部に積まれた荷物にはキャンバスシートを被せている。
戦闘室の右前方に木箱をこのように載せている。
牽引ケーブルは車体前面の牽引ホールドを用い、このように携行している。
左フェンダー前部のノテックライト、車幅表示ライトを保護するガードを追加。
戦闘室左側前部にホルダーを設置し、予備転輪を装備。

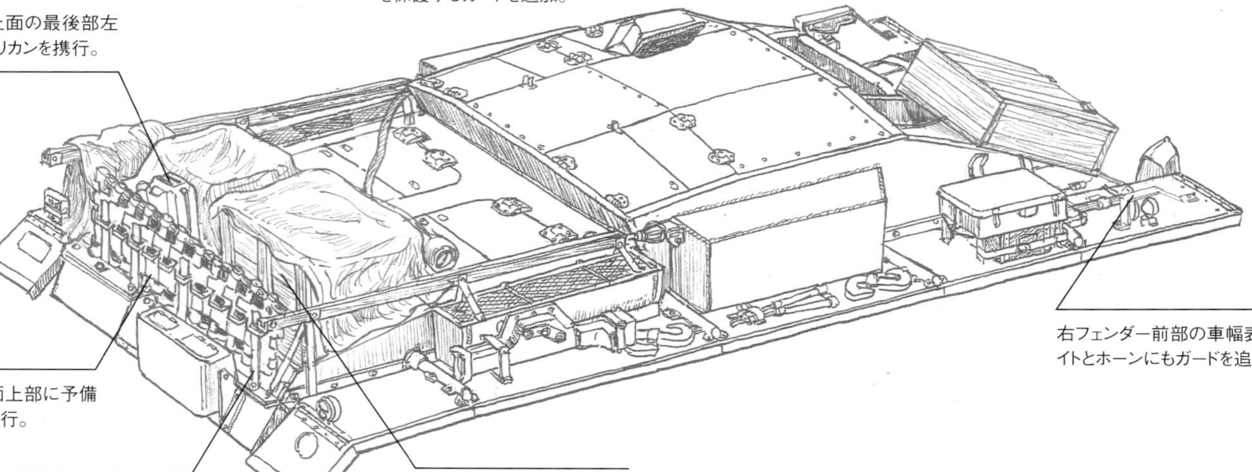
機関室上面の最後部左側にジェリカンを携行。
右フェンダー前部の車幅表示ライトとホーンにもガードを追加。
車体後面上部に予備履帯を携行。
車体後面上部に細長い板状の予備履帯ラックを増設。
機関室上面後部の右側には大きな木箱を積んでいる。

左右フェンダーの前部

上図の車両は、ノテックライト、車幅表示ライト、ホーンに破損防止用のガードを装着。ガードは板金を加工したものをボルト留めしている。

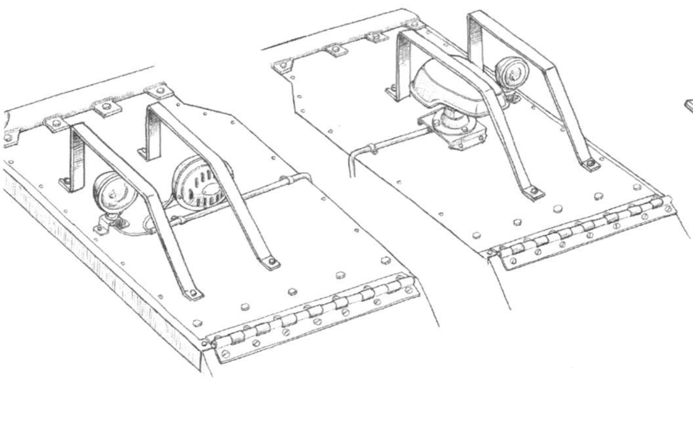

機関室上面

上図の車両は、車体後面上部に板金を加工・溶接留めした簡易な作りの予備履帯ラックを増設。ラックは、履帯のセンターガイドの孔に差し込むタイプ。

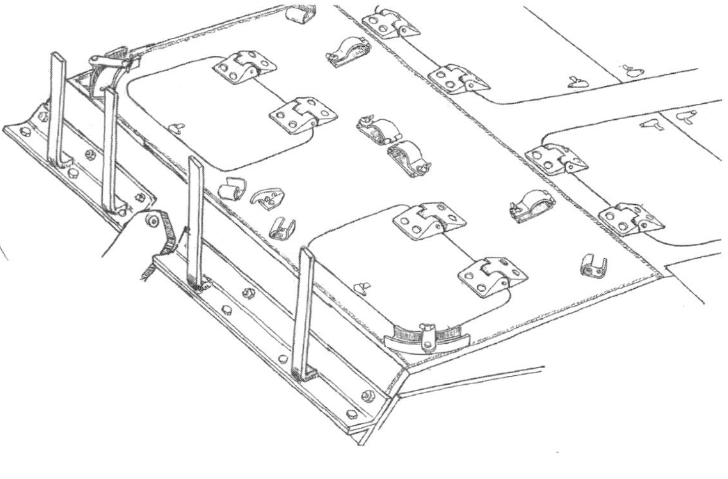

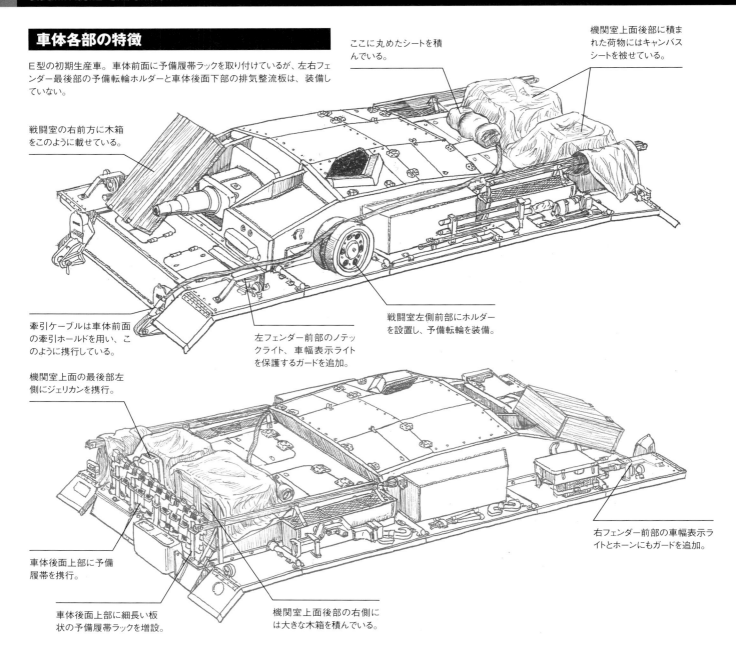

〔図44〕

Ⅲ号突撃砲E型　第222突撃砲大隊所属車

StuG.III Ausf.E　StuG.Apt.222

車体各部の特徴

車体にかなりダメージの跡が見えるが、左右のフェンダー最後部に予備転輪ホルダーを装備していないので、E型の初期生産車と思われる。車体前面と車体下部側面には部隊において標準仕様とは異なる予備履帯ラックを取り付けている。

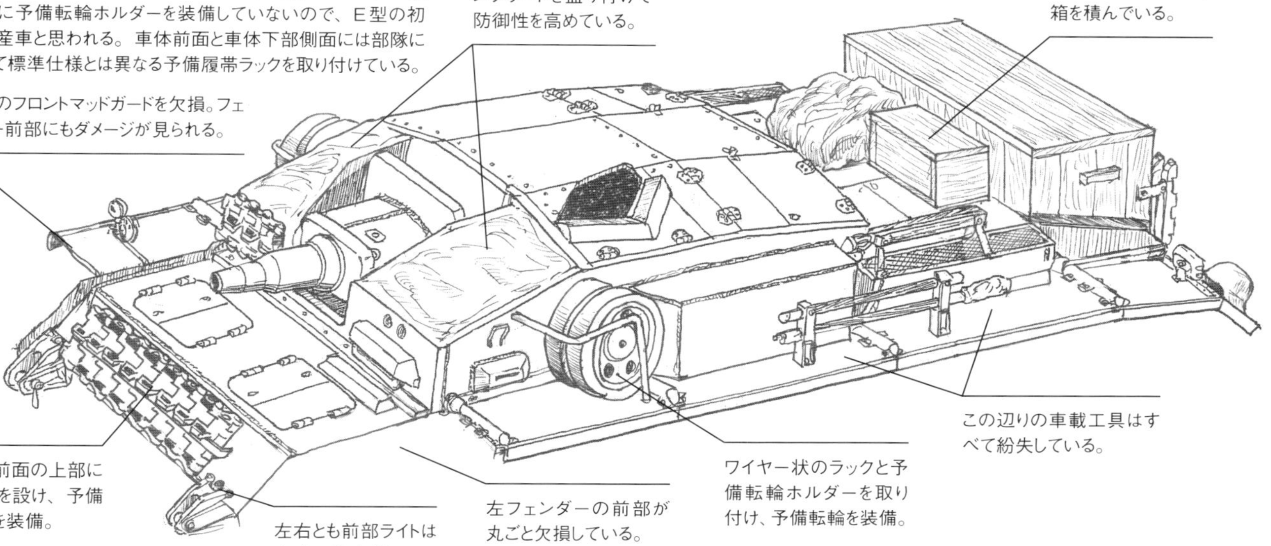

右側のフロントマッドガードを欠損。フェンダー前部にもダメージが見られる。
戦闘室前部の左右にコンクリートを盛り付けて防御性を高めている。
この位置に小さな木箱を積んでいる。
車体前面の上部にラックを設け、予備履帯を装備。
左右とも前部ライトはカバーごと欠損。
左フェンダーの前部が丸ごと欠損している。
ワイヤー状のラックと予備転輪ホルダーを取り付け、予備転輪を装備。
この辺りの車載工具はすべて紛失している。

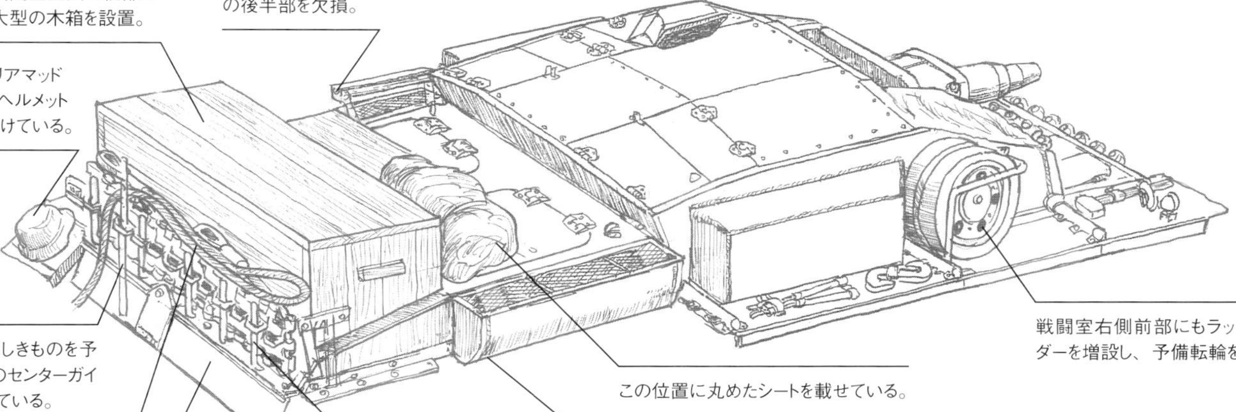

機関室上面の後部に大型の木箱を設置。
アンテナ収納ケースの後半部を欠損。
左側のリアマッドガードにヘルメットを取り付けている。
バールらしきものを予備履帯のセンターガイドに差している。
牽引ケーブルを携行。
発煙装置は未装備（あるいは欠損）。
車体後面上部に棒状の簡易なラックを増設し、予備履帯を携行。
右フェンダーの後部を大きく欠損。
この位置に丸めたシートを載せている。
戦闘室右側前部にもラックとホルダーを増設し、予備転輪を装備。

車体前部

上図の車両は、現地部隊によって予備履帯ラックが増設されている。車体前面は金属棒を、前面上部は板金を用い、曲げ加工し、溶接留めしている。

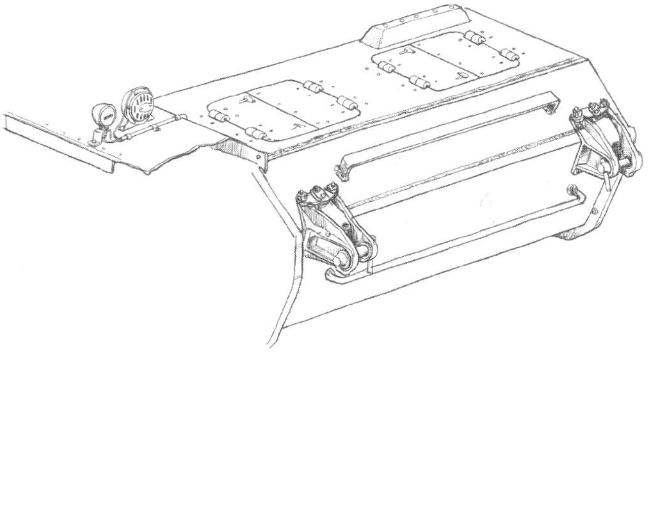

機関室上面

上図の車両は、車体後面上部に金属角棒を加工した予備履帯ラックを取り付けている。ラックは、予備履帯のセンターガイドの孔を差し込むタイプ。

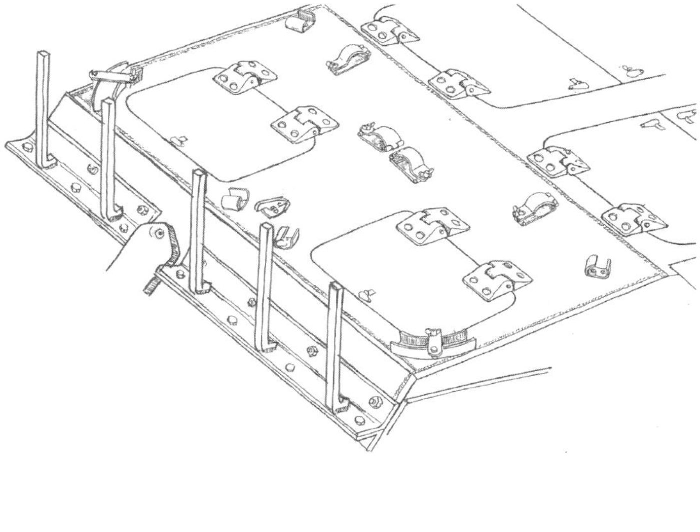

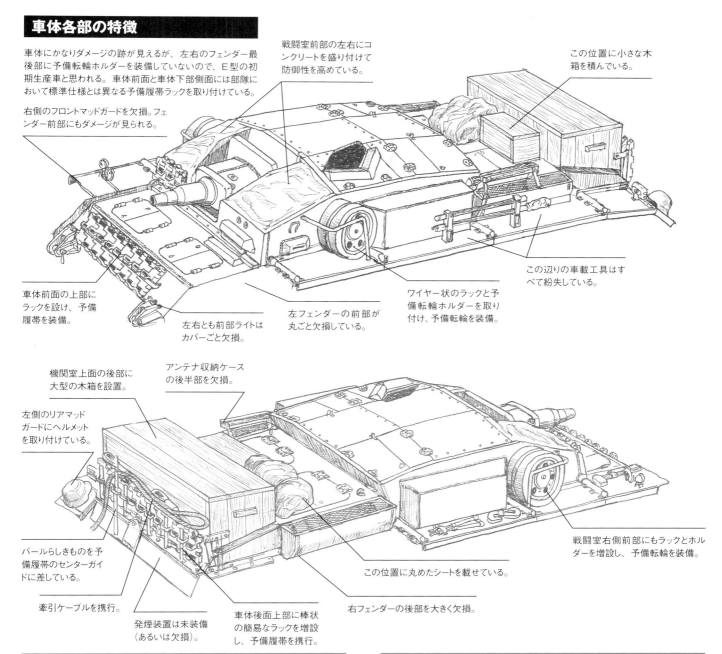

記録写真に残る各戦車を徹底的に図解!

ミリタリー ディテール イラストレーション

■定価：本体　2,300 ～ 3,600円（税別）　■A4判　96ページ

戦時中の記録写真に写った戦車各車両を多数のイラストを用いて詳しく解説。1/35（または1/30）スケールのカラー塗装＆マーキング・イラストと車体各部のディテールイラストにより個々の車両の塗装とマーキングはもちろんのこと、その車両の細部仕様や改修箇所、追加装備類、パーツ破損やダメージの状態などが一目瞭然！　戦車の図解資料としてのみならず、各模型メーカーから多数発売されている戦車模型のディテール工作や塗装作業のガイドブックとして活用できます。

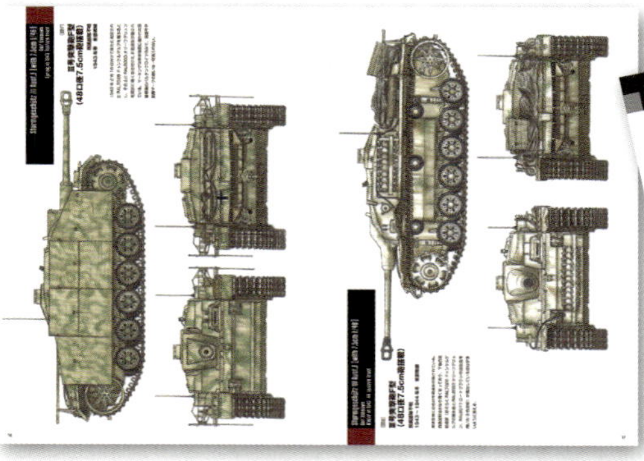

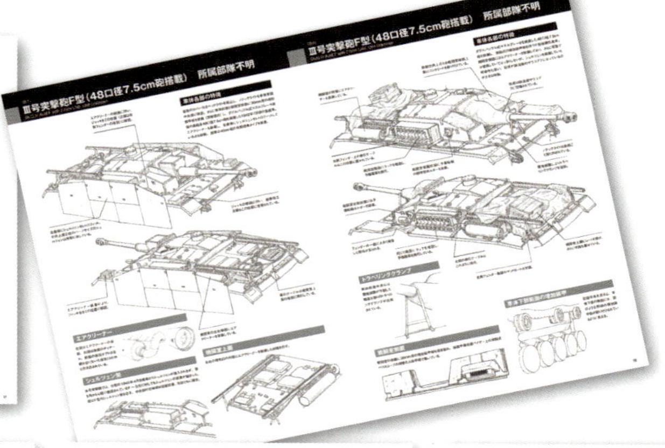

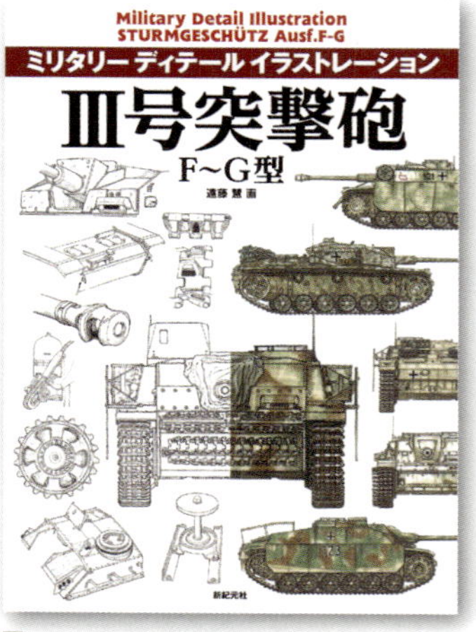

Ⅲ号突撃砲 F~G型

ティーガーI 初期型

ティーガーI 中期/後期型

パンター

Ⅳ号戦車 A~F型

Ⅳ号戦車 G~J型

Ⅲ号戦車 E~J型

Ⅲ号戦車 L~N型

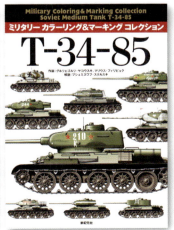

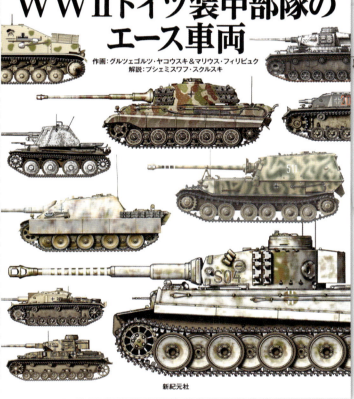

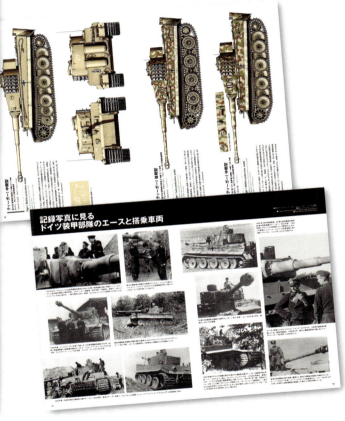

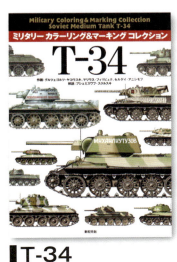

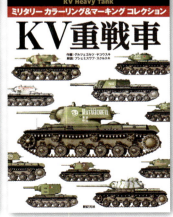

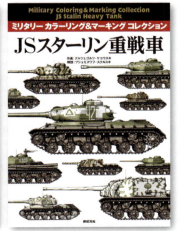

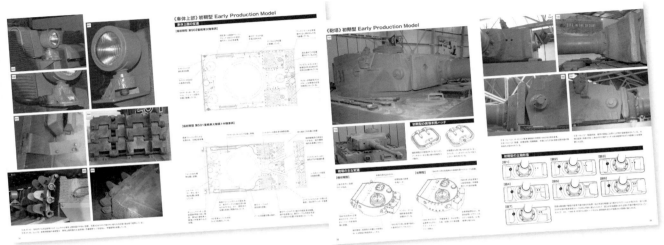

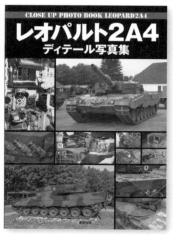

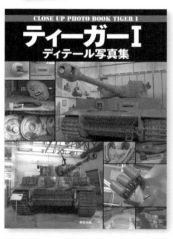

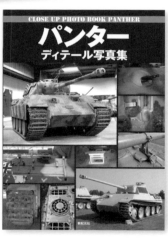

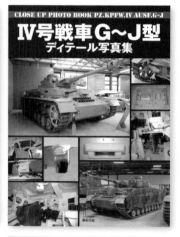

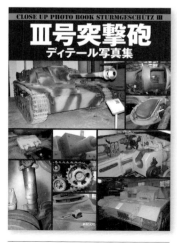

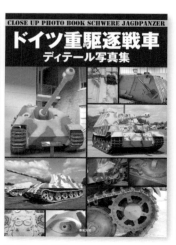

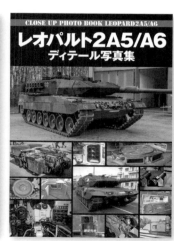

スケールモデルの製作ガイドブック決定版!
ミリタリーモデリングBOOKシリーズ

■定価：本体 2,800円(税別)　■A4変型判 112ページ

■ Ⅲ号戦車 A～H型

■ 各メーカーの 1/35 キットを製作
〈製作アイテム〉
Ⅱ号戦車 A 型、B 型、C 型、D 型、D 型 /B 型砲塔搭載型、E 型、F 型、F 型 5cm 砲搭載型、G 型、H 型後期型、指揮戦車 E 型、観測戦車 H 型、潜水戦車 F 型、潜水戦車 H 型、地雷除去戦車など 17 作品
■ Ⅲ 号戦車 A ～ H 型　塗装 & マーキング
■ Ⅲ 号戦車 F 型 5cm 砲搭載型　ディテール写真
■ Ⅲ 号戦車 A ～ H 型 ディテール変遷イラスト
■ Ⅲ 号戦車 A ～ H 型 1/35 スケール 4 面図
■ Ⅲ 号戦車 A ～ H 型 1/35 キット & ディテールアップパーツ・カタログ

■ Ⅲ号戦車 J～N型

■ 各メーカーの 1/35 キットを製作
〈製作アイテム〉
Ⅲ 号戦車 J 型極初期型、J 型熱帯地仕様、L 型初期型、L 型熱帯地仕様、L 型後期型、M 型初期型、M 型後期型、N 型（L 型車体）、N 型（M 型車体）、無線操縦用指揮戦車、42 口径 5cm 砲搭載指揮戦車、指揮戦車 K 型、Ⅲ 号戦車（火炎型）、戦車回収車、対空戦車など 17 作品
■ Ⅲ 号戦車 J ～ N 型　塗装 & マーキング
■ Ⅲ 号戦車 J 型 /L 型 /N 型　ディテール写真
■ Ⅲ 号戦車 J ～ N 型 ディテール変遷イラスト
■ Ⅲ 号戦車 J ～ N 型 1/35 スケール 4 面図
■ Ⅲ 号戦車 J ～ N 型 1/35 キット & ディテールアップパーツ・カタログ

Ⅳ号戦車 A～F型

■ 各メーカーの1/35キットを製作
〈製作アイテム〉
Ⅳ号戦車A型、B型、C型、D型、D型フォアパンツァー、潜水戦車D型、D型5cm砲搭載型、D型7.5cm長砲身型、E型、E型フォアパンツァー、潜水戦車E型、F型など17作品
■ Ⅳ号戦車A～F型　塗装&マーキング
■ Ⅳ号戦車D型(改修型)/D型 43口径7.5cm砲 KwK40搭載型ディテール写真
■ Ⅳ号戦車A～F型 1/35スケール4面図
■ Ⅳ号戦車A～F型 ディテール変遷イラスト
■ Ⅳ号戦車A～F型 1/35キット&ディテールアップパーツ・カタログ

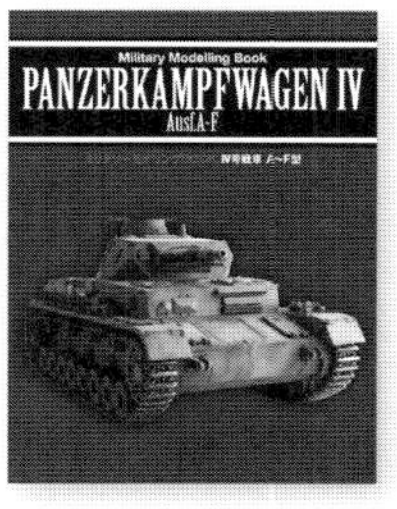

Ⅳ号戦車 G～J型

■ 各メーカーの1/35キットを製作
〈製作アイテム〉
Ⅳ号戦車F2型(G型初期型)、G型中期型、G型後期型、H型クルップ社試作型、H型後期型、J型極初期型、J型初期型、J型中期型、J型最後期型、J型観測戦車、流体変速機型、Rf.K 43無反動砲　搭載型、パンターF型砲塔搭　載型など17作品
■ Ⅳ号戦車G～J型　塗装&マーキング
■ Ⅳ号戦車G型/H型/J型/流体変速機搭載試作車　ディテール写真
■ Ⅳ号戦車G～J型 ディテール変遷イラスト
■ Ⅳ号戦車G～J型　1/35スケール4面図
■ Ⅳ号戦車G～J型 1/35キット&ディテールアップパーツ・カタログ

ドイツ軽対戦車自走砲

■ 各メーカーの1/35キットを製作
〈製作アイテム〉
I号対戦車自走砲、PaK36(r)搭載マーダーII、PaK40/2搭載マーダーII、PaK36(r)搭載マーダーIII、StuK40搭載マーダーIII 試作型、マーダーIII H型、マーダーIII M型、PaK36搭載UE630(f)、PaK40搭載39H(f)対戦車自走砲、PaK40/1搭載マーダーI、ヴァッフェントレーガー、Sd.Kfz.251/22 D型など計21作品
■ 軽対戦車自走砲 塗装&マーキング
■ マーダーI/II/IIIなど ディテール写真
■ マーダーII/III ディテール変遷イラスト
■ I号対戦車自走砲、マーダーII/III 1/35スケール4面図
■ 軽対戦車自走砲 1/35キット&ディテールアップパーツ・カタログ

Ⅳ号自走砲

■各メーカーの1/35キットを製作
〈製作アイテム〉
10.5cm K18搭載Ⅳ号a型装甲自走車台、ナースホルン、フンメル、10.5cm leFH18/1搭載Ⅳ号b型自走砲、ホイシュレッケ10、ロケットランチャー搭載試作車、メーベルヴァーゲン、ヴィルベルヴィント、オストヴィント、ツェルシュテーラー45、クーゲルブリッツなど18作品
■Ⅳ号自走砲　塗装&マーキング
■ フンメル、ナースホルンなど　ディテール写真
■ ナースホルン、フンメル、ディテール変遷イラスト
■ Ⅳ号自走砲　1/35スケール4面図
■Ⅳ号自走砲　1/35キット& ディテールアップパーツ・カタログ

ドイツ計画重戦車

■ 各メーカーの1/35キットを製作
〈製作アイテム〉
ティーガーH2、ティーガーI 71口径長砲身型、ラムティーガー、VK4502(P)、ティーガーII 68口径 10.5cm砲型、ヤークトティーガー 66口径 長砲身型、VII号戦車レーヴェ、E75、E100、E100重駆逐戦車、E100対空戦車、マウス、マウスII、30.5cm自走榴弾砲ベア、17cm K72自走カノン砲グリレ17、21cm Msr18/1自走臼砲グリレ21など18作品
■ マウス 塗装&マーキング
■ ティーガー重戦車/マウス/E75 & E100開発史
■ ドイツ計画重戦車 1/35キット&ディテールアップパーツ・カタログ

第二次大戦ソ連重戦車

■各メーカーの1/35キットを製作。
〈製作アイテム〉
T-35、SMK、KV-1 1939年型、KV-1 1940年型、KV-1フィンランド軍仕様、KV-1 1941年型/鋳造砲塔、KV-1 1942年型/溶接砲塔、KV-1 1942年型/鋳造砲塔、KV-1 ドイツ軍仕様、KV-2 1939年型、KV-2 1940年型、KV-2ドイツ軍仕様、KV-220、KV-220-2、KV-3、KV-5、KV-1S、KV-85、JS-1、JS-2 943年型、JS-2 1944年型、JS-3 計22作品収録
■KV/JS重戦車　塗装&マーキング
■KV/JS重戦車 ディテール写真
■KV/JS重戦車 変遷イラスト
■ ソ連重戦車 1/35キット&ディテールアップパーツ・カタログ
■KV-1/JS-2 1/35スケール4面図

第二次大戦 日本陸軍中戦車

■ 各メーカーの1/35キットを製作
〈製作アイテム〉
八九式中戦車、九七式中戦車チハ、チハ増加装甲型、チハ後期車体、新砲塔チハ初期車体、新砲塔チハ後期車体、新砲塔チハ増加装甲型、指揮戦車シキ、一式中戦車チヘ、三式中戦車チヌ、チヌ/チト砲塔搭載型、チヌ長砲身型、四式中戦車チト、五式中戦車チリなど18作品
■ 日本陸軍中戦車 塗装&マーキング
■ 八九式乙/九七式/三式中戦車 ディテール写真
■ 八九式/九七式/一式中戦車 ディテール変遷イラスト
■ 八九式/九七式/一式中戦車 1/35スケール4面図
■ 日本陸軍中戦車 1/35キット&パーツ・カタログ

フォッケウルフFw190D/Ta152

■ 各メーカーの1/48、1/32、1/24キットを製作
〈製作アイテム〉
Fw190D-9、Fw190D-9後期型、Fw190D-11、Fw190D-12、Fw190D-13、Ta152H-1、Ta152C-0、Ta152C-1、Ta152C-1/R14など18作品
■Fw190D-9/D-11/D-13、Ta152H-0/H-1塗装とマーキング
■ Fw190D-13/Ta152H-0 実機写真
■ Fw190D/Ta152 各型式図面
■Fw190D/Ta152 キット&ディテールアップパーツ・カタログ

日本海軍艦艇 戦艦/巡洋戦艦

■各メーカーの1/700、1/350キットを製作
〈製作アイテム〉
戦艦 三笠、金剛、榛名、比叡、霧島、扶桑、山城、日向、加賀、紀伊、長門、陸奥、大和、武蔵、巡洋戦艦 天城、航空戦艦伊勢など18作品
■ 三笠 実艦ディテール写真
■ 博物館展示 大型精密模型ディテール写真
■各艦図面
■日本海軍戦艦/巡洋戦艦 キット&ディテールアップパーツ・カタログ

ミリタリー ディテール イラストレーション

Ⅲ号突撃砲 A～E型

Military Detail Illustration

STURMGESCHÜTZ Ausf.A-E

2018 年 12 月 7 日　初版発行
発行者　宮田一登志
発行所　株式会社 新紀元社
〒101-0054 東京都千代田区神田錦町 1-7
錦町一丁目ビル 2F
Tel 03-3219-0921　FAX 03-3219-0922
smf@shinkigensha.co.jp
http://www.shinkigensha.co.jp/
郵便振替　00110-4-27618
編集者　塩飽昌嗣
イラスト・解説　遠藤 慧
デザイン　今西スグル
矢内大樹
〔リパブリック〕
印刷・製本　株式会社リーブルテック

ISBN978-4-7753-1653-5
定価はカバーに表記してあります。

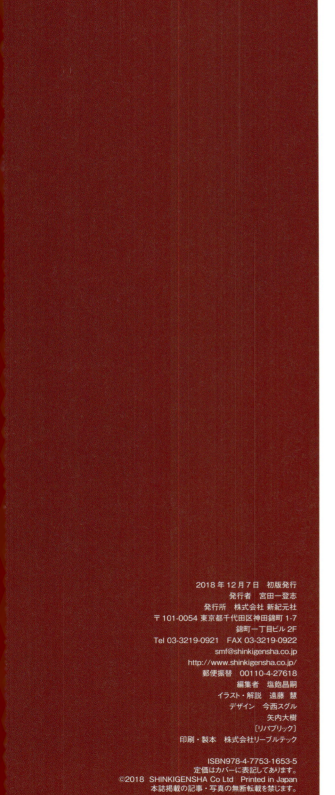